建築からの
まちづくり

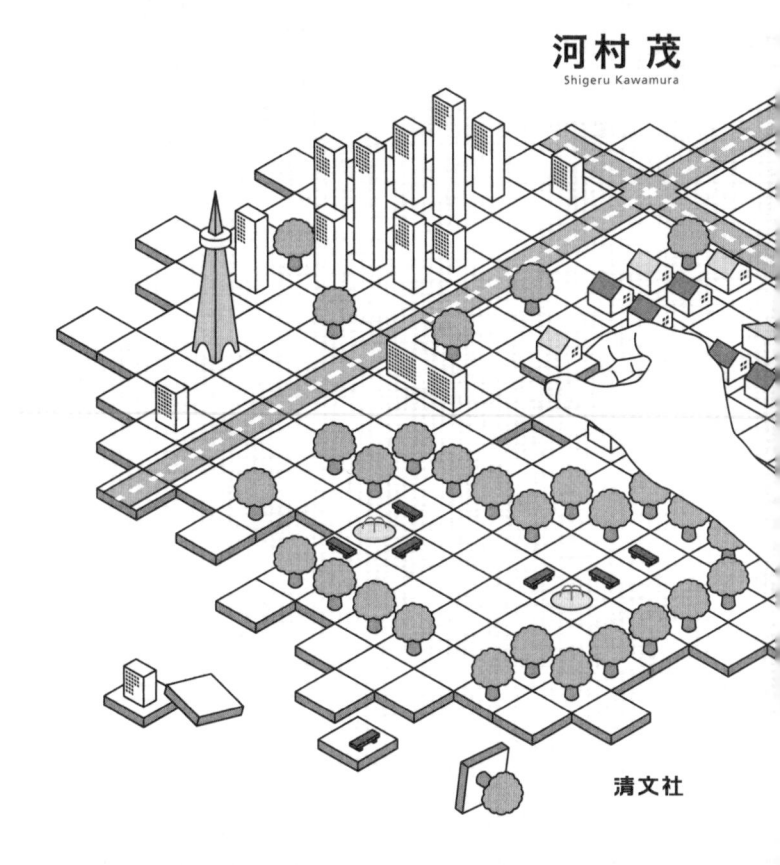

河村 茂
Shigeru Kawamura

清文社

はしがき

　社会は成熟期を迎え、人々の欲求は多様化・高度化してきている。このような動きに対し、都市のまちづくりにおいては、地域状況をふまえ社会ニーズに対応した質の高い都市空間の整備が求められている。しかし、このような求めに対し、これまでの都市計画だけで十分に対応できるのか。世界共通的な考え方に基づく標準的な規格や画一的な基準を当てはめるだけでは、そうした求めへの十分な対応とはならないのではなかろうか。多様化・高度化する求めに対しては、その土地ごとの状況や地域の特性を、また季節の変化など時の移ろいを反映させた上で、その場のもつ雰囲気を織り込み、賑わいとか楽しさ、歴史や伝統、そして自然や安らぎが感じられるような、人間の感性に訴えかけるまちづくりが必要とされる。こうしたまちづくりは空間構成においてディテイルが重視され、職人的なつくりこみが求められることから、建築面からのアプローチが必要とされるのである。

　そうした時代状況をふまえ本書は、これまで著者が様々な組織からの求めに応じ、その都度、時間の許す限り対応してきた各種の講座や行政研修において作成した資料をベースに、これまで温めていた「建築からのまちづくり」というテーマに沿って構成し直し、必要な加筆修正を加え取りまとめたものである。

　また本書のタイトル「建築からのまちづくり」には、著者がこれまで東京都庁を中心に区役所や公団などでの実務経験をふまえ培った問題意識や、都会に生まれ都会で育ちいまもなお活動を続ける都市のユーザーとして感じたことや思いが込められている。すなわち、先人たちの意思が反映され形づくられている近代都市東京を体験し、現在を生きる一人の人間と

して、多様化・高度化するニーズをふまえ、近未来の都市を魅力的でクリエイティブなものにしていくため、空間の質の向上に向け、建築からのまちづくりが必要だとの認識に立って取りまとめたものである。

タイトルの「建築からの」という言葉には「五感を重視し、デザイン面にまで踏み込んで、具体的に」という意味を、また「まちづくり」という言葉には「現場に出て、虫の目をもって地域状況をとらえ、一体的にきめ細かく対応する」という意味を込め、このようなタイトルをつけるに至った。

本書が、手に取っていただいた建設会社や企業の不動産部門の担当者の方、また行政担当者や研究者・学生の方などの、都市計画・まちづくりに対する理解を深める一助となれば幸いである。

2009年　5月

河村　茂

推薦の言葉

　　　　　　　　　　　　日本大学教授　工学博士
　　　　　　　　　　　　根上　彰生

　本書は建築の視点から書かれた、まちづくりのための本である。その内容は都市の規定に始まり、社会や経済の推移と絡めた近代の都市づくりの動きを体系立てて紹介したうえで、今日における都市づくりの課題を明らかにしている。

　著者は、今日の都市が含有する課題に対応していくには、歴史的視点をもって向き合う必要があるとして、まず現代が社会の歴史的発展のどんな局面、段階に位置しているのか、都市づくりの変化・発展のどのステージにあるのかを見極めるべく、日本社会や都市東京がたどってきた軌跡を振り返りつつ、複眼的に近未来を展望している。そして現代を、文化の視座からは近代工業社会の成熟期ととらえるとともに、また文明という視座からは、大きな時代の潮流の転換点に近づいている、次なる社会建設のための準備期・揺籃期ととらえ、近未来の都市のあり方と当面のまちづくりの方向にふれている。

　具体的には、社会経済活動のグローバル化する時代に対し、逆説的ではあるが大地に根を下ろした取り組みがこれからは重要であり、また日本の自然的・文化的風土を理解する必要があるとしている。そして世界的な社会経済面での大きな潮流の変化と都市づくりを絡ませ、知識・情報化に対応した動きを織り込みつつ、都市づくりもこれからは地域主体に、そのもてる資源や特性を活かし協働して生活者、まちを利用するユーザーの立場から、個性的で創造的なまちづくりを展開していく必要があるとしている。その時、地域環境の質の向上が求められてくることから、空間形成を職能としている建築サイドが、その感性を研ぎ澄まして、まちづくりに主体性

を発揮し対応していくことを重要としている。いうなれば、人々の願いの実現に向け、人間性に立脚した多彩なまちをつくっていくため、近未来に向け建築からのまちづくりを着実に進めていくべきとしている。そうした観点から都市づくりの仕組みや制度、また建築からのまちづくりのための手法を事例をまじえ紹介している。

　転換期にある都市をみつめる著者の問題意識は広く多面的である。といって悲観的であるわけではない。著者はまちを愛しており「都市がこうなったらいいな」、「まちがこうなってほしい」というポジティブなトーンで表現している。これは著者が大学で学び社会に出てからの30年を、行政の現場から前向きにまちづくりを実践してきた経験が自然とそうさせているのであろう。その著者が「建築からのまちづくり」というからには、そこに込められた思いは、重く受け止める必要がある。建築家や建築の計画・設計に携わる技術者は、これまでともするとまちづくりに主体的にかかわってきたとはいえない、いやかかわることを避けてきたのではないかと思えるほどである。「建築からのまちづくり」という題名を前にして、建築関係者はこれまで本当に社会や都市の要請をふまえて、仕事をしてきたのかとふと考えさせられるのではなかろうか。

　本書は、社会や都市づくりにかかる歴史書、また法制度の解説書としての側面も有するなど、多目的に活用可能な書物に仕上がっているが、著者の意図はこれからの都市づくりの方向をふまえた、まちづくりの実践書として活用されることを主としている。全国各地で建築からのまちづくりを進めるにあたり、一助になるものと確信する。

建築からのまちづくり　目次

第1章　近代における都市づくり

1 都市づくり —————————————————————3
　1　都市　　**3**
　2　都市づくり　　**3**
　3　都市計画とまちづくり　　**5**

2 近代社会の動きと空間計画の体系 ——————————9
　1　近代化に向けた社会経済の動き　　**9**
　2　わが国における空間計画の体系（東京中心に）　　**12**

3 近代都市論と東京の都市計画の変遷 ———————— 16
　1　都市論の変遷　　**16**
　2　近代都市づくりの動き　—東京を中心に—　　**22**

4 都市づくりの課題 ——————————————————33
　1　都市づくりのモチーフの変化　　**33**
　2　制度・手法の揺らぎ　　**35**

第2章　東京にみる都市の歴史的成り立ち

1 近世都市・江戸 ———————————————————39
　1　寛永の江戸　　**40**

2　元禄の江戸　　　**46**

　　3　文化文政の江戸　　　**53**

2 近代都市・東京 ——————————————————60

　1　明治の東京　　　**61**

　2　昭和の東京　　　**67**

3 江戸・東京の都市づくりに学ぶ ——————————————75

第3章　日本の自然的文化的特質

1 地球社会の動き ——————————————————79

2 日本の自然と伝統・文化 ——————————————81

　1　日本の自然　　　**82**

　2　日本の伝統文化　　　**84**

3 日本の土地制度の歴史的沿革 ————————————89

4 日本の都市の魅力 ——————————————————94

第4章　近未来、都市づくりの方向

1 社会発展のステージの変化 —————————————99

　1　感性に基づく多彩なまちづくり　　　**99**

　2　時代状況　　　**102**

　3　都市づくりの方向転換　　　**105**

2 近未来の都市づくり —————————————————— 108
1 近未来の都市づくりに必要な視点　　**108**
2 成熟期の都市づくり　　**110**
3 知識・情報化に対応した都市づくり　　**112**

3 地域のまちづくり —————————————————— 115
1 まちづくりの目標（選択と協働）　　**115**
2 まちづくりの基本方法（暮らしやすさを求めて）　　**117**
3 地域からのまちづくりの展開　　**122**
4 エリア・マネジメント　　**130**

4 まちづくりの新しい主体と手法 —————————————— 136
1 民間セクターの意義　　**136**
2 ファイナンスの重要性　　**142**
3 成熟社会におけるまちづくりのトレンド　　**146**

第5章　都市整備のシステム

1 都市整備の仕組み —————————————————— 153
1 都市計画の役割と機能　　**153**
2 都市整備の体系　　**154**
3 都市づくりの目標とその実現　　**157**

2 都市計画の体系と枠組み ————————————————— 161
1 法体系　　**161**
2 都市計画の枠組み　　**164**

第6章 建築まちづくり制度

第1節 活動しやすい機能的な都市の整備

1 市街化区域及び市街化調整区域（区域区分）の制度 ———179

2 開発許可制度 ———180
1 開発行為　　180
2 許可の手続き　　182
3 開発許可基準　　182

3 地域地区の制度 ———187

4 用途の規制制度 ———189
4.1 用途地域 …………189
1 目的・意義　　190
2 種別と概要　　190
3 都市計画の策定と手続き　　192
4 用途規制の仕組み　　195
5 制限内容　　198
6 制限の緩和　　201

4.2 特別用途地区 …………202

4.3 特定用途制限区域 …………203

5 容積率の規制・誘導制度 ———205
5.1 容積率制限 …………205

1　目的　　**205**

2　制限内容　　**206**

5.2　容積の移転・活用 …………………………………………………**208**

1　意義　　**208**

2　容積移転の手法　　**209**

5.3　容積による誘導 ………………………………………………………**217**

1　誘導容積型地区計画　　**217**

2　容積適正配分型地区計画　　**218**

3　用途別容積型地区計画　　**219**

第2節　暮らしやすい安全安心のまちづくり

1 建築物と道路 ―――――――――――――――――――**221**

1.1　道路整備の沿革 …………………………………………………**223**

1　道について　　**223**

2　道づくりの歴史　　**228**

3　道路の定義と区分　　**232**

1.2　建築基準法における道路 ………………………………………**234**

1　道路の定義　　**234**

2　敷地等と道路との関係　　**235**

3　道路内建築制限　　**236**

4　壁面線による建築制限　　**237**

5　外壁の後退距離による建築制限　　**239**

2 防災都市づくり ―――――――――――――――**240**

2.1　木造住宅密集地域の整備と沿道の不燃化 ……………………………241

2.2　防火規制 ……………………………………………………………243
　　1　防火地域・準防火地域　　243
　　2　東京の新しい防火地域（東京都建築安全条例）　　245

2.3　建築物の耐震性向上 ………………………………………………247

2.4　防災街区整備地区計画 ……………………………………………247

3 公害の防止 ——————————————————————250
3.1　環境影響事前評価制度 ……………………………………………250

3.2　沿道地区計画 ………………………………………………………252

4 福祉のまちづくり ——————————————————256
　　1　福祉のまちづくりの経緯　　256
　　2　バリアフリー法等の活用　　257
　　3　容積率の特例措置　　258

第3節　快適で美しい環境・景観の形成
1 オープンスペース（空地）の確保 ——————————260
　　1　建築敷地内の空地の役割　　260
　　2　空地確保の方法　　261
　　3　建ぺい率規制の内容　　263

2 都市緑化と建築 ————————————————————265

1　緑化の意義　　**265**
2　都市緑化の沿革　　**266**
3　緑化施策　　**268**
　事例　品川インターシティ＆グランドコモンズ　　**272**
　事例　広尾ガーデンヒルズ　　**274**

3　建築物の高さ制限―――**275**
1　目的、種別・概要　　**275**
2　絶対高さ制限　　**275**
3　斜線制限と天空率制限　　**276**
4　日影規制　　**282**

4　街並み景観の形成―――**286**
1　景観条例と景観計画　　**287**
　事例　東京ミッドタウン　　**292**
2　景観地区　　**294**
　事例　一之江境川親水公園沿線景観地区　　**295**
3　地区計画による修復型の景観まちづくり　　**298**
4　眺望景観の保持　　**300**
5　歴史的景観の保全　　**302**
　事例　明治生命館の保存　　**305**
　事例　京都市の新しい景観政策　　**307**

第4節　地域特性に対応した地区まちづくり
1　地区計画制度―――**312**
1　地区計画（基本型）　　**315**
2　高度利用型地区計画　　**318**

3　再開発等促進区を定める地区計画　　**318**

　　事例　豊洲二・三丁目のまちづくり　**321**

　4　開発整備促進区を定める地区計画　　**332**

2　都市開発諸制度 ─────────────────**333**

　1　特定街区　**333**

　　事例　日本橋三井タワー、三井本館　**336**

　2　高度利用地区　**338**

　　事例　ギンザ・グラッセ　**338**

　3　都市再生特別地区　**340**

　　事例　東京モード学園コクーンタワー　**340**

　4　総合設計　**343**

　　事例　恵比寿ガーデンプレイス　**344**

3　その他の建築基準法上のまちづくり制度 ────**346**

　1　一団地の総合的設計　**346**

　　事例　御殿山ガーデン　**346**

　2　連担建築物設計制度　**347**

　　事例　丸の内オアゾ　**348**

　　事例　丸の内の再構築に向けた大丸有のまちづくり　**349**

　3　建築協定　**361**

4　市街地再開発事業制度 ──────────────**363**

　1　促進区域　**363**

　　事例　新宿三丁目イーストビル　**364**

　2　市街地再開発事業　**366**

　　事例　六本木ヒルズ　**367**

事例 北新宿再開発　　**375**

5 建築指導・助成制度 ―――――――――――――**377**
　1　建築指導　　**377**
　2　建築助成　　**382**
　　　事例 東雲キャナルコート　　**386**

［凡例］
建基法……建築基準法
都計法……都市計画法

第 **1** 章

近代における
都市づくり

1 都市づくり

1 都市

　都市とは何か、その概念・イメージは時代によって変遷している。しかし、共通していることは、多くの建物と人間が集まり、中心部には重要な施設が立地し、そこには権力の中心としての「都」と経済取引の場である「市」、それに人々の交歓の場としての「広場」が存在することである。

　近年、都市は人間定住社会の普遍的な形態となりつつあり、一般的には人口が集中した、政治・経済・文化等の諸活動の中心となる地域で、農村・漁村・山村とは異なる地域と観念されている。また行政的には、常時数万人以上の人々が集団的に住み、サービス業を中心に商工業的業務に従事する人々が多く、かつ建物が密集し道路をはじめとした都市施設が密度高く整備された地域をいう。

　しかし、市街地のスプロール化の進んだ今日、とりわけ大都市圏の郊外部においては、都市と農村との間の境が、施設整備面からも生活の実態面からも区別しにくくなってきている。

2 都市づくり

　都市づくりとは、**図表1.1**のようなサイクルに従って日々更新が繰り返されている都市を対象に、目標とする都市像を実現するため、長期的視点と総合的な観点から次のような諸条件を考慮し、関係者と調整を図りながら都市の物的空間を一体的に整備していくものである。

図表1.1 都市の建設・更新サイクル

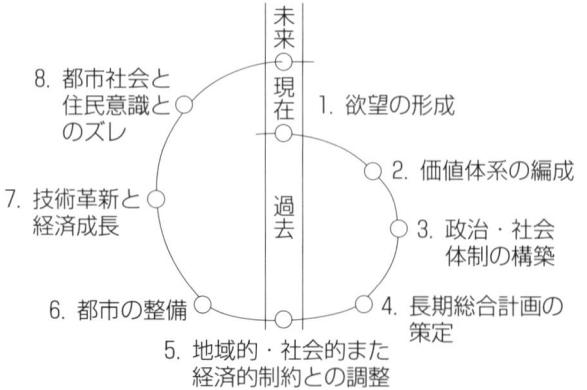

```
            未来
             ○
             現在
8. 都市社会と    ○
  住民意識と ○      1. 欲望の形成
  のズレ              ○
                        過去
                     ○ 2. 価値体系の編成
7. 技術革新と ○
  経済成長          ○ 3. 政治・社会
                        体制の構築
6. 都市の整備 ○
                   ○ 4. 長期総合計画の
        ○              策定
   5. 地域的・社会的また
      経済的制約との調整
```

出典：『特別区職員ハンドブック'94（第Ⅰ巻）』（特別区職員研修所）

① 人口及び世帯の規模・形態、コミュニティの状況、住民要望、権利関係等の社会的条件
② 生産額、販売額、消費規模、所得、財政規模、地価・建設費等の経済的条件
③ 気候、風土、国土における位置等の自然的条件
④ 当該都市の沿革、地域の伝統等の歴史的文化的条件
⑤ 土地利用や交通また施設整備や環境・景観の状況等の都市的条件

都市づくりは、ハード面を中心としながらも、それに関連したソフト面の要素も取り込み、主として物的手段によって実現されるものである。

具体的にいうと、都市づくりとは、多様化していく都市活動や都市生活が十全に機能し良好な環境を実現しうるよう、長期的視点と総合的観点から土地の合理的な利用計画を策定、これに基づき土地取引や開発行為・建築行為を適切に規制・誘導、また都市施設を一体的に整備するとともに、適宜、市街地開発事業等を施行するなどして、都市の健全な発展と秩序ある整備を図り都市に統一と秩序を与え、人々の健康で文化的な都市生活の

ための環境の整備と機能的な都市活動を実現していくためのものといえる。

　都市づくりは、地域スケールでいうと、国土・地方計画から都市計画、地区計画、街区計画まで、その対象は空間的にヒエラルキーをなしており、より広域の計画を上位計画、より狭域の計画を下位計画という。

　また事項でいうと、時代によっても異なるが今日では、土地利用にはじまり、交通、供給処理、都市施設、住宅、開発、防災・安全、福祉・保健、環境・景観等まで、幅広く都市づくりの対象となり、また市町村の長期総合計画においても、これらの各分野とともに、行政の主要な部門を担っている。

3 都市計画とまちづくり

　都市づくりは都市全体に係る広域的で根幹的な課題を対象とした都市計画と、身近な地域における生活環境の整備を中心課題としたまちづくりとに分かれる。

　ここでいう都市計画とは、ほぼ都市計画法に基づく法定都市計画をイメージしている。それに対し、まちづくりとは市井で実際に行われている、事実上の行為としての「まち」をつくる行為一般をさしている。

　このまちづくりとは、一般的には地域の空間や社会を地域住民が構築する一切のことといわれており、地域の個別的な条件をふまえ、地域の人々の発想をもとに、人間が人間らしく生活できる地域環境を、地域を構成する各主体が、各々の責任と役割を果たしながら、力を合わせてつくりあげていく一連の行為をいう。

　特徴としては、①建物や施設など物づくりとしてのハードな面だけでなく、ハードをつくりあげ運営する仕組みなどソフト面も含め、人と環境を総体としてとらえていること、②地域特性への配慮（個性尊重主義）と人

間性尊重主義の精神が流れていること、③地域からの発想に基づく生活者の視点に立脚しており、多様な住民参画の機会が用意されていること、④エリア的にみて比較的狭い日常生活に直結した身近な環境の整備が対象となっていること、⑤継続的で漸進的な取り組みが行われていること、などがあげられる。

「都市計画とまちづくりと、どうちがうのか」という問いに具体的に答えることは難しい。ただ、住民が都市計画よりまちづくりという言葉に親しみを感じているのは確かである。

その背景としては、都市計画という概念・範疇では、これまで住民の求めに応じた都市づくりが十分には進められてこなかったということがあげられる。

そのようになった要因としては、三つほど考えられる。まず第一に、都市計画が都市づくり全般を担ってこなかったことである。先にも触れたように、都市計画が都市における物的計画全般を担うべきところであったが、長いこと都市計画の権限が国にあったため、道路は旧建設省、鉄道は旧運輸省、水道は旧厚生省、文教施設は旧文部省といった具合に各施設ごとに所管が異なり、都市計画の存在意義である総合性と一体性の確保という点が弱まってしまったことがある。

第二に、都市づくりが上からのものであったことである。時代背景（欧米に追いつけ追越せの掛け声の下、殖産興業、震災復興、戦災復興、オリンピックという課題をこなしてきたこと）もあるが、上からの都市計画であったため、この時期（経済の成長期）はどうしても関心が産業基盤の整備へと向かい、経済開発中心・機能整備優先の都市計画となってしまったことで、もう一つの目標である生活基盤の整備を中心とした、人間定住社会の環境を整えていくという面が疎かになってしまい、住民の支持を十分に得られなかった。

第三に、規制と公共事業中心の都市づくりであったことである。このた

め市民の間に、都市づくりは公共が行うものとの認識ができ、市民の都市づくりに対する関心は高まらず、民間企業も長いことその活動の対象として都市づくり分野を視野に入れてこなかった。

　しかし、高度経済成長に伴う所得水準の向上、また、公害問題の発生等により、一方で都市計画手続きの民主化が求められるようになるとともに、もう一方では都市化の進展や各種都市問題の発生に伴い都市整備の需要が増大、地域特性をふまえたきめ細かな都市づくり、施設整備型でない総合的な地区環境整備型の都市づくりが求められるようになってきた。

　このような事態に対処していくためには、従来型の都市計画では十分ではなく、都市計画の策定への住民参加を推進するとともに、様々な誘導・助成策を用意し、住民や企業の都市づくり分野への参入を促進していかねば、膨大な都市整備の需要に対応できなくなってしまった。

　そうした状況の下で登場したのが、「まちづくり」という言葉である。地域からのまちづくり、住民が主体となったまちづくりといったように、その響きの良さも手伝って、その言葉は瞬く間に広がっていった。

　しかし、その概念は都市計画が本来めざしていたところのものであり、従来の都市計画では果たしえなかったもの、また不足していたものを包括する概念でもある。そうした意味においては、都市計画は「都市づくりの骨格を担うもの」と理解すれば、今日の実態に最もよく適合しているといえる。

　また、都市づくりを代表する言葉が、都市計画からまちづくりへと推移していることは、単なる言葉の流行ではなく、都市づくりの重点がエリアとして都市全体から地区へ、施策の対象が機能整備や施設整備から総合的な地区環境整備へ、整備の方法が画一的処理から個別的処理へと移り、そのカバーする分野領域においても、ハードのみでなくソフトをも取り込んだトータルなものへとシフトするに従い、計画の主体が国から市町村へ、整備の主体が行政から地域住民・企業（民間）へ、事業の種別も法定事業

から任意事業へと、その重心が動いていることとも関係していることに留意する必要がある。

　そこで今日的に「都市づくり」とは何かとあえていうならば、都市全体的な視点から鳥瞰的なとらえ方の下に行政の立場から計画される都市計画と、身近な地域に視点をおいて目標とする地域の生活環境を実現するため、虫の目をもってはいずりまわるような形で、住民の立場から取り組まれるまちづくりとをあわせたもの、ということができる。

2 近代社会の動きと空間計画の体系

1 近代化に向けた社会経済の動き

　それでは近未来の都市づくりを語る前に、これまでの都市づくりに大きな影響を与えてきた近代日本社会の発展の動きと、空間計画としての国土・地方計画との関係についておさえておこう。

ア 建設期

　明治維新は植民地化の危険を回避するとともに、欧米にあなどられない国づくりをめざした政治経済体制の変革であった。国づくりの目標は「近代化（民主化、工業化）」、その理念は「富国強兵」（殖産興業、軍備増強）であり、政治指導者がモデルを欧米にとり先進国をキャッチ・アップすべくとった戦略は、近代化のスピードを上げるため人・物・金を国家中央へと集中し、効率的な国家運営を図る「中央集権化」であった。具体的な戦術としては「御雇外国人による欧州からの直接の技術移転」と、「欧米の思想や法制度、また技術を輸入するため翻訳・通訳のできる教授・官僚の育成」、すなわち「ものまね」であった。

イ 成長期

　日清・日露の両戦争に勝利し勢いに乗った日本は、欧米先進諸国なみに帝国主義化していったが、第二次世界大戦に敗れると、国家目標を帝国から産業国家の建設へと切り替えた。またこの少し前、戦後における世界経済の枠組みを規定するブレトン・ウッズ体制が構築されたことで、ドルは

金と並ぶ国際通貨（金1オンス＝35ドル）となり、この為替レートを基本に自由貿易体制を維持すべく、世界の主要国が固定相場制での経済運営に入っていった。

戦後日本のモデルは米国（「自由平等、大衆消費社会」）である。戦争に敗れ米国の物量に驚いた日本は、国づくりの目標を「産業振興、経済発展」に絞り、これを実現すべく採用した戦略は日本株式会社（官の指示「行政指導」、民（事業者）の活動）とも呼ばれる護送船団方式である。そして「傾斜生産、拠点開発」の戦術をとり、国家が示す経済運営のガイドラインに従い、地方や民間は一糸乱れぬ行動をとるべく、国土・地方計画から都市計画、また各種施設計画に至るまで、その行動の指針が順次、ブレークダウンされていった。

この国家主導の護送船団方式は昭和16年体制ともいわれ、本来は戦争遂行のためにとられた国家総動員体制であったが、戦後は産業振興・経済発展にこれが応用され、社会民主主義的対応に基づく効率的な国家運営の仕組みとして、先に示した経済計画（ガイドライン、指針）から物的空間計画までを統轄する国家政策となった。

こうして経済計画に基づき産業活動と地域開発のガイドラインが示され、これに基づいて財政投融資が行われることになった。すなわち、経済計画から国土計画（全国総合開発計画）を導き、国土計画から地方開発整備計画（首都圏整備計画等）、そして都市計画が策定され、これを受け建築規制や都市施設整備、市街地開発事業が実施された。政府資金（財投で公共事業執行、低利融資・補助金で民間活動誘導）も、これら計画・指針に基づき特定産業や特定地域に重点的に投入され、これに税制も絡んで民間企業の活動を大きくコントロールしていった。

一方、そうした経済活動を担う人材の育成と社会における行動規範づくりも並行して進められた。日本株式会社とでもいうべき組織で働く人材（労働者）の育成にあたっては、マニュアル（学習指導要領）教育により工業

社会に向いたステレオタイプの均質的な人材の育成（無個性な金太郎飴型の労働者づくり）が図られた。また、物づくりにあたっては、JIS、JASで製品を規格化、また法でもって開発基準・建築基準などを設定し企業活動などに枠をはめ、産業活動と地域や都市の整備行動の標準化・画一化を図るなどして、規格大量生産に適した社会システムを整え、効率的に産業社会の建設を進めていった。そして日本は1980年代後半にはジャパン・アズ・No.1といわれるような豊かな国になった。

図表1.2　近代日本、社会の主な出来事

西　暦	社会の主な出来事
1868年	明治維新（欧米に追いつけ追い越せ、富国強兵、殖産興業）
1880年	工場払下概則制定（官営事業の払下へ）
1889年	大日本帝国憲法制定（帝国へ）
1894年	日清戦争
1904年	日露戦争（第一次産業革命へ）
1914年	第一次世界大戦（第二次産業革命へ）
1923年	関東大震災（震災復興へ）
1929年	世界大恐慌
1931年	満州事変
1932年	大東京市成立、上海事変
1937年	日中戦争
1941年	太平洋戦争
1944年	戦時体制構築（護送船団方式（過度の競争を回避、金融を中核に業界全体の存続と利益を保証する社会主義的政策）） ブレトンウッズ体制（通貨・金融・貿易の国際経済体制、固定相場、自由貿易）
1945年	終戦（戦後復興へ）
1946年	日本国憲法制定公布（産業国家へ）
1949年	ドッジライン
1950年	朝鮮戦争（戦後経済復興へ）
1954年	総合開発の構想
1958年	東京タワー完成
1960年	国民所得倍増計画（ビル建設ラッシュへ）
1964年	東京オリンピック（新幹線、高速道路網の整備へ）

1970年	大阪万国博覧会
1971年	ドルショック
1972年	土地投機
1973年	オイルショック
1978年	第二次オイルショック（低成長社会へ）
1979年	新保守主義台頭（小さな政府　規制緩和　民営化へ）
1985年	プラザ合意　（協調的な為替・相場・金利の管理へ）
1987年	狂乱地価
1989年	株価史上最高
1991年	ソ連崩壊・経済のグローバル化
1990年代前半	バブル経済崩壊（平成不況へ）
1990年代後半	アジア台頭、臨海部工業地帯・地方都市の衰退（金融危機でマイナス成長へ）
2001年	金融再生・企業再生そして都市再生
2008年	リーマンショック（米国金融破綻、日本ミニバブル崩壊）

2　わが国における空間計画の体系（東京中心に）

　わが国における空間計画の体系は、戦後の経済成長期に構築された。第二次世界大戦が終わり日本は戦後復興に入るが、自由主義陣営と社会主義陣営に分かれ、つばぜり合いが演じられた朝鮮戦争を契機に経済が回復基調を示すと、傾斜生産方式により河川流域開発を中心とした資源開発をはじめとし、鉄鋼、電力、石炭など基礎的基幹的な装置産業を立ち直らせ、その産業開発の効果を順次、加工組立型の産業、流通・サービス業へと及ぼしていった。またそれに伴い国土開発も地域開発から大都市開発、地方の拠点都市開発へと順次、移行した。

　そして「もはや戦後ではない」とした昭和31（1956）年を過ぎ、1960年代の経済の高度成長期に入ると、経済計画として所得倍増計画が策定されたのを受け、これと表裏一体となり空間計画としては初めての総合的な計画として全国総合開発計画が策定されることになった。これは大都市に集中する投資を太平洋沿岸のベルト地帯に分散誘導する計画として策定さ

れた。首都圏レベルにおいても、成長拡大する中心都市東京を制御するため首都圏整備計画が策定され、ロンドン大都市圏を模して、既成市街地を取り囲むように近郊部に幅10 kmにも及ぶ緑地帯（グリーンベルト）を設置する構想が描かれた。また、既成市街地においては集中する人口・産業を制御すべく、工場や大学の立地が規制された。その一方で集中する人口・産業の受け皿として、地方や大都市圏郊外部、また臨海部には、工業団地とともに住宅団地や住宅新都市が建設されていった。さらに、中心都市の東京においても都市として効率よく機能すべく、都心に集中する業務管理機能や流通機能を都市内に分散再配置すべく、高速鉄道や高速道路の整備とあわせ、副都心や流通業務団地の建設が進められた。

1960年代も終わりを迎える頃になると、経済の高度成長を背景に全国的に産業集積や工業開発を進めようと、「大規模開発プロジェクト」方式で新産業都市の建設や工業整備特別地域の制度がつくられるとともに、新幹線、全国高速道路網などの整備を進めるべく、第二次の全国総合開発計画「新全総」が策定された。また、首都圏整備計画においてはグリーンベルト構想が破たんし、緑地の保全と住宅地開発をあわせて行う制度として近郊整備地帯構想が掲げられた。一方、既成市街地においては混雑に伴う弊害を除去し都市を効率的に機能させるため、機能分散、用途純化の考え方がさらに強化された。またこれにあわせ公害の防止や環境改善、都市の防災構造化の考え方も示されるようになった。

経済の高度成長が終焉し安定成長期に移ると、今度は生産・生活の場を含めた総合的な居住環境を整備していこうと、流域単位に全国を200〜300の単位に分け一体的に地域整備を進める「定住圏構想」の考え方が示された。首都圏等においては居住環境の総合的な整備のための構想として、多核構造の都市複合体の建設が企図された。中心都市である東京では定住の場にふさわしい居住環境を整備する趣旨から、日影条例や環境アセスメントが制度化されたり、総合的なまちづくり制度として地区計画の導入も図

られた。

　1980年代に入ると、前半での経済の低成長から後半ではバブル経済へと移行したこともあり、東京一極集中を是正し均衡のとれた国土の発展を図ろうということで、多極分散型の国土構造への転換が企図され首都機能の移転が議論された。首都圏では首都機能移転に対応し首都改造計画が立案され、展都と分都による多極多圏域型の都市構造への転換の考え方が示され五つの自立都市圏が提案された。この間、中心都市東京は規制緩和による民間活力の導入により、都心部の業務地化がなお一層進み定住人口が減少、この回復を図るため都心居住や機能複合型の再開発が志向された。また、人口の高齢化、成熟社会化に伴い福祉のまちづくりや環境共生、景観まちづくりの動きが出てきた。

　20世紀も終わり頃になると、国土開発からよりよい国土の形成に向けた動きへとシフトし、分散型のネットワーク構造への転換が志向され、中心都市東京においても自治権の拡充が図られたり、民間によるまちづくりの提案制度の導入や従来基準に縛られない都市再生特別地区の制度が導入された。また、都市の環境や景観の形成が強く求められるようになると、環境配慮計画や景観計画などの新しい施策が導入されていった。

図表 1.3　日本における空間計画の推移

	（国土計画）	（地方計画）	（都市計画・地区計画）
年　次	全国総合開発計画	首都圏整備計画	東京の都市計画・制度
第1次	太平洋沿岸ベルト地帯構想（1962） ＊東海道メガロポリス	幅10kmのグリーンベルト構想（1958）、工業等立地制限、衛星都市建設	副都心、流通センター、多摩ニュータウン構想、高速道路網計画、特定街区、容積地区
第2次	大規模開発プロジェクト構想（1969） 新幹線、高速道路網の整備、大規模工業基地開発	近郊整備地帯構想（1969） 緑地の確保＋市街化（住宅地供給） 既成市街地は機能純化と環境改善	区域区分制度、新用途地域制度、市街地再開発事業、総合設計、高度地区、風致地区条例、緑地保全地区
第3次	定住圏構想（1977） 200～300圏域 ＊流域を一体的に整備	居住環境の総合整備構想（1976） 多極構造都市複合体	日影条例、地区計画、環境アセスメント条例、歴史的建造物保全
第4次	多極分散型国土構想（1987） ＊東京一極集中 ＊首都機能移転	前年の首都改造計画（展都＋分都、多極多圏域型都市構造）を受け、五つの自立都市圏構想（1986）	規制緩和による民間活力の活用、住宅付置（都心居住）、市街地再開発（複合開発）、福祉のまちづくり、景観条例
第5次	国土開発から国土形成へ（2008）	分散型ネットワーク構造	自治事務化、提案制度、都市再生特別地区、景観地区、環境確保条例

3 近代都市論と東京の都市計画の変遷

　近未来の都市づくりについてふれる前に、今日の近代都市がいかなる考え方のもとに、どのようにして建設されてきたのか、都市計画の理論と実際の都市づくりの動きについて整理しておこう。

1 都市論の変遷

　まず都市論であるが、近代都市論のうち近代都市の形成に大きな影響を与えたものとして、第一に英国のエベネザー・ハワード（1850～1928）の「田園都市論」を紹介する。ハワードは19世紀後半の産業革命下の英国を生き、法廷書記官として過ごすうち、目前に煙突が立ち騒音と煤煙をまき散らし工業化していく都市をみて、健康面から工業化による弊害を是正すべく、対案としての理想都市像を提案した。

　すなわち、都市の公衆衛生面を重視し、工業都市の有する労働・雇用面の豊かさと田園農村のもつ健康・生活面からの豊かさを結合すべく、職住近接の自給自足的な新しい産業と居住の場としての「田園都市理論」の展開である。

　この都市論は単なる都市論で終わらず、英国においてはレッチワース、ウエルウィンの都市建設として実施に移された。また、この考え方は英国にとどまらず他の欧州諸国や米国そして日本などにも大きな影響を与えた。その考え方は田園郊外として大都市の郊外住宅地開発に適用され、わが国においても田園調布や常盤台の住宅地開発などに、その影響をみることができる。

この都市論により構成される都市は現在の感覚からいうと、そう大規模なものではなく、土地利用は平面的に構成され都市の工業化、産業都市化による弊害に対処するために工業都市と田園農村のいいところをドッキングさせたものであり、その後の英国における都市・農村計画に影響を与えた。

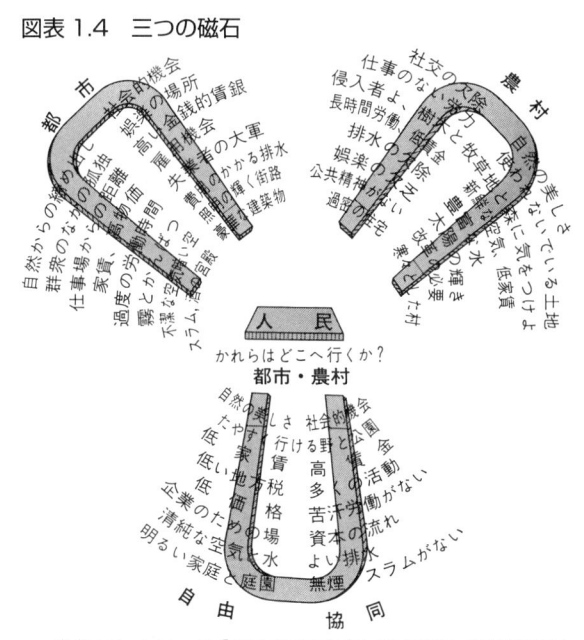

図表1.4　三つの磁石

出典：E・ハワード『明日の田園都市』長素連訳（鹿島出版会）

　次に、「輝く都市論」である。20世紀前半、先進諸国の工業都市化過程において力を得た都市論として、ル・コルビジェ（1887〜1965）の「輝く都市論（都市機能論）」がある。この都市論は社会の近代化にあわせ整備される、その器としての近代産業都市の整備に対し、その論拠を与えることになる。コルビジェに代表される当時の著名な建築家らは、近代工業社会の進展をふまえ、そうした社会にふさわしい都市像を模索し、世界的に

集い国際会議 CIAM を催し、その主張を積極的に情報発信していた。そうした彼らが1924年にアムステルダムに結集し、成長拡大する世界の大都市を前に、その処方箋として七つの原則を明示した。すなわち、①無制限な成長は好ましくない、②衛星都市づくりを行い人口を分散する、③グリーンベルトを導入し市街の連担を防止する、④自動車交通の発達について特別に注意を払う、⑤単純な市街地の拡張であってはならない、⑥状況変化に対する弾力的な対応、⑦都市計画を保障する計画権限の付与、である。こうした原則が打ち出された背景には、都市機能論の存在がある。近代都市が備えるべき四つの機能として、CIAM アテネ宣言においては「居住、労働、余暇、交通」が取り上げられている。コルビジェの近代都市理論は、機械文明の進展、産業経済の興隆・発展という時代状況を反映したもので、都市をあたかも工場のように見立て技術革新の成果を取り入れ、ハイウェイやスカイスクレーパーによる太陽と空間と緑あふれる、「三次元の都市計画」として構成されており、産業都市づくりを進める理論としては都市計画を担当するプランナーにも、また事業者にとっても都合がよかったため、世界の多くの国々に取り入れられた。

　コルビジェは、機能の単純化（分化、純化→部品化）を図るとともに、分離された機能相互を結合すべく機械力を活用（鉄道、自動車、電気通信）し、産業都市にふさわしくこれを再構成することで都市活動効率（生産性）の向上をめざした。また、コルビジェは早い速度で成長拡大していく都市に対し、需要に合わせ適切に都市整備ができるよう、マルセイユのアパート「住居単位」において「モジュール化」、「ユニット化」の考え方を示した。

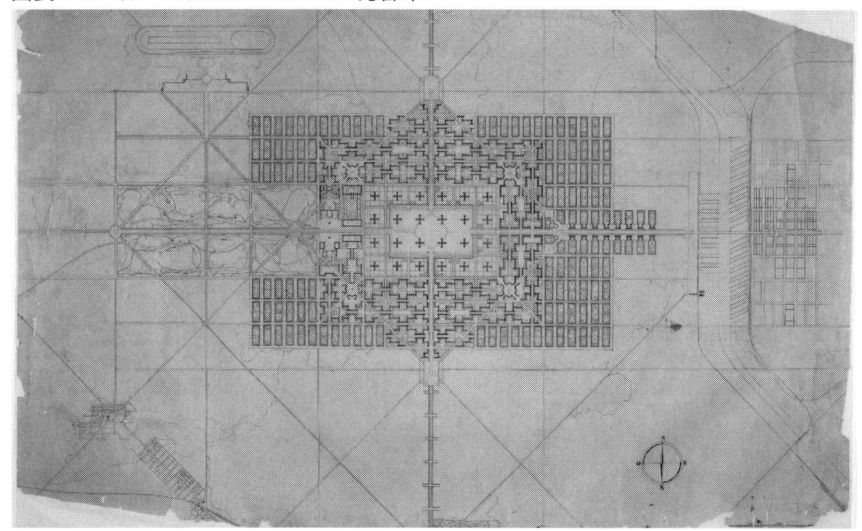

図表 1.5　ル・コルビジェの 300 万都市

Le Corbusier,Cité contemporaine de 3 millions d'habitants 1922
Plan FLC 31006
ⒸFLC/ADAGP, Paris & SPDA, Tokyo, 2009

　最後に、「人間都市論」である。近代都市理論に基づき碁盤の目のように整備される都市の中心街では、スーパーブロック方式の土地利用が進み立ち上がるスカイスクレーパーと、モータリゼーション化の進展により次々と整備されるハイウェイ、街中は次第に超高層ビルと自動車など超人間スケールの構築物が席巻し、都市構造や街並みを変えていった。そして自動車のほかには誰もいない道路と犯罪の温床としての公園・緑地を生み出し、これまでの賑わいと活気にあふれた人間的な都市空間を壊していった。結果、まちから歩く楽しさや人と人とのふれあいを奪い、近代都市は淋しく怖いまちと化した。

　20 世紀も後半に入った頃、当時ルポライターだったジェイン・ジェイコブズ（1916〜2006）は、全米の多くの都市をフィールド・サーベイし、このことを検証して回った。すなわち、近代都市計画によりできた都市（区画整理による整った街区、通りに沿った長大な建物壁面、そして人気のない街

路や近隣公園等々）を体感することで、失われていったこれまでの都市の下町生活と対比し、人間が生活する都市としてのあるべき姿から、人間性回復のためのいくつかの重要な条件を提示した。

　彼女は泣き笑いのある生身の生活者や都市を使うユーザーの立場から、ざわざわごたごたしてはいるが、多くの人々で賑わい楽しい雰囲気を醸し出し、人間スケールをもった安心して暮らせる、市民にとって親しめるまちを取り戻していくことが重要とした。そして彼女は、いまや死んでしまった大都市を、生き生きとした街（賑わい、活力、楽しさ、親しみ、安心のある街）に蘇らせるため、以下①〜④の条件を示した。①地区（まち）は2以上の機能を発揮すべきこと。都市機能の分化、土地利用の純化をやめ、機能混合型の土地利用、複合的土地利用（ミクスト・ユース）に変え、昼も夜も人が息づく街をめざすこと。②ストリート（通り）は短くブロック（街区）は小さくすること。スーパーブロック（大街区）方式による都市の構成は、自動車のスケールにあわせたもので、街を行く人間のスケールからは隔絶しており、街区単位に建築される長大で単調な建物壁面は、街並みとして無味乾燥で、犯罪は産んでも人と人との出会いや賑わいを生み出さないこと。人間中心の都市としていくにはスモール・ブロック、ショート・パスとしなければならないこと。③まちは年代の異なる建物が混じりあう必要があること。人々は記憶（思い出）の中に生きており、街区を丸ごと更新してしまうような再開発は、人々の記憶の連続性を奪い街に対する愛着と親しみを失わせる。まちはスロー・ディベロップメント（修復型）により、人々の気持ちの変化にあうようゆっくり部分的に変わっていくべきであること。④多くの人々で賑わうよう、街は密度高く構成される必要があること。近代都市はとりわけ住宅地は低密度の土地利用を志向しているが、人々が安心して便利な生活を営めるようにするためには、人の視線を多くして犯罪を抑制するとともに、多くの生活サービス施設の立地を容易にするため、街は密度高く構成されるべきであること。

ジェイコブズは近代都市論に基づき出来上がった都市を批判、人間の生活を中心にすえてこれを是正すべきと主張した。自動車で使いこなす生産・流通中心の産業都市から、人間が歩いて暮らすことのできる生活都市へ転換すべきと主張した。

　すなわち、コルビジェは技術革新の成果をふまえ経済効率性の高い、光と緑があふれる機能的で美しい都市計画を提案したが、ジェイコブズは生活実感に基づき都市生活がエンジョイ（満足）できる、人間の温もりが感じられるまちづくりを提言した。彼女の感性に基づくその主張はその後、ニューアーバニズムとして①ヒューマン・スケール、②スローライフ、③コンパクト・シティ、④持続可能な環境共生都市などとして、今日、広がりをみせている。

図表1.6　近代都市理論の変遷

区分	近代化の初期	近代都市化の進展	近代都市期
理論	田園都市	輝く都市	人間都市
時代背景	1890年代のロンドン	1920年代の欧州の都市	1960年代のアメリカ都市
社会背景	産業公害の発生	機械文明の進展、産業都市化	近代都市の只中
コンセプト	労働者の都市	事業者の都市	生活者、ユーザーの都市
スタンス	健康への配慮	産業都市化の肯定	近代都市づくりの批判
基本的考え方	公衆衛生重視	機能主義（経済効率の発揮）	生活環境重視
テーマ	都市環境の再生	美観と利便性の実現	多様性と複雑性への対応
手段	・都市と農村の結合 ・自給自足的な小さな町づくり ・ユートピア	・4つの道具 （居住、労働、余暇、交通） ・ユニットとモジュール	・4つの方法 （用途混合、小街区、新旧併存、高密度） ・ヒューマン・スケール
影響度	英国、スウェーデンの衛星都市、大都市郊外の開発に適用	国際標準として世界各地の近代都市づくりに取り入れられる	人間復興に向けた新しいまちづくりのトレンドとなる

2 ｜ 近代都市づくりの動き　―東京を中心に―

　ここで、近代日本社会の建設期に明治の元勲達がつくりあげた帝国から、成長期の産業国家を経て、成熟期に入った明治維新から今日までの社会の動きの中で、都市づくりがいかなる軌跡を描いてきたのか整理しておこう。

ア 近代都市三つのステージ

　日本の首都である東京の近代都市づくりの動きを例にとってみると、東京の都市づくりは、大きく三つのステージに分けられることがわかる。

　第一ステージは、近代都市の建設期で、国家が中心となって都市づくりが進められる段階であり、また古い都市を改造し新しく創生する時代である。社会的には政治の季節（政治指導力が求められ発揮される時期）にあたる。この時期の都市づくりは「市区改正」という名の都市改造計画に基づき、国家が主導する事業執行型で行われた。明治の都市像は封建都市江戸からロンドン、パリのような欧風の近代都市へと東京を改造することであり、「帝都東京」という青写真（設計図）に沿って都市づくりが行われた。ヨーロッパの中世都市のような完成模型を描き着々と建設を進めるタイプの都市づくりである。

　第二ステージは、国家が示すガイドラインに沿って官民が役割分担し、都市施設と宅地・建物の供給を効率的に進める、事業者サイドに立った都市づくりである。社会的には経済の季節（経済発展が求められる時期）にあたり、都市づくりにおいては都市の成長拡大を適切に制御することが主題となる。この時代、大正・昭和の都市像は、人口・産業の集中を受け拡大する都市が十全に機能するよう、工業化の進展度合いに対応した都市施設の整備と、宅地の供給や建築物の建築との間のバランスの確保が求められた。そのため土地利用の制御のための「都市計画」に基づき開発や建築

がコントロールされていった。そうして東京など中心都市は人口・産業の多大な集積を受け、これに技術面からの対応がなされた結果、産業都市として大都市圏を形成するまでに発展した。

　第三ステージは、今日の都市の成熟期である、都市空間の質的充実、特に環境・景観面の整備が重視され、地方が主導する形で規制緩和により民間を巻き込んで進められる、地域の特性をふまえた個性的なまちづくりの時代である。社会的には文化の季節（市民の側から生活文化面を中心に主体的な行動がなされる時期）にあたる。楽しく賑わいのある都市・地域独特の個性をもったまちづくりの展開が求められることから、地域や地区ごとにその特性をふまえたテーマが設定され、都市に魅力や活力が生み出されるよう、民間より提案されるプロジェクトを調整する形で、地方政府が既成市街と開発エリアの関係付けを行い、地域全体の質的な変化（体質改善）を誘導する、民活型の都市・まちづくりが推進される時代である。

図表1.7　近代都市東京の発展の推移

区　分	創　生　期 （明治〜大正）	成　長　期 （大正・昭和初期〜昭和中期・後期）	成　熟　期 （昭和後期〜平成）
社会の動き （主な事件）	殖産興業 （日清日露戦争）	工業化　　産業効率化 （産業革命）（震災・戦災）（オリンピック）	情報化・国際化 （バブル経済）
人口	50→200万人	300　→　700　→　3,000万人	3,300万人
都市の 動きと性格	近代化 （帝都）	大都市化　　　大都市圏化 （産業都市）	多彩な街づくり （生活都市）
主な事業等	市区改正	災害復興　　基盤整備と開発制御	規制緩和、民間活力
モデル都市	ロンドン、パリ	ニューヨーク	江戸？
高さ規制の 主題	防火	保安、衛生、交通 （避難救助、採光通風、施設整備）	環境維持、景観形成 （日照、街並み）

イ　東京の都市計画と都市づくり

　それでは東京の近代都市化に向けた取り組みを順を追ってみてみよう。

図表 1.8　東京の都市計画の変遷

① **市区改正**　芳川顕正知事
・明治22（1889）年　都市施設整備中心の都市改造計画
・上水道（大火と伝染病への対応）、道路（市街鉄道導入への対応）、市街地整備（近代都市への脱皮、丸の内のまちづくり、日比谷公園の整備等）
② **大都市化への対応と震災復興**　後藤新平市長
・大正8（1919）年　都市計画法・市街地建築物法制定（住商工の用途地域指定、絶対高さ制限）
(1) 震災復興
・大正12（1923）年　関東大震災
・都心・下町3,600ha を区画整理（道路拡幅と公園整備、鉄橋化）、同潤会による鉄筋コンクリート住宅建設
(2) 大都市化への対応
・人口・産業の集中、住宅・工場の郊外スプロール、郊外電車の整備進展
・昭和14（1939）年　緑地計画でグリーンベルト計画、空襲に備え防空空地
③ **戦災復興**　安井誠一郎知事
・昭和21（1946）年　ターミナル駅前1,380ha を区画整理
④ **経済の高度成長、大都市圏化への対応**　東龍太郎〜美濃部亮吉知事
・都市機能の集中、大都市圏化、多心型都市構造へ
・昭和33（1958）年　首都圏整備計画（既成市街地、近郊地帯、周辺地域）
・オリンピックと都市基盤整備
・首都高速道路や幹線道路建設、容積地区で建築物高層化、大規模住宅団地やニュータウン建設
⑤ **大都市問題への対応**　美濃部亮吉〜鈴木俊一知事
・昭和43（1968）年　新都市計画法制定
・区域区分の制度で開発制御、用途地域細分化で居住環境維持（専用地域化、北側斜線制限）
・昭和44（1969）年　都市再開発法制定
・市街地の更新（スプロール抑制すべく都心部高度利用）
・昭和55（1980）年　地区計画制度を活用しきめ細かなまちづくり
⑥ **地方分権、多様化する社会への対応**　青島幸男〜石原慎太郎知事
・都市計画の自治事務化（都市マスタープランに基づき、地域特性に応じたまちづくりの展開）
・需要追随型の都市計画から政策誘導型の都市計画へ・都市再生、環境都市

(1) 近代都市への改造

明治・大正前期（市区改正の時代）

　近代都市の建設にあたって欧州の諸都市は、まちが石造・煉瓦造でできていることから、都市の工業化の進展を受け重視されたのは、公衆衛生面の対応であった。いわゆる公害の防止、住工混在の抑制である。一方、まちが木造建築物でできている日本の都市は、これに加え都市の防火や震災への対応などの防災面が重視された。

　首都東京の都市づくりは、明治期の前半では不平等条約の改正に向け、外務官僚が主導して雇用された外国人技師が中心となって、都市の中心部に欧風様式を模倣する形で威圧感ある建物が建設されていった。例えば、司法省、東京裁判所、東京警視庁、日本銀行、東京駅などがそれにあたる。明治期も後半に入ると、今度は内務官僚が主導するようになり、市区改正設計に基づき国家事業として、道路や河川そして軌道（路面電車）、上水道、公園等の都市施設の整備が行われた。

(2) 都市の成長拡大

大正後期・昭和初期（大都市化への対応）

① 第一次成長期（都市計画法、市街地建築物法の時代）

　第一次世界大戦において欧米に代わり世界の工場の役割を果たした日本は、これを契機に産業が隆盛し数次にわたり産業革命が起こり経済が発展、人口・産業の都市集中に伴い都市は成長拡大し大都市化していく。東京等の大都市は都市機能を維持しながら防火や公衆衛生に留意し、都市機能の分離配置と道路や上水道、貯水池等の都市施設の整備に力を注いだ。都市の成長に伴い市街が拡大していくと、山手線の池袋、新宿、渋谷等のターミナル駅からは郊外電車が伸びていき、郊外部においては住宅地開発が進展した（職住分離）。一方、中心市街ではターミナル駅に百貨店やバー・カフェまた本屋などが集積して、モダンな雰囲気を醸すようになった。

② 震災復興

　これまで地方ごとに決められていた建築法令に代わり、全国統一的な建築基準として都市計画法と市街地建築物法が制定された。しかし、これら法制が整った直後に関東大震災が発生したため、急遽被害の大きかった都心・下町を対象に、東京は近代都市としての基盤整備（区画整理）が図られることになった。このとき橋梁の不燃鉄骨化も図られた。また、それと併行してコミュニティ施設である小学校のRC造化が図られるとともに、これに隣接して小公園が配置された。さらに、庶民の住宅として昭和2（1927）年の同潤会青山アパート等、耐震不燃構造のアパートの建設も進められた。

[昭和中期（大都市圏化への対応）]

① 戦災復興

　第二次世界大戦により大規模な空襲被害を受けた東京は、戦災復興として震災時にやり残したターミナル駅周辺の基盤整備を区画整理方式で行うことになった。今や世界の一大娯楽街となった歌舞伎町も、この時にまちの基盤が整えられた。

② 第二次成長期

　戦後も昭和31（1956）年を迎えると、大量生産・大量消費社会が到来し物質的豊かさが追求され、大正・昭和初期につづく第二次の成長期（高度成長期）に入った。都市も「速く高く大きく」ということが求められ、人口・産業の都市集中に対し不足する都市施設の整備や土地・建物の供給が急がれたため、標準化や規格化（道路計画標準、区画整理設計基準、建築基準等）が図られることで、国の示すガイドラインやマニュアル（都市計画標準）に従った画一的で均質的な都市づくりが進められた。

③ 首都圏の整備

　この時期、都市への過度な人口・産業の集中を抑制しようと、既成市街

地においては工場・大学の立地規制が行われた。また、都心に立地する必要のない物流施設が中心市街の外周部のインターチェンジ付近に集められるとともに、都心部では企業の本社など中枢管理機能の集積が進んだ。この時期、高速道路や地下鉄など交通基盤の整備とともに、都市のシンボルとして東京タワー（放送電波塔）も建設された。さらに、都心部においては再開発も計画され順次実施へと移された。一方、郊外部においては集中する人口の受け皿として、マンモス住宅団地や多摩ニュータウンの建設も進められた。

④　大都市問題への対応（新都市計画法（1968）の時代）

　産業経済の発展により進む都市の巨大化という事態に対し、東京は一つのセンターしか持たない構造では十分に機能しにくくなってしまったため、多心型の都市構造を選択することになった。こうして東京は都心機能を分散配置することで、都市活動を有効にそして効率的に機能させようとすることとなった。この時期、都市計画も都市の成長拡大に対応し、必要な公共施設と一定の環境を備えた市街の形成をめざし、都市開発を適切に制御すべく「市街化区域・市街化調整区域（線引き）」の制度が導入された。この制度は開発許可制度とあいまって、市街地開発を段階的にコントロールする役割を担った。また、ゾーニング制度としての用途地域制度も、居住環境の悪化を防ぐべく順次、細分化（4→8→12種類）が図られ、土地利用の分化と用途の純化が進んだ。

　この時期の都市計画における大きな変化は、「密度・形態規制の変更」である。近代都市理論をふまえ土地の有効・高度利用を促進すべく、建築物の絶対高さ制限を廃止し建築密度を容積率制度として直接規制する方式へと転換した。また、市街は周辺部や郊外部の新規開発地などにおいて、できるところから碁盤の目状に区画整理が施行された。また、都心の一部の再開発地区においては、街区のスーパーブロック化が図られた。

　さらに、急増する人口に対し一定の水準を備えた住宅や学校を早く安く

大量に供給するため、建築物のプロトタイプ化が図られ、各地に所を選ばず2DKの住戸、ハーモニカ型の学校が立地していった。こうして出来上がった各地の住宅地の駅前には、「○○銀座」と名付けられた商店街が形成されていった。

この時期、日本の高度成長を象徴するイベントとして東京オリンピックが開催されたことを契機に高速交通網の整備と大規模開発が推進され、幹線道路には路面電車に代わって地下鉄や高速道路が建設されていった。また、各地で再開発や開発も進み、新宿副都心や多摩ニュータウンの建設が行われるとともに、市街においてはターミナル駅にデパートが、住宅街の駅前にはスーパーマーケットが、そして中心市街にはマンションが出現し、戸建住宅は二階建化していった。

(3) 都市の成熟
[昭和後期から平成期]
① 環境問題の発生

この時期、経済の高度成長の副作用として環境問題が発生した。都市環境は、都市更新のスピードと量が急激でしかも大規模であったため急激に悪化していき、建築の規模の拡大と地価の高騰が原因で住宅地から庭がなくなるとともに、建物の中高層化が進み市街では日照や採光、通風が損なわれ自然（土、緑、太陽など）が後退していった。これまでの平屋建で板張り瓦屋根に生垣のついた家が並んだ街並みも、ブロック塀が続く二階建住宅やアパート・マンションに置き換わっていった。そうした変化に対応し日影規制、環境アセスメント、地区計画、景観条例などの制度や仕組みが導入されることとなった。

② 地方分権、民活

二度のオイルショックを経て社会が成熟期に入ると、アークヒルズ、恵比寿ガーデンプレイス、六本木ヒルズ、アーバンドック（豊洲）、東京ミッ

ドタウン等々、都市開発の主流は複合開発へと変わった。住宅も戸建住宅、アパート、マンションから、ワンルームマンション、デザイナーズマンション、超高層マンションなどへ多様化・高度化していった。また、戸建住宅も今日では三階建が当たり前となった。

図表1.9　東京における都市づくりの年表

西暦	理念・方針・計画・制度、組織・機構等	都市基盤関係諸施設の整備	開発と建築関係諸施設の整備
1869		電信開設（東京―横浜）乗合馬車運行	
1872		鉄道開通（新橋―横浜）	
1873			王子製紙工場
1876	[都市拡張論（ゾーニングの考え方）]	上野公園開設	
1877			銀座煉瓦街
1878			勧工場
1879	家屋実態調査		
1880			官営工場払下開始
1881	防火路線屋上制限規則、日本鉄道会社		
1882		馬車鉄道（新橋―日本橋）	
1883	東京電燈株式会社		
1885		山手線開通	
1887			東京紡績・鐘淵紡績工場
1889	市区改正設計		
1890			凌雲閣、帝国ホテル
1891			ニコライ堂
1894			丸の内一丁倫敦（〜1911）
1895		中央線（新宿―飯田町）	司法省
1896			日本銀行本店
1898	[明日の田園都市出版]	上水道完成、淀橋浄水場通水	東京裁判所
1902	[アディケス（区画整理）法]	路面電車網の整備始まる（1928最盛）	
1903	市区改正新設計	日比谷公園整備乗合自動車営業開始	
1904		鉄道の電化始まる	三越百貨店化
1907		郊外電車の敷設始まる（〜1934）	

近代都市論と東京の都市計画の変遷　**029**

年			
1911			東京警視庁、帝国劇場
1914		東京駅開業	
1918	田園都市株式会社		
1919	道路法 都市計画法 市街地建築物法公布	中央線東京駅乗入	
1920	地下鉄路線決定	明治神宮	
1921	街路・河川決定		
1922	防火地区決定		
1923	（関東大震災）震災復興計画		洗足開発、文化住宅普及
1924	同潤会設立（〜1941） ［近隣住区論］	震災復興事業開始 （〜1930）、神宮外苑完成	丸の内ビルヂング 田園調布開発
1925	東京用途地域計画	山手線の環状運転化 ラジオ放送開始	大泉学園、小平学園開発 井荻区画整理組合設立
1926		明治神宮外苑	国立学園開発
1927	東京幹線街路網計画都市計画決定	地下鉄（上野―浅草） 村山貯水池	青山、代官山等アパート建設（〜1933）
1928	［CIAM結成、ラドバーン計画］		
1931		羽田空港開設	
1932	大東京市誕生		
1933	［CIAMアテネ憲章］ 美観地区決定		東京中央郵便局、日本劇場
1934		山口貯水池	明治生命館
1935			新宿駅西口区画整理
1936			善福寺、国会議事堂 西荻区画整理終了
1938			国立博物館
1939	緑地計画		第一生命館
1940	空地地区、住居専用地区	砧、神代、小金井、舎人、水元、篠崎公園用地買収	
1941	防空法改正「防空空地」 帝都高速度交通営団		
1944	［大ロンドン計画］		
1945	（戦災）、戦災復興基本方針		
1946	戦災復興計画 用途地域全面改訂		
1948	緑地地域		
1949	工場公害防止条例		
1950	国土総合開発法 建築基準法		
1952	耐火建築促進法		新丸ビル

年			
1953	特別工業・文教地区 首都高速道路計画	テレビ放送開始	
1954	土地区画整理法		鉄道会館八重洲駅ビル
1955	日本住宅公団		
1956	首都圏整備法、都市公園法、道路公団		
1957	駐車場法		東京タワー
1958	首都圏整備計画		マンモス団地ひばりが丘
1959	工業等制限法 首都高速道路公団 都市高速道路計画	オリンピック関連整備（青山通り、環状7号線） 地下鉄丸の内線	
1960	所得倍増計画 新宿副都心建設公社設立	テレビカラー化	
1961	［アメリカ大都市の死と生］特定街区		
1962	全国総合開発計画 建物区分所有法	首都高速道路開通	（スーパー全盛）
1963	大都市再開発問題懇談会中間報告 高度地区（最高限度）		第一次マンションブーム（～1965）
1964	（東京オリンピック） 容積地区指定	新幹線開業 代々木・駒沢公園整備	
1966	流通業務市街地整備の基本方針		パレスサイドビル 多摩ニュータウン着工
1967		新宿駅西口広場	
1968	新都市計画法	東名高速道路	超高層霞ヶ関ビル 第二次マンションブーム
1969	都市再開発法 江東地区再開発基本構想「防災6拠点」		
1970	建築基準法改正（用途地域細分化） 区域区分決定、緑地地域廃止	銀座・新宿歩行者天国	
1971	広場と青空の東京構想 環境庁設置	関越自動車道	京王プラザホテル（新宿副都心第1号）
1972	自然環境保全法	荒川線除き路面電車廃止	
1973	高度地区北側斜線制限 都市緑地保全法	武蔵野線	
1974			東京海上ビル
1976	総合設計許可要綱	首都高湾岸線	
1977	日影規制条例		
1978			池袋サンシャインシティ

近代都市論と東京の都市計画の変遷 | 031

年			
1980	地区計画制度		
1981	土地利用現況悉皆調査	常磐自動車道	
1982		東北新幹線	
1983	規制緩和による都市開発		ディズニーランド
1985		埼京線	
1986	都市再開発方針	東北自動車道、京葉線	アークヒルズ
1987	臨海副都心開発基本構想		
1988	再開発地区計画		西戸山タワーホームズ
1989			大川端リバーシティ21
1991	住宅マスタープラン		
1992		山形新幹線、外郭環状道路	都庁新庁舎
1993			シネマコンプレックス
1994			恵比寿ガーデンプレイス
1995	地方分権推進法 福祉のまちづくり条例		第一生命館保存
1996			シーリアお台場
1997		長野・秋田新幹線、アクアライン	
2000	改正都市計画法	大江戸線	（コンビニ全盛）
2001	都市再生		品川駅東口インターシティ
2002	天空率制度	臨海高速鉄道	汐留シオサイト、丸の内ビルディング
2003			六本木ヒルズ、東雲キャナルコート
2004	景観法		
2005		つくばエキスプレス	三井本館保存、秋葉原クロスフィールド
2007			東京ミッドタウン

4 都市づくりの課題

1 都市づくりのモチーフの変化

　西洋、とりわけアメリカをモデルとした機能主義に基づく近代都市計画が、その役割を弱め主役の座を降りつつある今日、新しいモチーフとして「環境」をテーマとした都市づくりが台頭しつつある。

　環境をモチーフとした都市づくりにおいては、次の四点が主要な課題となる。まず第一のテーマは、IT革命に伴う知識情報社会化に対応し、情報通信技術の活用も視野に入れた形での、地球環境と共生する都市づくりの展開である。交通施設についてみると、日本の大都市圏では幹線道路・高速道路の整備が遅れている。これに伴う交通渋滞は都市活動を低下させるだけでなく、エネルギーの大量消費を引き起こし、都市のヒートアイランド化や地球温暖化を進めるだけでなく、市民の健康をも脅かしている。とりわけディーゼル車の排気ガス規制は早急な対応が求められている。このため都市における交通対策として交差点の改良を進めるだけでなく、情報通信技術を駆使したカーナビゲーションやETCまたTDMやロードプライシングなど交通管理的な対応が必要となってきている。将来的には情報通信技術の発展により空間移動の制約から解放されることで、交通の一部は通信に置き換えられていくことが予想されるが、それだけではなく、さらに省資源・省エネルギーまた循環型の都市づくりを進めることで、環境と共生するサスティナブル・シティへの転換を遂げる必要にも迫られている。

　第二のテーマは、経済・文化交流のグローバル化に対応した、魅力ある

都市環境の創出である。世界からビジネス客や観光客を呼び込める魅力ある都市としていくためには、21世紀の交通施設として空港の整備が欠かせない。大都市圏においては複数の国際空港の整備が求められる。また、日本の中心核である首都圏と全国の主要大都市間を、リニア新幹線のシャトル便など高速交通で結びつけていくことも重要である。さらに、これらの空港、鉄道と道路など高速交通体系相互間の、結節性とネットワーク性の向上も都市の魅力を高めるためには大事である。これら基幹的な都市基盤施設の整備・運営にあたっては民間の資金やノウハウの活用を図るなど、国家経営・都市発展の両側面から戦略性をもって先導的に進めていく必要がある。このほかにも都市基盤施設については、都市基盤施設を適切に維持管理できない国家・都市は滅んでいくという古代ローマの歴史の教えが示すとおり、造った後のメンテナンスも重要である。また、これらの21世紀型都市基盤施設の整備とともに、当該都市の歴史的ストックをふまえ伝統性や文化性が感じられる個性的な街の景観形成や、文化・娯楽、集会・交流施設の整備など都市のエンターティンメント性の向上を図り、都市生活を楽しめるよう都市機能の複合的な整備も重要である。

　第三のテーマは、都市における市民の活動環境を整えるということで、人口の高齢化に対応し生活者の視点から誰もが街に出て活躍できるよう福祉のまちづくりの面から都市環境の整備を行うことである。職住近接の都市づくりを推進するとともに、駅などへのエレベータ・エスカレータの設置また街角におけるベンチやトイレのあるまちづくりの展開等々をさらに進めていく必要がある。

　最後に第四のテーマとして、市民の安全志向に対応し地震防災、救急医療そして犯罪などに対し、安心できる環境をもった都市づくりである。建造物の耐震化、建築物の不燃化また避難広場の整備などを促進し、地震や火災に強い都市構造へと転換していく必要がある。また、病院や介護施設とコミュニティとの連携を強化したり、さらに人が街にいる人の気配が感

じられる地区環境づくりを進め、安心して暮らせる都市としていくことも大事なことである。このように宇宙に浮かぶ一つの船として地球をとらえたサスティナブル・シティの発想の下に、環境を重視した都市づくりを様々に展開していくことが21世紀には求められてくる。

2 制度・手法の揺らぎ

　次に、制度・施策の検証として、これまで1世紀近くとられてきた近代都市計画技法についてみてみたいと思う。まず土地利用規制としてのゾーニング制度であるが、わが国においては専用地域を除き建築用途を幅広く許容するよう仕組まれているため、土地利用の変化の動きが大きい地域においては、都合よく機能してきた。しかし、土地利用の変化が安定し環境の質の向上が求められている地域においては、詳細な規制を行わないと環境を維持向上できないという課題を抱えている。

　また、地価との絡みで都心などは業務機能への純化が進み過ぎ、平日の夜間や週末には閑散とした街になってしまっている。その一方で逆に郊外では住宅専用的に規制しすぎているため、商業施設もできにくく人の目が遠ざかり、鉄道駅から遠い地区においては夜間の歩行が頼りなくなってきている。

　近代社会も成熟期に入り中心街には賑わいが、郊外住宅地には犯罪の抑制など治安が重要となり、安心できる環境の形成が求められている。また、市街地の大部分には居住環境の維持や、街並み景観の形成など環境・景観を中心に空間の質の向上が求められている。

　わが国の大都市の市街地構成をみると、おおよそ次のような三つの土地利用パターンに区分される。

　一つ目は、区画整理され道路や街区が整い比較的規模の大きな敷地によって構成された地区である。この地区類型は都心業務地、市街地内の良

好な住宅地、郊外のニュータウン、そしてそれらに準ずる臨海部の工業地などに認められる。

　二つ目に、区画整理されてはいるが街区内の宅地が細分化された地区である。この地区類型は都心の商業業務地、都心・下町の住商工混在地、市街地内の敷地規模の小さい住宅地などに認められる。

　三つ目に、いまだに区画整理されず路地状の狭い道路に小規模な宅地がはりつく、近代化以前の段階からの土地利用パターンをひきずる地区である。この地区類型は既成市街地内部に広く分布する密集住宅地（住工混在地含む）、また市街地外周部におけるスプロール型住宅地などに認められる。いわゆる近代都市計画において不良住宅地ととらえられる、これらの地区も、見方を変えれば働く場や遊びの場に近く、駅や商店街また病院等へのアクセスにも優れ利便性に富み、そこに住む人々は人間関係も比較的よくコミュニティも安定している場合が多い。ただ防災や居住環境の面で課題をかかえているのも事実である。

第2章

東京にみる都市の歴史的成り立ち

1 近世都市・江戸

　現代は近代工業社会の成熟期といわれている。それでは成熟期にふさわしい都市づくりとは、いったいいかなるものであるのか、その手掛かりを得るため、一つ前の時代である近世の江戸における都市づくりに焦点を当て、都市形成の歴史という視点から、そのヒントを探ることにする。

国家経営の理念と新首都の位置決定

　慶長5（1600）年、天下分け目の関ケ原の戦いに勝利した徳川家康は、慶長8（1603）年征夷大将軍に任ぜられ江戸に幕府を開く。家康の国家経営の理念は「平和・安定」である。足利の世は乱れに乱れ、応仁の乱以降100年以上もの長きにわたって、戦乱の世を招き人々を苦しめてきた。

　天下を手にした家康は、下剋上の思想に終止符をうち、戦国の世から脱し、平和で安定した秩序ある世の中を実現するため、新しい国づくりに入る。

　家康は、首都の位置を決めるにあたり、朝廷・公家の干渉を排し武家政治の独立性を確保するため、尊敬する源頼朝の例にならい、全国統治の拠点（首都）を京を遠

図表2.1　中世紀（16C末）の江戸の地勢図

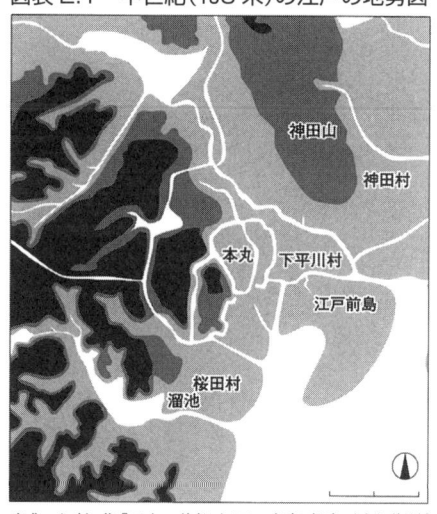

出典：河村 茂『日本の首都 江戸・東京 都市づくり物語』
（都政新報社）

近世都市・江戸　**039**

く離れた、煌びやかな生活に堕落することのない、厳しく国家経営に勤しめる場所として、武家社会発祥の地、関東の江戸を選んだ。

　関東は日本の地理的中心に位置し、国土経営における地政上の優位性を有している。その中でも、江戸は関八州の中央に位置し、波静かな湾奥にあり後背地も広い。自然地形をみると西には幾重にも谷が入り、起伏の激しい武蔵野台地が手のひらを広げたような形で迫り、思いのほか険しいだけでなくその西は天下の険・箱根の山で遮られている。また、東には大河川が注ぎ、南には江戸湾が広がっており、軍事・防衛上の面からみても大変に有利な条件を備えていた。

　さらによく見ると、江戸の周辺には北から東にかけて、手を加えれば農業生産力が上がりそうな肥沃な低地が広がっていた。国家の経営が安定すれば、新田開発や国内の物資流通、また海外との交易にも便利ということで、家康は当面の都市防衛と土地の将来性などを考え、幕府の所在地・首都として江戸の地が最もふさわしいと判断したのである。

1　寛永の江戸

ア　防衛都市の建設

　さて、首都江戸の都市づくりであるが、江戸は近世社会の発展段階に応じ、創成建設期と成長発展期そして安定成熟期とに分けることができる。そこでそれぞれの時代を代表する寛永、元禄、文化文政期を中心に、段階を追って江戸の都市づくりを述べることにする。

　まず、創成期の江戸であるが、この時代の都市づくりの目標は、「防衛都市の建設」である。家康とそのブレーンが構想し、秀忠・家光を経て第四代将軍・家綱の時代にまで及んだ、全国統治の拠点としての「防衛」をテーマに進められた「寛永の江戸」と呼ばれる、城下町としての性格をもつ政治的意味合いの強い都市の建設である。

当時、徳川氏は幕府は開いたものの、大坂にはなお秀吉の遺児・秀頼がおり、秀吉恩顧の西国大名も数多くいていまだ世情は安定せず、戦乱はなお一触即発の状況にあった。

　そのような背景があり初期の江戸は、戦国都市（城下町）としてイメージされ、守りを主眼に都市づくりが行われていった。都市の守りの程度は、その中心である城に近づくに従って、より堅固につくられていった。

　寛永の江戸は、現在のほぼ都心に相当する江戸城外郭、つまりおおよそ外濠で囲まれた区域を対象とした都市づくりである。家康は築城の名手藤堂高虎と共同して、都宮である江戸城と都市江戸の建設計画を描いた。

　防衛都市江戸の都市建設の内容は、①城の縄張り（統治者の館の整備）、②武家地の割付（支配階層の事務所と住まい）、③町人地の町割（都市サービス提供地域の整備）、そして④寺社地の給付、といった四つの内容により構成されている。

　家康は高虎に城の縄張り（地形を観察して各建物の配置を軍事的に決定する）を命じるとともに、高虎の描いた絵図面に家康自ら朱や墨を入れ、高虎の案を修正する形で計画をまとめていった。

　こうして江戸城の位置は、武蔵野台地を構成する七つの台地上の軸線をのばした、その焦点にあたる本丸台地が選ばれた。江戸城普請の大計画は幕府が開かれた翌年の慶長9（1604）年に発表され、天下の総城下町、すなわち首都として江戸の建設が開始されたのは、慶長10（1605）年のことである。

　なお、家康は時を経てさらに南光坊天海らと共同し、宗教面と政治思想の面からも、この都市づくりにアプローチを加えた。

イ 都市構造と都市づくり

　江戸の建設は本多正信が二代将軍秀忠の後見人として指揮を執り、城普請の専門家藤堂高虎のノウハウを用いて進められた。

大都城の建設には水と食糧の確保が第一である。上水は小石川沼を水源（後の水源変更後は井の頭池）とし取水してできた神田上水を用いた。水が確保されたら次は食糧である。徳川は呉服橋から大手町に至る道路の北側に道三堀を、また江戸湾沿いには小名木川・新川などの内陸沿岸運河を建設し、食糧や塩（製塩地は行徳）などの輸送ルートを整備した。

　さらに、江戸暮らしにあたって必要なタンパク源を確保するため、大坂・摂津の佃村から漁師を呼び鉄砲州沖の干潟を与え、江戸湊での漁を請け負わせた。

　さて首都建設であるが、幕府はまず江戸前島（日比谷入江の対岸に位置する、本郷台地から南にのびる半島状の島地）を掘削し、建設資材の受け入れ用の埠頭として、櫛型の計10本に及ぶ船入り堀を築いた。

　慶長11（1606）年には伊豆等から切り出した石を江戸へと運んで、江戸城の城壁工事を開始した。

　江戸城城廓の建設に伴って掘り起こされた本丸台地の土は、現在の皇居外苑から日比谷公園そして新橋にかけて広がっていた日比谷入江の埋め立てに用いた。霞が関から新橋に至る大名屋敷地の造成は、大名自らが入海を干拓して行った。

　また、神田台を崩した土で江戸前島を造成し、日本橋・京橋そして銀座に至る一帯を排水施設等を備えた町人地として整備した。

　幕府は小河川や淵などを活用し河川の流路を変えたり、新たに水路を造成するなどして、慶長16（1611）年には城を取巻く形に内濠を完成させた。

　これに続き寛永13（1636）年には、水道橋から飯田橋の間に位置する牛込・市ケ谷・四谷そして赤坂、溜池に至る堀が開削され、これを汐留川につなげることで、とうとう城を取巻く形に外濠をつくりあげた。

　一方、町人地の中心・日本橋には、ここを起点に五街道（東海道・中山道・甲州道中・奥州道中・日光道中）が全国に向けて放射状に整備された。

各街道には一里塚が築かれ、そこには榎の大木や松が植えられた。
　また、これにあわせ宿駅と伝馬の制度も設けられ、その起点の日本橋界隈に、大伝馬町、南伝馬町、小伝馬町などの流通業務地区が整備された。さらに、「の」の字の形に造られた濠と五街道との接点には橋を架け、見付と呼ばれる城門36か所と見張所を設置し、市中への人や物の出入りを改めた。東海道の虎ノ門、甲州道中の四谷門、上州道の牛込門、中山道の筋違橋門、奥州道中の浅草橋門は「江戸五口」といわれ、江戸への出入りにあたっての関門となっていた。
　江戸をよくみると、直線道路や十字路また交差点の少ない都市であることに気がつく。これは敵に攻められたとき、その侵入速度をスローダウンさせるためであった。また、町の要所要所には木戸を、また都市の出入口には大木戸を設けるとともに、主要な街道沿いには大寺院を配するなどして、幕府はいざというときに備えた。
　そうして都市の骨格を整えた上で、幕府は自然地形を活用し城の西側・山の手には要塞としての武家地を、また城の東側・下町には武家の消費生活を支える町人地を、さらに都市周辺部を中心に寺社地を配置していった。

ウ 市街地の構成

(1) 武家地の形成

　武家地というか都市江戸の中心は江戸城である。家康は江戸城を構築すると、同じ城郭内に将軍のほか親藩御三家の屋敷も置いた。そしてまわりに濠をめぐらし、外部の市街地とは遮断した。
　そして徳川の譜代大名など主要な大名の屋敷は、主として大手門前（現在の大手町）から日比谷入江を埋め立てて新しく開発された平地（現在の皇居外苑から丸の内）に配置した。この時期、諸藩の江戸屋敷は幕府に帰服する姿勢を示すため、争って日光東照宮の陽明門並みの構えをもっていたため、大名屋敷が並ぶ大名小路は、それは絢爛豪華な町並みを形成して

いた。

　外様大名は主として、その一つ外側の桜田から芝愛宕下にかけて配置された。これらの大名屋敷街は、60間、80間、120間という設計寸法を基本にグリッド状に割られ、計画的に整然と造られていった。

　また、幕府直参の旗本・御家人衆の住まいは、城西から城北にかけて配置された。代官町、永田町、番町、麹町、駿河台などが、それである。番町は中級武士の屋敷地で、四谷、市ヶ谷などには下級武士の組屋敷などが立地した。

(2)　町人地の形成

　武士階層等に各種都市サービスを提供するための町人地は、その活動の利便性を考え、海に面し水運の便のよい下町低地の平場に配置された。

　慶長17（1612）年6月、家康は、この町人地の町割を担当する総指揮者として、後藤庄三郎光次を指名した。町人地の道路パターンは、メインストリートである本町通りと、これに直交する日本橋通りが約11m、それ以外の道路は約6mの幅員で、排水勾配に留意して整えられた。

　町割としては、一町60間四方の街区が碁盤の目状に構成された。街区はさらに三分割され、20間の奥行きをもつ土地に区分された。そして街区の中央には会所と呼ばれる空地を配し、ここには共同便所や井戸、ゴミ溜め場などが置かれた。

　この下町の町人地は上空より俯瞰すると、水路によって囲まれた多くの島々から成り立っているように見えた。町には水路に沿って河岸ができ、その後ろには町屋が並び、それらを連ねる形に中心街が形成された。町々の出入口には木戸があり、木戸脇の番屋には番人が置かれ人の出入りを監視した。

(3) 寺社地の形成

寺社地は都市の周辺部の交通の要所や低湿地また埋立地などを選んで配置された。

特に、大寺院は外濠の外の江戸への主要な交通ルートに沿って配置された。例えば、東海道には芝の増上寺、奥州道には浅草の浅草寺、中山道には上野の寛永寺といったように、陰陽道における江戸の鬼門にあたる方向に配置された。

増上寺や寛永寺は、徳川家の歴代将軍の墓所としての役割も担うが、真の狙いはいざというとき都市江戸と徳川家を守るための防衛上の目的をもっていた。

この増上寺と江戸城そして寛永寺は、西南から東北の方向に一直線に並んでいる。このような関係にあるその他の寺社としては、日枝神社と神田明神社、それに徳川家の祈願所としての浅草寺がある。幕府はこのようにして将軍と徳川家を魔物から護るため、宗教上の配慮をも加え江戸城を中心に計画的に寺社を配置していった。

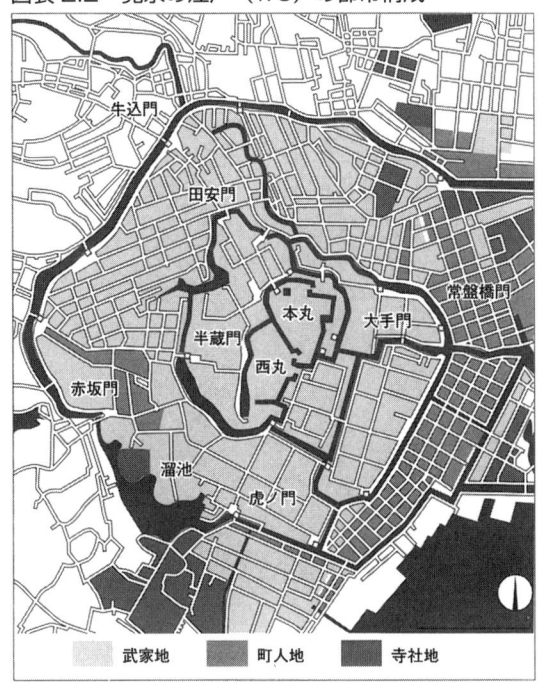

図表2.2 寛永の江戸（17C）の都市構成

出典：河村 茂『日本の首都 江戸・東京 都市づくり物語』
（都政新報社）

エ 都市・江戸の成立

江戸の都市づくりにあたり、徳川氏は天下普請と称する軍役にも似た労

務の提供を各藩に命じた。これは外様大名に労力と費用を負担させることで、彼らの財力を削減し勢力をくじくとともに、その一方で徳川自身は堅固な城や都市を築いて防備を固めるという、一石二鳥の巧みな統治政策であった。

幕府は外濠が完成すると、江戸建設に大名やその妻子を留め置く必要がなくなったことを受け、これに代わって妻子江戸在府・参勤交代の制を確立し、江戸を全国の縮図とすることで天下を巧みに統治していく。

正保元（1644）年における、江戸の市域面積は約 44 km^2、ほぼ外濠で囲まれた範囲内におさまっていたが、例外的に外郭の外においても浅草や芝などの町が、主要街道に沿って部分的に市街を形成していた。

当時、江戸とともに三都とうたわれた京が約 21 km^2 であるから、江戸は京のほぼ 2 倍の規模を有していたことになる。この時期の江戸の土地利用をみると、武家地が 77.5%、町人地が 9.8%、寺社地が 10.2%、その他が 2.5% という構成になっていた。

江戸時代初期の寛永の江戸は、平和を求める世の中の空気を反映してか、ハードとしての自然地形をベースにした巧みな防衛都市づくりと、妻子江戸在府や参勤交代また改易・転封、鎖国など、ソフト面からの諸制度の整備・運用とがあいまって、家康が願った平和な世の中になっていった。

2 元禄の江戸

ア 災害が都市を変える

江戸は半世紀近く続いた、埃深く喧騒が渦巻く建設の時代が終わると、政治的安定を見たこともあり幕府は減税策をとった。またこの時期、藩財政の三分の二は参勤交代や江戸藩邸における消費生活に向けられていた。

江戸は消費経済化が進むと、地方から多くの人々を吸引し、市街は過密な状況を呈するようになっていった。こうして江戸は経済の季節を迎え、

関東そして東日本における広域経済圏の中心都市として、「市」の機能の充実が求められた。

そうした時期の明暦3(1657)年、江戸は正月早々、「明暦の大火」といわれる日本の歴史始まって以来の大都市災害に見舞われる。このとき江戸は大名屋敷160、旗本屋敷770余、寺社350、橋60、蔵900を失い、10万人以上の焼死者を出した。江戸城も西の丸だけ残し焼けおちてしまう。こうして家康以来三代かけて建設してきた「寛永の江戸」も焦土と化し、市域の55%が灰となってしまった。

図表2.3　明暦の大火による被災区域

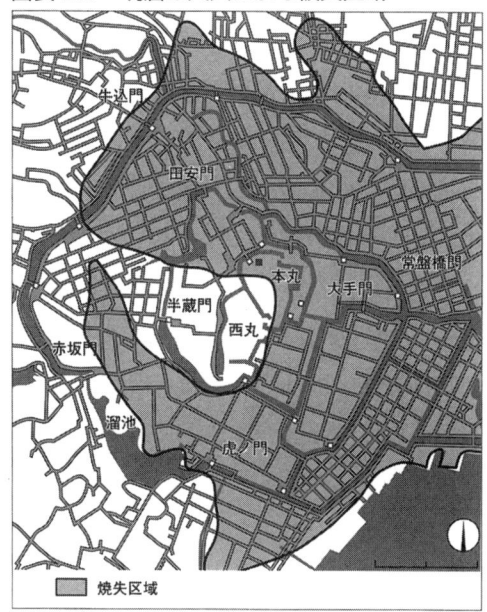

出典：河村 茂『日本の首都 江戸・東京 都市づくり物語』
（都政新報社）

◢ 都市の防災構造化　－大江戸の整備－

そこで幕府はこれを契機に、江戸とその周辺の経済圏域を対象に都市改造と地域開発を進め、都市の防災構造化と河川・運河網の再編整備を図ることになる。

この経済の成長発展期における都市づくりの目標は、「都市の防災構造化と圏域の物資輸送路の整備」である。松平信綱らが構想し大岡越前らがこれを継ぎ、享保の改革を挟んで明暦の大火後から明和の時代にまで及んだ、安全・流通をテーマに進められた「元禄の大江戸」と呼ばれる、消費都市としての性格を持つ江戸とその経済圏域の整備である。

近世都市・江戸　**047**

幕府は大火の後、焼土や瓦礫などを用い赤坂・牛込・小石川の各沼地や、築地、本所・深川などの水面・湿地を埋め立てていった。災害の処理が終わると、幕府は都市改造計画の策定にあたり、江戸を実地測量し都市地図を制作した。また、調査の結果、大火の要因の一つが巨大な建築物の飛び火にあることが判明したため、幕府は市街の建築密度を落とすべく都市の拡大を図り、道路や水路また空地を十分にとった都市改造計画を策定する。

　都市改造にあたっての方針は、①城内にある御三家の藩邸を城外に移し、その跡地は馬場や菜園などの空地とする、②江東地区また山の手に新市街地を開発し、竹橋、常盤橋、代官町等にある武家屋敷を移す、③諸大名の火災時の避難先として山の手の郊外に下屋敷を下賜する、④旧市街にある寺社を郊外に移す、⑤旧市街においては道路を拡幅したり区画を整理するなどして再開発を進め、火除地を設置したり耐火建築を奨励するなどして防火化を進める、と定められた。また、江戸の消費都市化にあわせ、都市活動を円滑に進めるため、逐次、関東内陸における河川網の改編を進め、都市江戸への物資輸送路の確保と流域の地域開発を図った。

ウ　都市改造

(1)　都心部再開発

　江戸の大名屋敷は通常上屋敷（大名の邸宅と藩の事務所）のほかに中屋敷（大名の妻子などが住む）そして下屋敷（藩主の別荘、藩の倉庫、災害時の避難先）の三種類がある。そこで幕府は、このうち都心部に立地する必要のない大名屋敷や寺社を城郭外へと移すことで、空地を増やし延焼の防止を図ることにした。

　こうして明暦3（1657）年には69の寺が浅草など外濠の外へと移転させられた。また武家屋敷も万治元（1658）年だけで900家以上が移転した。その結果、日本橋通りは従前の10.9mから18.2mに、また本町通りも13.8mにそれぞれ拡幅された。その他の道路も避難を考え、従前の5.9mから

9.9～11.8 mへと二倍近くに広げられた。上野広小路、中橋広小路は、このとき火除地の性格をもって整備されたものである。

　また、河川を利用し日本橋川の両岸などには、「防火堤」という土手の築造も行われた。これらの火除地や防火堤の配置にあたっては、江戸の風向にも配慮がなされた。さらに、橋が焼け落ち被害を大きくした面もあったので、避難路確保ということで橋を延焼火災から守るため、橋のまわりに「橋詰広場」が設けられた。その代表が両国広小路である。

　また、大火後は大規模な建物の建築が禁止されるとともに、屋根は瓦でつくることや建物の土蔵化が奨励された。享保5（1720）年になると瓦葺き屋根が奨励され、税金の免除や資金の融資により建物の屋根不燃化が進められた。

　これに伴い町屋は、土蔵造り（屋根は浅瓦葺き、外壁を土塗りのうえ漆喰仕上げとしたもの）、塗屋造り（屋根は浅瓦葺き、二階正面のみ外壁を土塗りのうえ漆喰仕上げとし、その他は板張りとしたもの）、焼屋造り（屋根・壁ともに板張りとしたもの）という三つのタイプの建築物によって構成されることになった。

　また、明暦大火の翌年には、幕府役人による定火消しの制度もできた。これにつづき、寛文元（1661）年には町々の木戸（二か所）に消防用水として30個ずつ水桶を配備することと、各家ごとにも間口に応じ手桶の設置が義務付けられた。さらに、享保8（1723）年になると、奉行の大岡越前守が、火の見櫓の設置と町火消しの制度を確立した。

(2)　隅田川架橋と江東地区の新市街地開発

　利根川の東遷と新河川江戸川の整備により、河川の氾濫も穏やかになった江東地区では、北十間川と横十間川によって囲まれた区域の内側が市街地として開発されることになった。

　幕府は江東地区の陸地化にあたり、万治3（1660）年、両国橋を架橋し

近世都市・江戸　**049**

た。これにつづいて新大橋が元禄6(1693)年、永代橋が元禄9(1696)年、大川橋(吾妻橋)が安永3(1774)年に架けられた。江東地区は小名木川と平行に竪川と北十間川を、さらにこれと直交して大横川と横十間川などを開削し、水路や道路などの都市基盤が碁盤の目のように入る整然とした市街として造成された。

　こうして竪川より北、つまり本所地区は主として旗本の邸宅地帯として下級武士の組屋敷となった。この地区の飲料水は、埼玉の溜井より水を引き亀有上水を開設することで対処した。この江東地区の最南端は深川で、ここは海運と河川の船運とが交差する場所として大変重要であった。深川にはもともと船蔵があったが、大火後は復興用資材確保と燃え草を江戸の中心部から遠ざける観点から、木材業者がここ深川の木場に集められた。また、日本橋川沿岸に集中していた米蔵など重要物資の倉庫が、危険分散の観点から浅草や本所・深川などに分散して配置されることになった。

(3) 郊外開発とニュータウン建設

　大名の中屋敷・下屋敷などが立地する郊外武家地は、青山・赤坂・麻布などを中心に、主として武蔵野台地の居住性のよい尾根部分を選んで、玉川上水から分水して青山上水を開設することで、計画的に開発されていった。

　この武家地の郊外開発に伴い、武家地と武家地との間の谷地には町屋が入り込み、武家屋敷群と一体となって次第に市街を拡げていった。いわゆる郊外スプロールである。

　江戸元禄の活気あふれる時代、江戸の西郊、市街を一歩出たところに、浅草は阿部川町の名主・高松喜兵衛ら5名の手により、ニュータウンとして新しい宿場町・内藤新宿が開設された。このとき幕府は5,600両という巨額の運上金(開発負担金)の上納を条件に、新駅開設の認可と営業の権利を与えた。

図表 2.4　元禄の江戸（18C）の都市構成

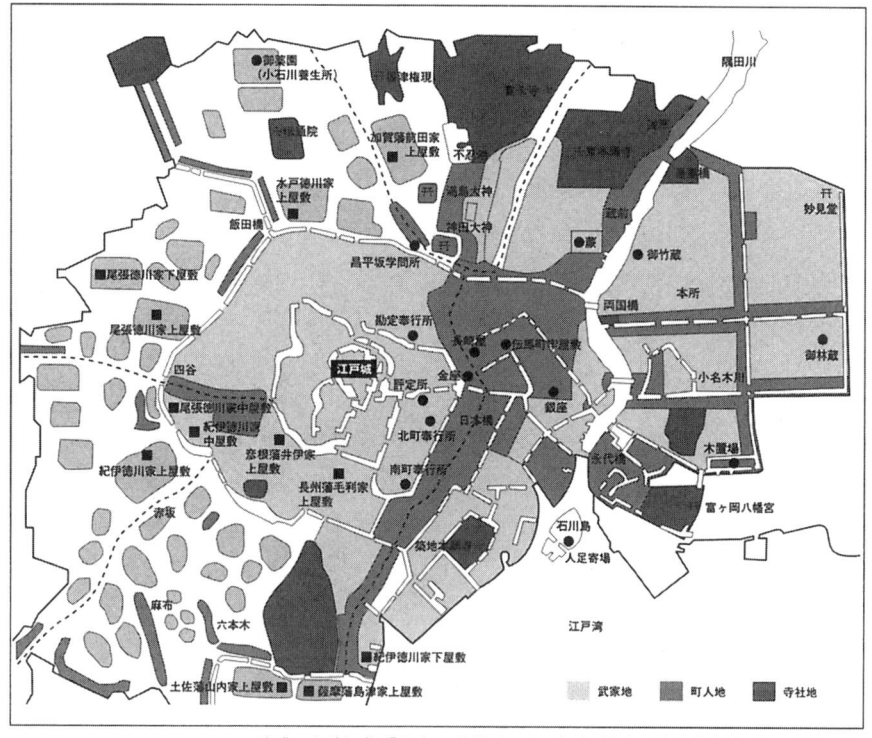

出典：河村 茂『日本の首都 江戸・東京 都市づくり物語』（都政新報社）

　これは民間による宿駅という社会資本の整備でもあった。高松喜兵衛らは、大木戸の門外から追分までの東西9町余（約1,200m）南北1町たらずの間に、幅5間半（約10m）の道を開き町屋を造成、総計738軒の町並みをつくりだした。宿場はやがて飛脚や芸人なども出入りし、新開地の活気あふれる町となっていった。

エ 関東河川網再編　－大江戸流通経済圏の形成－

　江戸は人口の集中と消費経済化に対応し、食糧の増産を図るとともに、流通圏を拡大し様々な物資を全国的に動かすことで、人々の生活を豊かにしていくことが課題となっていた。

そこで幕府は、新田開発と物資輸送路の整備、そして流域の治水を兼ねた多目的の地域開発事業に本格的に取り組むこととなった。江戸期の地域開発は新田の開発で、今でいえば工業団地の造成にあたる。徳川幕府中興の祖・徳川吉宗は下総や武蔵などで、また重商主義を掲げ明和の隆盛を導いた田沼意次は、手賀沼や印旛沼などで、これを強力に進めた。

　この時期、日本の長距離高速輸送手段は舟運である。廻船組織もでき、本州の沿岸は商業航路で結ばれ、全国的な規模で市場流通が行われていた。そこで幕府は、安定した物流ルートを確保するため、強風による危険性の高い房総周りの航路を避け、内陸の下総台地に水路を開設し、関東平野の二大河川水系である渡瀬川・鬼怒川水系と利根川水系とを内陸運河としてネットワーク化した。こうして東廻り航路は那珂湊また銚子湊で川舟に切り替え、経済の大動脈である内陸河川を経て江戸に至り、市中の河岸で荷揚げされるようになった。

オ 大江戸

　このように江戸は明暦の大火という最大級の都市災害を契機に、都市の拡大と圏域の整備が進み、関東ないし全国経済圏を対象とした、広域的な中心都市として消費流通都市としての性格を帯び、大江戸を形成していった。

　この結果、享保 10（1725）年には、江戸の都市区域は 69.93 km^2 に達した。そして市街は、北は浅草・千住辺りまで、また東は亀戸辺りまで広がり、江戸は元禄期の 1700 年頃にはすでに大江戸 808 町を形成し、人口 100 万人を超す大都市に成長した。当時、ヨーロッパで第一の都市ロンドンが人口約 70 万人、パリが約 50 万人であったから、江戸はもうこの頃から世界一の大都市であった。

　この時期の 17 世紀から 18 世紀初めにかけて起こったあいつぐ大火、これに伴う江戸市街の復興を一大ビジネスチャンスととらえ、巨万の富を築

きあげた材木商人がいた。紀国屋文左衛門と奈良屋茂左衛門である。彼ら上方商人の活躍で江戸経済は著しく発展した。この経済の隆盛に伴い上方文化が移入され、歌舞伎、俳句、浮世絵を筆頭に、江戸では武士や有力町人を担い手とする元禄文化が花開いた。

3 文化文政の江戸

ア 余暇文化が都市の装いを変える

18世紀後半、老中田沼意次は重商政策をとり商人を優遇したため、商人が活躍できる環境が整った。この時期、日本橋の魚河岸や蔵前の札差し（金融業）などは大きな利益をあげ、上方に対抗できる江戸の商業資本が形成された。こうして、江戸は上方と並ぶ全国経済の中心地に発展、物品は市場に溢れ江戸期を通じ最も活気溢れる時代となった。

この時期、商人の生活ぶりは大名を凌ぐまでに成長、彼らは「粋」とか「通」など気風のよさを自慢し、吉原遊廓などで豪華な遊びを競うようになった。これが江戸っ子のはじまりである。

こうして、文化文政期の第十一代将軍徳川家斉の時代に商人達にひっぱられるようにして花開いた、江戸独自の町人文化を化政文化という。人々は天下泰平の世において豊富な余暇時間を活用し、武士から町人に至るまで多彩に文化の花を咲かせ生活を楽しんでいた。

イ 祝祭都市づくり

この時代、江戸の都市づくりは安定成熟期に入り、余暇生活の充実を求める市中の空気に対応した取り組みがなされた。

この文化文政期における都市づくりの目標は、「祝祭都市づくり」である。明和の経済的繁栄を果実に幕末勤皇の志士達の動きが出るまでの間、商人や町人が主体となって「余暇活動」をテーマとした、「文化文政の花

の大江戸」と呼ばれる文化都市としての性格をもつ、大江戸の多彩な町づくりが進められた。

(1) 遊興・娯楽場の隆盛

江戸市民の三大娯楽の一つ、大芝居といわれる芝居小屋は、中村座・市村座・森田座で、これらは江戸三座と称され繁栄をみていた。この他にも市中には100軒以上もの寄席ができ、落語など市井の芸を集め町人を楽しませていた。相撲も両国の回向院が定場所となり益々盛んになった。

また、江戸は女子が少なかったこともあり遊廓が発達した。しかし、幕府公認の遊廓は吉原唯一つで、そこには最盛期4,000〜5,000人の遊女がいた。この他にも人で賑わう場所には岡場所と呼ばれる遊び場が、最盛期190近くもあり、江戸四宿とともに遊里の機能を果たしていた。もちろん普通の銭湯（浮世風呂）も風呂好きの町人の間で大繁盛していた。

この頃、松平定信の寛政の改革を受け、庶民の教育機関として寺子屋が急速に発達した。その結果、江戸市民の識字率が飛躍的に高まり、天保年間には空前の読書ブームを引き起こし、市中の貸本屋の数が800を超えるようになった。

また、全国各地の寺社や温泉地などの名所巡りも盛んになった。身近な趣味として植木づくりや花卉栽培が大いに流行した。花見は寺社の祭礼や花火など年中行事と結びついて益々盛んになった。こうして町人文化が最盛期を迎えると、江戸文化が全国各地に伝わり、江戸への観光客が増大し大江戸は全国的な文化センターとして、次第に祝祭都市の趣を濃くしていった。

(2) 街並み景観の形成

江戸の町は潮見坂・富士見町の地名が示すように、市中の多くの場所から江戸湾や富士山が望めた。これは江戸の地が起伏が激しいという、その

図表 2.5　大店の賑わい

出典：「江戸名所図会　駿河町三井呉服店」（東京都江戸東京博物館所蔵）
Image：東京都歴史文化財団イメージアーカイブ

土地柄もあるが、文化年間に家屋の軒高が約 7.3 m 以内と規制されたことも、これに寄与している。

　江戸も後期を迎えると、町人地は表通りと裏通りとでは建物の構造や意匠も次第に異なっていき、その場所の雰囲気を反映したものに変わっていった。この時期の代表的な町人地風景は、街路沿いには青果や雑貨などを売る商人が町屋を構え、その裏手の路地に面した長屋には大工や左官など職人が暮らすというパターンである。

　この時期を迎えると、職人たちも江戸初期のように同業者で集まって住むということは少なくなり、いろんな職業の人達が混在して住むようになった。その結果、大通りにそった場所は自然と土蔵造りや塗屋造りの町屋となり、軒の高さや建物の高さが統一されていった。

　また、主要な通りに面する建物の外装には、墨汁を加えたかきがら灰や

石灰が塗られ、艶出し仕上げが施された。これが白木屋や越後屋また山本山などの大店が軒を連ね、日本橋のメインストリートを飾った黒壁の街並み景観である。

(3) フェスティバル

江戸の祭りで有名なのは、天下祭としての山王社の山王祭と、神田明神社の神田祭である。これに江戸最古の寺、徳川家の祈願所でもある浅草寺が加わり、この三社祭とあわせ江戸三大祭と称された。

また、三大祭ほどではないが、四季折々の寺社の祭礼や縁日などには、綱渡りなどの曲芸や居合い抜きなどが披露されたり、象やラクダまた虎など珍獣の見世物小屋や茶屋などが立ち並び人々を楽しませていた。目黒・目白・目赤・目青・目黄といった、五つのお不動さんへの参拝にも、たいそうな人出があった。

隅田川での花火見物と屋形船も、お客が庶民一般へと広がり大いに賑わった。

ウ 自然共生型の町づくり

(1) 庭園都市

江戸はこの時期、庭園都市であった。上野台地には桜、その谷向こうの本郷台地東斜面にはツツジ、またその西斜面には菊といった具合に、花の山脈が形成されていた。この他にも品川の御殿山とか隅田川河畔など、江戸の花の名所は数多くあった。

都市の花は武家地の庭園にも数多く咲き誇っていた。江戸中期、都市防火対策としてオープンスペースを広くとった武家屋敷であるが、経済の発展を経て、この時期になるとオープンスペースの庭園化に力が入った。その数約270といわれる大名諸侯は上屋敷のほかに中屋敷や複数の下屋敷を抱え、その屋敷地の大部分を庭園としていた。したがって、大名だけで1,000

近い林泉を備えた庭園があった。

　庭園をもつ傾向は、その数約5,000といわれた旗本また大商人にも及び、商業庭園や寺社の庭園まで含めると、文化文政期の江戸には数千から一万近い数の庭園が散りばめられていたことになる。

　この他、御家人も小さな庭を有し花卉類を育てていたし、町人達も路地などに植木鉢を置いていた。この時期、町人の間でも園芸が盛んとなり、武士も町人も工夫して菊や万年青また朝顔などの栽培に精を出し、その色や形を競い合っていた。

　当時、園芸は江戸で一大ビジネスとなり、ご隠居さん達は余暇時間を活用し一攫千金を夢みては、植木づくりなどに精を出した。そんなわけで都市江戸の様を上空から俯瞰すると、四季折々の花に彩られた緑の庭園と、萱屋根の家屋とがモザイク状に組み合わされ、まさに別世界を現出していた。また、都心・下町や江東地区には水路が巡り、河畔には柳が降りて大変風情があり、詩情豊かで大変美しい都市であった。まさにこの時期の江戸は、文字どおり花の大江戸を形成して「都市全体が文化財」という様相を呈していた。

　数ある大名庭園の中でも戸山にあった尾張家下屋敷内の庭園は特にユニークで、13万6,000坪（約45ha、日比谷公園三個分）の広大な庭園内には、箱根山（標高44.6m）のほか大小の池を配したうえに、東海道の宿場町・小田原宿を模した延長140m、総計37軒にも及ぶ町並みを創り出していた。また、ここだけで通用する貨幣まで造られ、武士やその家族らを楽しませていた。いまでいうテーマパークである。

(2)　資源循環型の町

　江戸時代の人々は、地形の重要性をよく知っていた。河川沿いの湿地帯には水田を作り、高台で水害のない山の手には、上水を確保したうえで武家屋敷を配した。また、主要な街道は台地の尾根筋を通るよう工夫され、

谷筋には町屋が配置され、自然と共生する形で整備されていた。

江戸では市民の台所を賄うため、郊外に野菜栽培を手掛ける近郊農家が成立した。そして都市と近郊農村との間では、町中で発生する下肥と農家で生産する農産物とが頻繁に行き来していた。この時期、近郊農家の間には江戸稼ぎという言葉があった。これは朝早く農家が荷車に野菜類を積んで神田や四谷などの青果市場に出て、帰りにはその空き車に市中で購入した野菜栽培用の堆肥（人の糞尿）を載せて帰る商行為のことである。

そんなわけで内藤新宿や千住などの宿場町は江戸の肛門といわれ、町中からの排泄物の主要な出口となっていた。

江戸では、下肥だけでなく竹木や紙屑また古着や金属製品に至るまで、リサイクルが活発に行われており、まちづくりのハードもソフトも現在よりずっと環境共生的で資源循環型であった。

江戸では人々の生活のリズムも太陽の明るさによって規定されていた。江戸はどの季節も日の出の頃を「明け六つ」、日が沈んでもいくらか明るい日没の頃を「暮れ六つ」と定め、その間を六等分してこれを一刻と定め、鐘の音で市民に時を告げていた。このように江戸はお天道さまの歩調にあわせ時が伸び縮みしており、人々はサマータイムどころか、完全季節対応型の生活をしていた。

■ 花の大江戸

19世紀初め文化・文政期の江戸の人口は約120万人ほどに膨らんでいた。1801年のロンドンの人口が約85万人であったから、江戸は世界的にみても大変な大都市であった。

幕末の慶応元（1865）年、江戸の区域面積は79.8 km^{2}に達していた。その内訳は武家地が63.5%を占め、以下、町人地が17.8%、寺社地が12.7%という構成である。

また、江戸には車両規制があり、駕篭の使用は制限されていた。二輪の

大八車は許されていたが、四輪の馬引き車の使用は、「一般通行を妨げる」ということで、厳しく制限されていた。

2 近代都市・東京

[明治維新、新たな国家像と首都]

　わが国に外国軍艦が押し寄せ、貿易・通商を求め威圧したことで、日本は植民地化の恐怖にかられ、地方雄藩の指導者達が動き幕府は大政奉還、明治維新が成立した。

　明治4（1871）年、岩倉具視、大久保利通、伊藤博文ら新政府の要人達は、近代日本の国づくりのビジョンを描くため、欧米へと旅に出た。二年近くの視察を終え帰国すると、彼らは「近代化」の理念のもと「富国強兵」を目標に掲げ、その実現に向け奔走することとなった。キャッチフレーズは「欧米に追いつけ追い越せ」である。

　政府は近代的な軍隊を整備するとともに、西洋の機械文明を導入し殖産興業に努め、産業革命を達成することで工業力をつけ、豊かな国の建設をめざした。そこで政府は近代化のスピードをあげるため、中央政府の下に権限を集中し、人・金・物等の経営資源を一元的にコントロールする方式を選択した。これが、中央集権国家への道である。

　ここで政府の指導者は近代日本の首都をどこに置くかでもめる。大久保利通は京都派と江戸派との二派の間の妥協を図るべく、江藤新平らの提案した東西二都構想にのり、江戸を東京と名を変え京都とともに首都とした。だがその後、天皇が東京に移り、なし崩し的に国家の各種機関が東京に置かれていったため、東京は実態的に唯一の首都となっていった。

　東京が首都に選ばれた理由としては、①市街地が広く、将来まだ拡大する余地を残し発展のポテンシャルが高かったこと、②都市活動基盤としての道路等インフラがしっかりとしていたこと、③武家屋敷の跡地が沢山残

るなど、新首都建設に必要な施設用地が確保しやすかったこと、などがあげられる。

1 明治の東京

ア 帝都の建設

　こうして東京は近代国家の首都として、再び新しい都市づくりが求められることになった。近代都市としての東京の都市づくりを創成建設期と、成長発展期とに分けてみることにする。

　政府は欧米に見下されないよう、威風堂々とした首都を建設すべく、「欧風化」をテーマに機械文明の成果を取り入れ近代都市の建設に取り組んだ。この時期の東京の都市づくりの目標は「帝都の建設」であり、その主たる手法として必要不可欠であったのは、鉄道の建設であった。

　政府はまず封建都市の遺物である城門や木戸を取り除くとともに、道路の拡幅・直線化を進め、各種の封建的バリアーから人々を解放していった。また、国家統一・中央集権化の第一歩として、外国人技師の指導の下、明治5（1872）年には、首都東京の新橋（汐留）と国際港湾の横浜（桜木町）との間に鉄道を開通させた。

　火煙をあげて鉄路上を猛スピードで走るパワーあふれる蒸気機関車は、近代日本の夜明けを全国各地に告げてまわる使者としてはうってつけであった。こうして順次、上野・新宿・本所（錦糸町）など、東京市街の外縁部に鉄道が引き込まれた。なぜ外縁部かというと、蒸気機関車の発する火煙や騒音・振動などが、人々に嫌われたためである。

　そのため当時の都心・日本橋を鉄道が通過することは叶わず、当時、東京市街の北（上野）と南（新橋）のはずれに駅が置かれ、その間は荷車等で物資輸送していた。この不便さを補うため、西郊の人家の少ない山の手にバイパス線を通すことになり、明治18（1885）年3月、山手線の赤羽

―品川間が開通した。当時の鉄道は貨物主体で、旅客輸送はそのついでに行われていた。この山手線に旅客専用列車が走るのは、池袋駅が設置され田端へと鉄道が延びた明治36（1903）年のことである。なお、この翌37（1904）年には、中央線の飯田町から中野までの間が電化された。

　政府は、この時期、鉄道の敷設を急ぐ意味から、土地の払下げや一定の経営利益の保証など優遇措置を講じ、民間での鉄道建設を促した。山手線・中央線も、この民活方式によってできた鉄道である。政府は東京の表玄関・新橋駅ができると、その駅前に帝都の顔としての役割を果たすべく銀座煉瓦街を建設した。

　この煉瓦街はイギリス人技師が設計、建物は第三セクターの手により建設された。この長さ6,600mにも及ぶアーケード付きの商店街は、道路の人車分離とガス灯の整備などが行われ、我が国初の近代的街づくりとなった。明治も末になると、この小売店が多数軒をつらねる銀座の街は、文明の窓としての役割を担い、明治も末の頃になると、日本橋を凌いで東京を代表する商店街へと育っていった。

イ　市区改正

　市区改正は不平等条約の改正をめざし、その交渉の舞台となる東京を欧米に負けない近代都市として整えるための中心市街地改造事業である。東京市は明治22（1889）年に計画を決定し、大正7（1918）年までの30年間にわたって事業を実施した。

　この市区改正の内容は、①上水道の整備、②鉄道や軌道の敷設とそれに伴う街路・橋梁の拡幅整備、③下水道と公園の整備、そして④丸の内ビジネス街の建設などである。

　この内容を決めるにあたり、東京市区改正委員会においては、市街縁辺部にバラバラに配置されていた鉄道ターミナル駅と都市づくりとの関係が審議された。結果、ターミナル駅は全て結節させることになり、都心部は

高架線をもって貫通する形で環状線が計画された。実際にこの環状線が建設されたのは、関東大震災後の大正14（1925）年である。

この市区改正計画においては、あわせて東京中央停車場（東京駅）の建設も企図された。また、洋式公園の第一号となった日比谷公園は、この市区改正事業によって明治36（1903）年に建設されたものである。

明治19（1886）年、コレラが大流行し死者約1万人もの被害を出した。これを受け、沈澄濾過（砂層を通す緩速濾過）の工程で飲み水をつくり、鉄製の管を用いてポンプ圧送する方式の近代水道が整備されることになった。明治31（1898）年には淀橋浄水場が通水を開始し、またこの後も需要拡大に対応し、昭和2（1927）年には村山貯水池、昭和9（1934）年には山口貯水池が建設された。

一方、市内交通の整備も進んだ。江戸期の車両規制解除を受け、明治5（1872）年の乗合馬車、明治15（1882）年の馬車鉄道を経て、市街電車（路面電車）が導入された。しかし、市街電車を走らせるには道路の拡幅とともに、その架空における電線の敷設・電柱の設置が必要となったため、道路拡幅費用の半分を、受益者である電鉄側が負担（受益者負担金）することになった。

こうして明治30年代に入ると、幹線道路には路面電車が走るようになり、やがて経営統合され市電が誕生する。明治も末になると全路線延長も約190kmに及び、一日120万人もの人々を運ぶようになる。ちなみに当時の東京市の人口は約190万人である。

市電の運行により坂の多い山の手などは、地形の制約から解放され大変便利になった。市民は通勤に通学に、また買物にレジャーにと、自由に街中を移動できるようになった。

(1) 武家屋敷の跡地利用

　明治 18（1885）年、政体が太政官制から内閣制に切り替わったのを機に、政府は武家屋敷の跡地を活用して帝都の頭脳・近代日本の司令塔ともいうべき霞ヶ関の官庁街建設に入る。既に日比谷公園の向うには、兵部省に始まり東京警視庁、軍・参謀本部等が立地していた。これに、司法省、東京裁判所と続き、明治 26（1893）年になると海軍軍令部等が設置され、軍事・外交・防衛・治安にかかる国家の統治機構が次々とできあがっていった。

　大正 10（1921）年、内務省は帝都中枢（シビックセンター）計画を作成すると、内務省や文部省等も霞ヶ関へと順次移転した。この計画は昭和 4（1929）年には、都市計画「中央官衙建築敷地内街路及び広場」として法定計画化される。

　国会議事堂は政変や火災などで建設が遅れていたが、昭和 11（1936）年にようやく完成した。首相官邸や外務省もほぼ元外務大臣・井上馨の官庁集中計画どおりの位置に置かれた。

　一方、都心・丸の内の軍用地は渋沢栄一の意を受け、民間業務活動の場として開放されることになった。こうして明治 23（1890）年、丸の内に官の手により全 16 区画からなるビル用地（約 27.9 ha）が造成され、三菱に建築条件付きで払い下げられた。

　日本経済を牽引する機関車・エンジンとなる、近代的なビジネス街を建設するという政府の考えを受け、三菱はロンドンを真似て煉瓦造のオフィスビル建設に入った。三菱は明治 27（1894）年の三菱一号館竣工を皮切りに明治 44（1911）年までの間に、計 13 棟からなるビジネス街を完成させた。仲通りに面し軒高の整った建物が並ぶ丸の内の街は、一丁倫敦として一見イギリスの街角かと見間違うほどの景観を醸し出した。

　当時、東京第一のビジネス街は水運に恵まれた日本橋兜町で、その次に丸の内が考えられていた。しかし、時を経て水路が鉄路に、船が汽車にか

わるのと歩調をあわせるようにして、ビジネスの中心は兜町から丸の内へとシフトしていった。

武家屋敷の跡地利用としては、この他に赤坂から永田町・平河町・紀尾井町にかけての一帯が、宮家や華族となった旧藩主の邸宅また外国の公使館などへと転換していった。麹町や番町の周辺には新政府の高官が居を構え、閑静な高級住宅地が形づくられた。

一方、周辺部は陸軍士官学校、また銃の製造や大砲の修理を行う砲兵所や火薬工場へと変わった。また三田・高輪の島原藩邸跡には慶応義塾が、本郷の前田家上屋敷には東京大学が、それぞれ立地した。青山の美濃郡上藩主・青山大膳の屋敷地は、墓地へと変わった。

ウ 工業地と住宅地の形成

わが国の産業革命は、製糸・紡績などの軽工業部門が明治27（1894）年の日清戦争前後に、また重工業部門が明治37（1904）年の日露戦争前後に起こった。

また大正3（1914）年の第一次世界大戦時には、先進国の戦争参加により低下した世界の工業生産力を肩代わりすべく、わが国産業は飛躍的に発展、各地に工場新設の動きが広がり輸出が激増した。東京における工場の立地場所は水運に恵まれた本所・京橋・深川・芝の四区に集中した。

大正12（1923）年になると、関東大震災が発生。この帝都の復興過程で都市の不燃化政策がとられたこともあり、建物の鉄筋コンクリート化や橋の鉄橋化が進められた。結果、鉄・コンクリート・ガラスなどの建設資材に対し膨大な需要が発生、これに対応するため官営工場の払い下げを受けた浅野総一郎らは、深川セメント工場、品川ガラス工場などを活用し飛躍的な発展を遂げる。これは江戸元禄の頃、度重なる火事災害の復興に絡んで、材木商の紀伊国屋文左衛門や奈良屋茂左衛門が繁栄したのに似ている。

近代都市・東京　065

日清・日露の戦争以降、工業化が進み東京に人口・産業が集中、第一次世界大戦による好況もあり、中産階級は住宅を求め、既に飽和状態にあった山の手地域（白山、牛込、青山など）から、災害にも安全で工場の煤煙などにも侵されない、山の手郊外へと移り住んだ。

　この動きを支えたのが郊外鉄道の敷設である。また、この動きを関東大震災が促進した。五島慶太と堤廉次郎らは郊外の急激な発展を目の当たりにして、郊外鉄道の敷設権の確保をめぐり奔走した。東京の郊外鉄道は、第一次世界大戦中の好況期に企画したり創業されたものが大部分である。営業の開始は震災直前か直後のものが多く、技術革新により鉄道の電化が進むと、成長期の若木が周囲に向かって枝を伸ばすようにして、山手線のターミナル駅から続々と郊外に向け鉄路が伸びていった。こうして田園調布などに第二の山の手が形成された。

　都市交通が江戸期の徒歩から市電、郊外電車へと一大革新を成し遂げると、職住分離が進み通勤型の労働形態が生まれた。都心に勤める通勤サラリーマンが山の手に住むようになると、街道沿いには商店がたち、やがてそれらが連なり商店街を形成するようになった。

　住宅地が山の手郊外へと向かうと、市電と山手線とがクロスする新宿・渋谷等のターミナル駅周辺には、デパートや映画館またバーやカフェなど、近代的な商業・娯楽施設の立地が進み、大正モダン文化の花も咲き、山の手の商業中心・盛り場としての地位を確立する。

　なお、この時期、市内交通の主役は市電とバスであり、大正年代には家庭にも電灯がともり都市ガス事業も開始された。

■エ 大日本帝国の首都・東京

　大正3（1914）年、帝都の表玄関・東京の顔ともいえる、東京中央ステーション「東京駅」が開業した。ここを起点に鉄道網は全国へと延びていき、また駅正面前方には宮城が位置し、その手前の丸の内には日本経済の心臓

図表 2.6　丸の内を走る路面電車

写真提供：三菱地所㈱

部ともいうべき、丸の内のビジネス街が控える。

　この丸の内のビジネス街に接し、帝劇や帝国ホテルも建設された。そして日比谷公園の向こう霞ヶ関には、軍・参謀本部ほか中央官庁街がそびえる。こうして東京の中心部は大日本帝国の首都として、欧米の都市にも負けないほどの体裁を整えるようになった。

2　昭和の東京

ア　戦争が都市を変える

　昭和 20（1945）年 8 月、日本は敗戦により軍部が崩壊したが、これより前、東京は連合国軍による空襲により、死者約 10 万人、家屋被害約 80 万棟、罹災者約 300 万人にものぼる大被害を受け、市街は一面が焼け野原

となった。東京はこれ以前、関東大震災により都心・下町が一度崩壊していたが、この空襲で山の手までもが破壊されてしまった。

　戦後、近代日本中興の祖・吉田茂首相が出て、国力の向かう方向を軍備増強から産業国家建設へと舵を切る。経済の季節の到来である。昭和25（1950）年、大陸では中華人民共和国が成立、これに伴い米ソの対立が激化、朝鮮半島で大国のせめぎあいが起こると、わが国経済はこの恩恵を受けた戦争景気に沸いた。

　このとき政府が取った経済政策は、資源の傾斜配分方式であった。基幹的で重要な産業、また開発効果の大きい地域や都市に資源を重点配分し、これを活発化させたのち順次、次なる分野・地域へとシフトさせ、効果的に経済全体を回復・発展させようとする政策である。

　こうして政府がガイドラインを示し、護送船団方式で民間企業を引っ張ったため、わが国の経済は戦争特需が導火線となって、成長が成長を呼ぶ構造へと変わり、長いこと右肩上がりの拡大基調を続け、世界でも類い稀な発展を遂げることとなった。

イ　産業都市の整備

　東京の近代的都市基盤は災害を節目に、尺取虫のようにして整備が進んだ。すなわち、都心・下町は関東大震災の復興事業、山手線ターミナル駅周辺は戦災復興事業によって整えられていった。

　しかし、経済の高度成長はビルラッシュを呼び、都市をめがけて流入する人口は増大するばかりで、自動車交通の発達に伴う交通渋滞や、無秩序な市街地の拡大により都市機能は麻痺し、都市構造を抜本的に改編しなければ、解決困難なところにまで追い込まれた。

　ここにおいて「東京問題の解決には広域的な対応が必要」との認識が高まり、昭和30（1955）年、ロンドンにおける大都市圏計画をモデルに、東京都心から半径100 km圏（1都7県）を対象に、首都圏構想がまとめら

れた。この構想は、東京都の都市計画課長・石川英耀が、「大都市圏計画」の思想をもってまとめた、戦災復興計画をベースにしていた。

この昭和60年代を中心とする、経済成長期における都市づくりの目標は「産業都市の整備」であった。東京は日本株式会社の経営中枢として、都市の機能性の発揮が求められ、「効率」をテーマに中心部の都市改造と大都市圏の整備が進められていった。

首都圏整備の方針としては、①圏域を中心部（母都市東京）と周辺部（衛星都市群）とに区分し、中心部は都市改造を進め多心型都市構造を形成、また周辺部は連合都市形態により大規模開発を進める、②既成市街地と郊外との間には近郊地帯（グリーンベルト）を配置し開発を抑制する、③臨海部については工業地帯また郊外部については住宅地として開発する、④効率的な都市活動が展開されるよう、適切な土地利用コントロールと交通・輸送網の整備を図る、とされた。

ウ 首都圏の整備

(1) 首都圏構想

戦争に敗れ戦勝国アメリカの豊富な物資量に驚いた日本は、戦後、アメリカ文化の影響が強まり、自由で競争力溢れるエネルギッシュな社会の実現を夢見て、鉄とコンクリートを用いたアメリカンスタイルの都市へと方向転換していく。

既成市街地を対象とした工場・大学等の立地制限に伴い、この一つ外側の臨海部埋立地においては、物流港湾の整備とともに、工業用地の造成が計画を大幅に上回る勢いで進んだ。また、近郊地帯においては地元市町村の強い反対があり、開発抑制基調のグリーンベルトを指定することができず、計画的な市街地整備がなされないままに市街地がスプロールしていった。こうして臨海部では水際線が、また内陸部では緑が失われていった。

(2) 多心型都市構造

一方、既成市街地においては、都心機能を業務中枢管理機能に純化させる方向となり、昭和37（1962）年、大都市再開発問題懇談会が発足した。田中角栄氏とそのブレーンは、ここで都市機能がマヒ状況にある東京を効率的な都市に造りかえるため、首都圏の中心部の大改造に向け多心型都市構造の理論を打ち出した。

図表2.7 多心型都市構造イメージ図

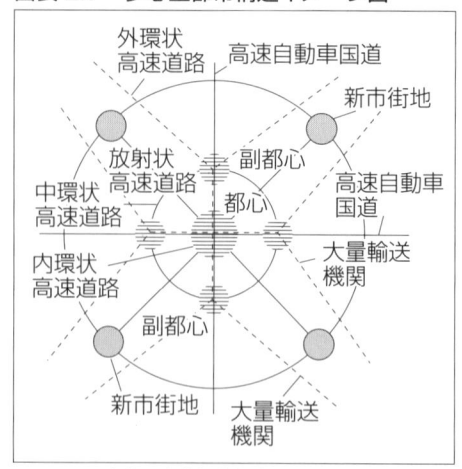

出典：東京都大都市再開発問題懇談会資料

この都市改造においては、①都心を構成する諸施設のうち流通業務施設等はできるだけ分散し、業務施設を中心に都心を再開発する、②都心部における業務施設の増加に対処するため、受け皿として副都心を建設する、③都心及びその周辺から分散する流通業務施設を受け入れるため、新しく流通業務市街地を開発する、また以上の措置にあわせ、④都心周辺には内環状の高速道路を、また市街地外周には外環状の高速道路を整備するとともに、あわせて内環状から外環状にいたる数本の放射状の高速道路を整備する、というように極めて単純明快に多心型都市構造論（図表2.7）を展開した。

こうして大量輸送機関が多系統集中する新宿・渋谷・池袋などに副都心が、また市街地外周の都市間を結ぶ高速自動車国道を受ける形で、環状の高速道路に連絡する板橋・平和島・葛西などに流通業務市街地が整備されていった。さらに、人口集中の受け皿として郊外の多摩・港北・千葉などに住宅新都市「ニュータウン」が建設された、また都心と市街地外周や郊外とを円滑に結び、通勤通学のスピードアップを図るため、新線の建設や

既存鉄道の複々線化、快速電車の運転などが進められた。

さらなる人口の外延的な拡大に対しては、この多心型都市づくりを拡大発展させた形の多心多核型都市構想に基づき、さらに一つ外側の横浜・大宮・千葉などの都市が業務核都市として整備されることになった。

エ 都市の機能整備

(1) 土地利用コントロール

首都圏計画の策定にあたっては、近代建築国際会議（CIAM）がまとめた近代都市計画理論、すなわち、機械文明の隆盛を背景に、都市を構成する各要素を都市活動の側面からとらえ、居住・勤労・余暇・交通に四区分するとともに、住区を基本にこれら機能「住まい、働き、憩い、移動する」を合理的に配置構成する考え方で、効率よく都市を形づくっていこうとする「機能主義」の考え方が適用された。

これは都市をあたかも工場や機械のように見立て、その活動の最適化を求め合理的に都市を機能構成しようとする考え方である。この近代都市計画理論が提案された頃、都市化は工業化と同義語であった。

この考え方は既に大正8（1919）年における都市計画法制定時から、ゾーニング手法として用途地域制度の中に取り込まれていた。用途地域制度は住居・商業・工業の各地域を指定し、その種別ごとにふさわしい建物用途を誘導し土地利用の純化を進めることで、建築物本来の機能を十全に発揮させようとするものである。

すなわち、各種用途の混在に伴う騒音・悪臭等の公害の発生を抑制するとともに、用途地域に応じ的確に公共施設を整備することで、安全で快適な都市生活と機能的な都市活動を確保しようとするものである。この土地利用純化の方向は漸次強まり、用途地域の細分化・専用地域化が進んでいく。

なお、郊外部における市街地の無秩序なスプロールを防止するため、昭

和43（1968）年に都市計画法が全面改正され、市街化区域・市街化調整区域に関する都市計画と開発許可の制度が導入された。

　都心部は昭和30年代まで平面的に広がっており、多くの家は平屋かせいぜい二階建で、五階建以上の建物はデパートなど特別なビルに限られていた。しかし、昭和32（1957）年に、東京タワーが完成すると、これが一躍、東京のシンボルとなり、人々の目は空へと向かい、経済成長の流れにおされるようにして、土地の高度利用を求め建築物の高さ制限の撤廃を求める声が高まった。

　こうして昭和38（1963）年に建築基準法が改正され、いままで東京の街の高さを31 mに抑えてきた建築物の絶対高さ制限に代わって、新しく建物容積と都市施設容量との関係を直接コントロールする容積地区制度が導入された。

　この頃になると、経済的なビルづくりと効率的なまちづくりをめざし、街区単位・地区単位での土地利用が推進され、超高層ビルが建設されるようになる。東京における超高層ビル第一号は、昭和43（1968）年竣工の36階建・霞が関ビル（容積率は910％、高さは147 m）である。霞が関ビルの足下周りには、1 haを超える広場や緑地も生み出された。

　また、新宿副都心は、コルビジェにより提案されたスーパーブロック・超高層オフィスタワーという近代都市計画理論を、地区単位で実現した先導的プロジェクトである。

(2)　高速交通・輸送網の整備

　昭和30年代半ばを迎えると、モータリゼーション化が急激に進展し、都心の交通マヒは深刻の度を増していた。都内の自動車保有台数が100万台に達したのは、昭和39（1964）年である。昭和54（1979）年にはこれが300万台を超えた。

　東京の幹線道路網計画は昭和初期に決定をみたものの、その整備は遅々

として進まなかった。そこで世界の人々の耳目が集まるオリンピックの開催をバネに、幹線道路や高速道路の整備をスピードアップすることになった。こうして青山通りや環状七号線、また江戸の都市遺産であるお堀りや運河を活用して高速道路が建設された。

　また、これまで地下鉄は、昭和2（1927）年に浅草—上野間が開通し、その後これが渋谷と結ばれて以来、新規の路線建設はみられなかった。しかし、経済成長に伴い都心の道路交通が麻痺してくると、路面電車を地下鉄へと切り替える動きが起こり、順次、丸の内線、東西線といった具合に地下鉄網の整備が進められた。

　さらに、「乗り換え利便性の改善」と「ターミナル駅の混雑緩和」そして「輸送力の増強」を目的に、都心の地下鉄と郊外電車との間で相互直通運転も実施された。この方式はわが国の都市高速鉄道の特色の一つであり、世界的にみても誇れるアイディアである。

オ 東京大都市圏

　昭和期、産業都市化過程にあった東京は、経済発展を導く装置として機能すべく、まるで工場を建設するかのようにして、効率を重視し機能的に都市がつくられていった。

　機械化される都市。都市を構成する各地区は、都市計画により住商工の各用途と、それに応じた土地利用の密度とが割り振られ、まるで機械のパーツのようにして各地区ごとに役割と機能が与えられた。

　また、都市を構成する各地域は2〜3分間隔で運行される鉄道や地下鉄、また高速道路上をひっきりなしに行き交う自動車によって緊密に結びつけられ、都市はまるで精密機械工場の生産ラインのようにして運営されていた。大量生産時代に入ると、学校や住宅団地も標準設計に基づき、まるで工業製品をつくり出すかのようにして規格化されたものが大量に供給されていた。

サラリーマンも朝7時に家を出て夜の10時に帰るなど、まるでベルトコンベアー上をいったりきたり、ピストン運動を繰り返すかのようにして通勤していた。学校でのマニュアルに基づく一斉授業、住宅団地における同じ間取りでの均質的な生活と重ねあわせてみると、東京は経済の高度成長期、都市全体がまるで工場のような動きをしていたことになる。
　この産業都市整備期の都市づくりのキャッチフレーズは、工業化と全く同じで経済性と効率性の論理によって組み立てられていた。すなわち、「より速く、より大きく（より大量に）」というものである。
　まさにこの時期の都市づくりは産業都市として、経済成長と同様に大きいことはよいこととして取り組まれていた。このようにして首都・東京は肥大化し、人口3,300万人を擁する東京大都市圏を形成するまでに至った。

3 江戸・東京の都市づくりに学ぶ

　江戸・東京の都市づくりから学ぶことは、社会変化のステージに対応し都市も社会の器の一つとして、そうした社会理念を達成すべく建設期と成長拡大期、成熟期とそのステージを変えていく必要がある、ということである。近代都市東京でいえば市区改正が、新しい社会の器の建設期（封建社会から民主社会への都市改造期）として、設計図に基づき事業展開された時期に当たる。その次は都市が成長拡大していく時代で、都市計画法に基づき基盤施設の整備展開にあわせ開発・建築の規制誘導により都市コントロールがなされる時代である。そして社会が目標を達成し成熟期に入るし、個性的な街づくりが求められる現在へと至る。

　都市江戸も全く同じ経過を辿っている。徳川家康がその政治理念を実現すべく、自ら朱を入れ描いた防衛都市としての寛永の江戸。それが完成し少したった明暦年間に起こった大火前後から各地に上水が整備され、江戸が拡張され江東地区や山の手台地が開発されていく。享保の改革を経て明和に至る成長拡大の時代、高速輸送機関としての水路のネットワークが整備された時期でもあった。そして文化文政の時代に至ると、資源循環型・環境共生型の生活様式と、庶民が様々に生活を味わい楽しむ時間消費型の時代が来る。

　登場人物をみても、徳川家康に大久保利通（新しい政治体制の構築）、松平信綱に後藤新平（大災害への対応）、紀伊国屋文左衛門に浅野総一郎（建設資材の供給）、徳川吉宗に吉田茂（中興の祖）、田沼意次に田中角栄（経済発展、国土改造）そして松平定信・水野忠邦に三木武夫・小泉純一郎（改革・改善）、徳川家斉に…

江戸・東京とも社会の変化を受け、都市も政治都市から経済都市そして文化都市へとその性格を変えてきている。

　ここでこれからの都市づくりを考えるにあたり、江戸・東京と続く都市づくり四百年に及ぶ歴史を確認しておくと、①都市の骨格としての構造基盤は時代が変化してもそう大きくは変わらないこと、②大規模な都市改造的な動きは政治変革期のほかは、災害復興に伴う場合と経済隆盛期における大規模イベントの実施に関連したものなどに限られていること、である。

図表2.8　江戸・東京の都市づくりの相似性

区　分		建設期	成長期	成熟期
人々の関心		政治刷新	経済発展	文化交流
政治のテーマ		国家（体制）防衛	産業（活動）隆盛	生活（環境）充実
行動基準		安定	効率	満足
都市づくりの目標		安全の確保 威信の確立	機能の整備 施設の建設	環境の維持 景観の形成
都市の態様		建設・改造	成長拡大	成熟
都市づくりの動き	近世	（慶長〜慶安） ●江戸城築造 ●神田上水建設 ●城下町構成 ●封建都市建設 ●明暦の大火	（慶安〜明和） ●武家屋敷の機能分化（上・中・下） ●河川・運河網など基盤整備 ●橋や道路など基盤の整備と市街開発〈江東、青山、麻布等〉 ●大江戸の形成 ●八百屋お七の火事	（明和〜天保） ●花木、循環型まちづくり ●街並み景観の整備 ●寺子屋、盛り場の隆盛 ●まちの複合化（表通り大店・裏長屋） ●花の大江戸の実現
	近代	（明治〜大正） ●官庁街建設 ●市区改正〈近代水道、路面電車〉 ●近代都市へ改造 ●関東大震災	（大正〜昭和） ●市街地の機能分化・建設の用途純化 ●鉄道網と高速道路網の整備 ●都市開発〈副都心・業務核都市流通センター、住宅・工業都市〉 ●大東京（東京圏）の形成 ●東京大空襲	（昭和〜平成） ●緑、環境共生 ●景観まちづくりの展開 ●大学都心回帰、生涯学習 ●観光交流のまちづくり ●複合都市開発隆盛

第3章

日本の自然的文化的特質

1 地球社会の動き

　皆が物質的に豊かになるという近代化目標が達成された今日の日本においては、次なる段階として国民の間に、自分らしく生きたいという思い、自我・自己実現の欲求が頭をもたげており、それぞれに自分探しの旅が始まっている。一方、技術革新と経済の発展により個人や企業の活動領域が地球規模にまで広がりをみせると、逆説的ではあるがむしろ地域独特の文化が価値を持つようになってきている。

　観光交流だけでなく経済活動の面においてもグローバル化が進む地球社会化時代を迎え、わが国の産業はアジア各国との間で水平的な国際分業化を余儀なくされている。今後は、コンピュータ技術をベースにしたハイテク化や新産業の創出、また付加価値型産業への転換など、先端的産業分野への積極的な取り組みが必要とされている。また近未来社会の都市づくりにおいては、こうした産業の高度化、ソフト化、知識情報化への対応が求められるのである。

　経済のグローバル化の進展は世界をある意味では画一化していくが、その一方では世界各地における地域独自の文化が、その希少性から文化的価値を高めていく。言いかえると、文化面においては地域アイデンティティの確立が求められ、特色あるローカルな文化が国際的な価値をもつ時代となってきているといえる。このように世界各地の文化が併存する多文化共生の時代のまちづくりにおいては、地域の伝統文化に立脚した魅力的なライフスタイルを確立し、それを価値ある個性的なものまで昇華し展開していくことが課題となる。国家も企業も個人も地上に漂う存在ではなく、大地に根を張って自身の拠って立つ文化的基盤をしっかりともち、そこから

独自に思考、行動することで、魅力ある国土や都市、また地域のまちづくりに向け、その有する創造力を芽吹かしていくことが求められる。そのためには日本人であるならば日本のことを、日本の自然や歴史・文化をよく知り、その生活環境の中から独自の感性を磨かなくてはならない。大地に芽吹き幾星霜経て、今日に伝わる地域独自の文化を吸収し昇華し、世界の人々が魅力的と感じるほどにオリジナリティーの高い、価値あるものとして表現・創造していく感性の涵養が必要なのである。

2 日本の自然と伝統・文化

　さて、日本の自然と伝統・文化についてであるが、わが国には自然・風土と絡んで創り出され、そして今日に伝承されてきた独特の文化がある。他人に優しい民が緑の大地の上に創り出した、賑わいと活力のある都会と、安らぎを感じる穏やかな田舎の風情である。

　また、経済活動のグローバル化が進めば進むほど、地域独特の文化が見直されてきており、次世代都市の魅力を形成するものの一つとして、その地ならではの固有な伝統文化が重要視されるようになってきている。日本の場合、今日伝統的といわれるものの多くは、室町期における民の台頭という背景をふまえ、応仁の乱による王権の四分五裂による混乱を契機に、新しい秩序が形成されていく過程で生まれてきている。

　近代工業社会が成熟期に入った今、また次なる新しい社会が価値創造、広い意味での文化創造を価値あるものとする知識情報社会になると考えられている今日、「自然の代表としての緑と伝統文化」は次世代の都市づく

図表3.1　都会の賑わいと田舎のやすらぎ

出典：「副都心整備計画」（東京都都市整備局）　　　写真提供：岐阜県白川村役場

りにおいて先端的なものといえる。

1 日本の自然

それでは日本の自然・風土を形づくり、国民の意識にも影響を与えている、地理的な条件と気候についてみてみよう。

日本は周囲を強い海流に囲まれた島国であり（図表3.2）、このため古

図表3.2　日本の自然環境

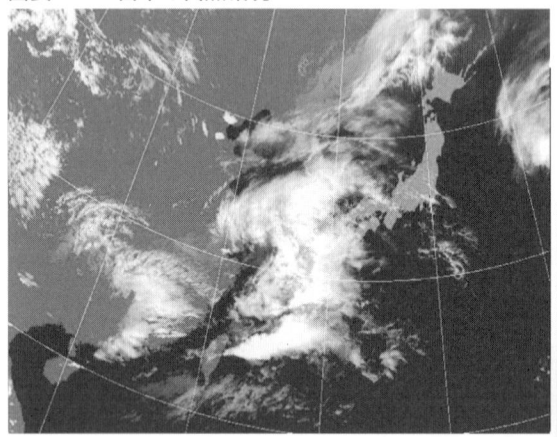

出典：伊藤忠テクノソリューションズ㈱WeatherEYE
URL：http://www.weather-eye.com/

写真提供：高千穂町観光協会

写真提供：山古志商工会

代・中世においては鎌倉期の元寇を除き外敵の進入もほとんどなかった。このため内的な対立や同一民族内の争い事の調整に力を注いできた歴史がある。このことが今日、日本人のみが有する独特の気質（外に対しはにかむ、内向的で謙譲や協調の精神に富む性格）を形成してきた。地勢だけでなく、近世においては鎖国的状況が続き、長いことこの国の民の多くはこの島からは出られないと考え、また出ようとする意識も弱かった。それゆえ我慢強く周囲と協調し仲良くやっていかねばという気質が形成された。これは「和の文化」ともいわれる。

また、わが国は温帯モンスーン気候区に属し、夏季は高温高湿で台風が多く、冬季は乾燥し季節風が吹くなど、季節の変化が明瞭という独特の気象条件を有しており、年間降雨量も多く日照を受け植物も繁茂する。その結果、緑豊かな山地型の国土を形成、地形は急峻で川幅も狭くその流れが速いため水質は良好である（図表3.2）。そのため実用としての茶の葉もわが国においてはその必要性が低いため、逆に茶道として文化のレベルにまで高まった歴史がある（大陸の濁りと臭みのある大河の水は、そのままでは飲めたものではなく、茶の葉によりそうした状態を緩和する必要があったが、日本の河川水は綺麗なため、その必要がなかった）。また、季節の風により大地の塵や埃も飛び散るなど、わが国土は自然の恩恵を受け大変綺麗で、急峻な川の流れと澄んだ水、新鮮な魚介類に恵まれ「生（き）の文化」が生まれた。また、湿気の多い土地柄、大地を被う緑と霞のかかった神々しい山々がある。山は天と地をつなぐ架け橋で神の住む所とされてきた。日本の国土において山々は今日、高層ビルに遮られることはあるが、これまで人々の視界から失せることはなかった。そうした国土風景の下、協調性を重視する温和な民は争い事を避けるため曖昧な態度を醸成していき、次第に本音と建前を使い分けるようになっていった。またわが国は季節の変化が大きく、これに対応できないと健康を害するため、変化への対応が機敏な民が育成されてきた。また、繰り返される自然現象により「循環の思想」

が涵養され、変化流転の中に生きる民を形造ってきた。しかし、それゆえ民は幾星霜経ても変わらぬものに価値を求め、万世一統の日本のアイデンティティ、シンボルともいうべき天皇家をたて、これに悠久への思いを託してきた。

　日本の民は度々地震や噴火また落雷等の自然災害に襲われるため、自然の力の偉大さをよく知っており、自然に対し畏敬の念を持っている。そうしたところから自然が一番、自然のままが良いとする、自然順応精神を備えている。日本人は花鳥風月を愛でるだけでなく、自身も自然の一部と考えており、自然と同化する傾向がある。その分だけ日本の文化は欧米や他のアジア諸国とは異なり、自然から多くの影響を受けているといえよう。欧米等の思想は人間は自然に対峙し、これを克服する存在としてとらえるのに対し、日本人は自然との共生、同化の思想を有している。この点は重要な相違点である、日本人は四季の変化を体感しているため変化への対応は上手で、必要があればころりと変わるところを持っている。近世江戸の封建社会から明治維新、戦後改革、オイルショック等々と続く、危機的状況に対し、この国の民はそうしてこの危機に柔軟に対応してきた。

2　日本の伝統文化

ア　日本文化の特質

　日本文化を印象付ける、その独自性として、「生（き）」「見立て」「職人（ディテイル）」「美」「和」等々、多くの特徴をあげることができる。それでは一つひとつ具体的にみていこう。

　まず、「生の文化」である。元来、日本人には不自然なもの、人工的なものを嫌う自然崇拝の精神があり、それは寺社の伽藍配置や焼き物の形などに認められる、左右非対称また歪んだ形態（図表3.3）に価値を見出しては、機械的でない人間的で自然なもの（わが国においては人間的とは自然

な状態と近似している）を創作する傾向がある。食においても加工せず自然の素材そのものを活かした、刺身や寿司また懐石などの料理を好む傾向がある。

また、「見立ての文化」として、身近なものを他の何かに見立てて楽しむ一種の模倣・コピー文化がある。例えば、日本一の霊峰・富士山に見立て、全国各地には蝦夷富士とか、薩摩富士とか〇〇富士と称する山がある（図表3.3）。この種の話は山だけではなく、町にも当てはまり京都に見立て、その佇まいを楽しむ角館や山口、中村など各地の小京都、また川越や栃木、佐原など各地の小江戸も、その類である。これは近代においても全国各地の〇〇銀座や△△ヒルズ等に見られる傾向である。

次に、「職人文化」である。これは近世江戸から続く文化であるといえよう。政治的安定を第一義とした江戸の平和社会においては、経済の成長や発展は主とならずゼロ成長的社会を是とする風潮があった。江戸中期の商人、石門心学を起こした石田梅岩は、生産量が一定でいいということであるならば、生産性が上がった分でいかにワークシェアリングして配分の公平性を確保するかというこ

図表3.3　日本の伝統的環境

写真提供：奈良市観光協会

写真提供：北海道後志支庁

写真提供：南木曽町役場

とに腐心した。こうして時間的余裕が生まれた人々は、余った時間を物の価値を高める方向に動いた。ものの改良・改善である。単に機能を高めるだけでなく、より使いやすくより美しくということで、江戸の人々は工夫しデザインをよくするなど改良・改善を重ね、物に付加価値を与える技を競った。こうして品種改良を成し遂げ、色や形を競った花卉栽培は、その代表である。伝統的な和菓子作り、また繊細な建物ファサード・デザイン、また陶器づくりやガラス工芸にみる技術力高い職人技等々もそれである。こうして培われた職人技は近代に至り磨きがかかり、今日、世界に誇る金型製作技術となって結晶している。

　最後に、「美の文化」である。日本人は「真、善、美」のうち美に対し一番の価値を置く。本物か偽物か、本当か嘘か、正しいか正しくないかということより、日本人は美しい生き方かどうか、みっともなくはないかということにこだわる。日本人は大勢の人の前で恥をかくことを大変嫌う、それは美しい生き方に反するからである。また、日本人の美意識は僅かなもの、ほんの一瞬の中に見出されることが多い。桜の開花と散り際がその代表であるが、それは悠久なるものへの憧れと対になった、いわばはかないものへの憧憬でもある。また日本人は古いもの整っていないものにも美を見出す。鄙びた田舎、先ほどの左右非対称の寺院伽藍配置、歪んだ形態をもつ陶器類などがそれである。さらに、日本人は複雑なものより単純なもの、飾るものより簡素なものに美を見出す。これは日本人の自然志向、人間は自然の一部であると考えることに根がある。

イ 日本人の民族的、生活様式上の特徴

　まず、日本人の民族的な特徴を挙げていくと、性格的なものとして、島国ということで日本人は内向きで外に対し意見・考え方を発信する力が弱いこと。また、柔和で質朴そして寡黙。民族の同質性が高く、環境変化への対応や人間関係における協調性を高めるため感受性が発達しており、平

図表 3.4　日本の民族的特質風景

写真提供：KSNET　　　　　　　　　写真提供：酸ヶ湯温泉

和志向であること。そして好奇心は旺盛で、新しいもの・初物が大好きという特徴がある。能力的な特徴として、農耕社会から非血縁の共同体組織を形成してきたことから、家族的風土の下で、集団で長期にわたり安定した精神状態を保つ中で能力を発揮しやすい民族であること。また、手先が器用で学習好きなため改善が得意で、特に細部にこだわること。つまり新規、独創技術の開発というよりも、小さな技術を積み重ね高度な技術とするところが真骨頂である。いわば技術屋さんといった人種で職人的傾向が強い。そして日本人固有の能力として二律背反ではなく、原則と例外、建前と本音、ハレとケなど、いわば両極にある価値を併存させ両立させる能力が備わっている。これは内的対立が育んできた協調性に富む民族の資質を活かした、わが国独自の「和の文化」である。融合文化とでもいおうか、

日本人は異質なもの相互を調和させ併存させることが得意である。

　次に、生活様式として、日本人のライフスタイル上の特徴をみると、「衣」については、穏やかさ、優しさを表現するべく「優美さ」に価値をおいている。このためエレガンスであるかどうかというところに気を遣い、さりげなく着こなすことに価値を見出している。「食」においては、先程も述べたように自然の香りや味を重視しており、あっさりとした素朴な自然の風味を好むが、食の種類は多彩である。「住」については土や緑を求める傾向が強く（それが自然だと思っている）、玄関で履物を取り替えたり家に入り着替えたりと、内と外の区別をしっかりつける傾向があるだけでなく、穢れをきらい、清潔志向で入浴が大好きな民である。また「遊び」については、一日を面白く楽しく過ごせれば、それでいいと思っているところがある。娯楽好き温泉好きで旅は大好き、花を愛でる（**図表3.4**）習性がある。衣食住そして遊びにおいても四季の変化を体感し、楽しむのが習性となっている。春のシャツ姿に新緑、筍、夏には浴衣にミニスカートそしてカキ氷に蕎麦、秋にはセーター姿に秋刀魚と紅葉、そして冬には雪見に牡蠣（かき）・河豚（ふぐ）の鍋、そして毛皮にブーツ等々である。季節ごと、身に着けるものも食するものも、暮らしの装いも、また遊びの内容も変わっていく。

3 日本の土地制度の歴史的沿革

　魏志倭人伝によると、日本国の名は「倭（わ）」の国とある。「倭」は東方の夷人をさげすんで付けたものといわれており、実際は音の「わ」であろう。「わ」とは日本人にとって、「輪」もしくは「和」を意味する。

　古代、各地に点在する和人のクニ、氏族が大連合して大和（やまと）朝廷を創った。この「大和」の国とは、すなわち「大きな和の国」を意味している。この大和朝廷の主は、天皇家の先祖である。

　その後、聖徳太子が出て十七条の憲法で「和をもって貴しとなす」、と日本人の根本精神を説く。その後の大化の改新（645年）、壬申の乱（672年）を経て、天皇家の権力が強化されていき、奈良時代に入ると、天皇中心の中央集権国家へとかわり、律令制の確立とともに公地公民制がとられると、土地は天皇家（公）のものとなる。

　これ以前、土地は各地のクニの豪族達のもの（私有地）であったが、これ以降、土地は天皇より豪族に預けおかれることになる。預けるといっても、利用させるということで、税として年貢の徴収が行われた。

　その後、班田収授の法、三世一身の法（723年）により、孫の代までという期限付きながら、新しく開墾された土地については、私有が認められる。

　さらに、時は進み墾田永年私財法（743年）により、開墾された土地は永久に私有地として扱われることになる。しかし、私有といっても、開墾するには多くの財の投入が必要だったので、土地を私有できる者は事実上、貴族達だけであった。

　その後、土地を所有する貴族は、天皇の徴税権さえ奪い取ってしまう。

すなわち、平安時代に入ると、藤原家は天皇家との血縁化を進め、摂関政治を確立する。こうして天皇の地位が低下していくと、貴族達は荘園制度を確立し、荘園を非課税地にしてしまう。

　これにより貴族の領地である荘園、また天皇や貴族から寄贈された寺社の領地に対しては、政府は干渉できなくなる。のち、私有地である荘園の数が増えていくと、貴族達も自らが直接に土地を管理することが難しくなる。

　そこで貴族達は土地の現場管理を、在地地主として土地の豪族である武士に委ねることになる。こうして武士が荘園の管理と運営を行うようになる。

　また、時は流れ、実際に土地を管理する武士の力が強くなると、所有者である天皇・公家は武士と相争うようになる。そうして権威と権力とが分離していき、「武士による武士のための政権」として鎌倉幕府が成立し、武士が土地の支配者に参入してくる。

　この時代、土地の種別としては荘園、所領、公領があった。荘園は本所（天皇、高級公家、有力寺社）が、所領は地頭（武士）が、そして公領は国司がといった具合に、それぞれ支配していた。しかし、土地をめぐる争いは武士政権の確立とともに増加していく。そこで北条家第三代執権の北条泰時は、この訴を効果的に処理する必要に迫られ、貞永式目（1232年）を制定する。以降、土地をめぐる争いは、このルールに基づいて裁かれることになる。

　しかし、争い事を解決するには、ことの正否を説いても無駄で、ものの道理を明らかにすることが重要であった。

　争い事は関係者の間で納得があって、ようやく解決されることになる。このことは今日にまでつながる政治の要諦である。ルールに適合しているかどうか、正しいか正しくないかということでは何事も解決しない。当事者が「ま、そんなもんだ」と納得することが大事である。納得により「争

い事がなくなり、世の平安が保たれる」ようになる。そんなわけで、この鎌倉期に北条泰時が高僧・明恵（みょうえ）上人の力を借りて確立した、日本人の心の琴線に触れる「納得の論理」は大変重要である。ここでいう道理とは道徳でもなく法律でもない。人々の心が感動共鳴し、これに付き従う「支持するプロセス」のことであり、納得に至る「筋道」のことである。

　この時代の土地持ちは天皇と公家に寺社と武家である。

　鎌倉期の武家領主は将軍から、所領を安堵されることで御家人として奉公する関係にあった。武家の統領は承久の乱（1221年）ののち、御家人達の土地の所有関係を認定することで、武家社会を統制していった。こうして鎌倉期は時代が進むとともに、次第に公地は少なくなっていった。

　室町期は勘合貿易により国内に宋銭がもたらされたり、技術革新により灌漑設備が整うなど、農業の生産性があがり、その余剰をもって商工業が発展した。こうして商人やまた裕福な農民であっても土地が買えるようにはなったが、全体からみればまだ一握りのものにすぎなかった。

　応仁の乱により社会の箍が外れたため、天皇・公家等の所有する土地は武士に奪われる。また、織田信長が現れて寺社勢力を打ち負かすと、寺社領も武士のものとなっていく。こうして戦国期には、ほとんどの土地は武士のものとなっていった。

　江戸期は、土地所有について「所持」という言葉を用いていた。所持とは「所有」概念とは異なり、「預かりもの（主人から借りている）」という意識が強かった。大名は幕府将軍から拝領、またその家臣は大名藩主から土地を拝領していた。将軍や大名から預けられた土地に働きかけ、収益をあげることは自ら行うことができた。

　幕府も直轄領については、自ら経営し収益をあげていた。農民の土地所持は田畑を耕し、米や野菜また穀物などを収穫し、その一部を納めるという職分を全うするための手段としてとらえられていた。

そうした観点からみると、江戸期は土地利用権に重点が置かれていたということができる。土地所有権の存在が世間に浮かび上がるのは、大名の改易・転封、つまり領地替えのときである。将軍は、この土地所有に基礎を置き天下の宝刀ともいうべき人事権をろうし、大名を異動させたり取り潰したりして衰亡滅亡の恐怖を煽ることで、彼らを支配してきた。

　ただし、江戸期も新田などの開発地については、土地の私有が認められていた。

　明治期になると、徳川から薩長への政権交代、また廃藩置県（1871年）、版籍奉還（1869年）により旧藩主から国家へと一旦土地が返上される。こうして土地の所有と利用の権利は封建領主から国家としての中央政府のものとなる。

　明治5（1872）年、明治政府の手により、田畑の永代売買が解禁され、土地の売買は自由になる。また、明治6（1873）年の地租改正により、土地所有の官民区分が実施され、山林の大半は「官」の所有となり、その他の土地は主として民有地とされた。民有地といっても旧藩時代の支配層を遇する意味で、彼らに華族等の身分と経済基盤としての広大な土地を与えた。だがこの少し前の明治4年には、政府により貢租の金納と田畑作物耕作の自由化がなされており、彼らは生活に窮し次第に土地を切り売りしていった。

　こうして土地を手に入れたものに対し、政府は地券を発行し、その所有を認めた。

　その代わりに税金としての地租が導入され、土地所有者は豊作凶作に関係なく一定額を金納することとなる。また、寺社に対しても、既得権的に広大な土地所有を認めた。

　昭和も戦後を迎えると、農業生産性の向上と民主化を旗印に農地改革が断行され、寄生地主は解体され小作農は土地を持ち自営農化が促進された。

　土地利用という面からみると、江戸期は田畑の利用がきつく制限されて

いたが、明治期になるとこれが解除される。この時期、都市における規制としては、文化年間に建物の高さ制限がしかれたり、防火・衛生の観点から一部において取り締まりがあった程度で、土地利用の自由度は高かった。

大正期に入ると、都市計画法と市街地建築物法が制定されるとともに、用途地域制度等が導入され、建物の用途と高さ等が規制された。また、時代が進むと、都市活動の複雑化に伴い新しい建物用途が出現したり、建物の高層・大型化も進み、経済成長期には規制の合理化を図るため、各種建築規制が付加されていった。

例として、高さ制限の一部が密度制限にかわったり、用途地域も4種類から8種類、そして今日では12種類へときめ細かくなったこと、また日影規制や地区計画の制度も導入されたことなどが挙げられる。

一方、土地の有効高度利用を進める観点から、特定街区、総合設計、再開発型の地区計画制度等の誘導手法が制度化されたり、土地区画整理事業や市街地再開発事業の制度も整えられていった。

4 日本の都市の魅力

　日本の都市の魅力を東京を例にとって、大都市を中心に整理してみよう。
　東京は総体として、都心部にも緑が多く、その市街は時折り降る雨水にあらわれクリーンで、中心部の要所要所には江戸から近代にかけての歴史遺産が散りばめられている。
　また市街には四通八達する鉄道交通のネットワークが張り巡らされ、それらの結節点である拠点の街には高度な都市機能が複合的・重層的に集積、住宅地においても商店街が発達し、教育・医療・福祉の各生活利便施設とともに、徒歩圏内に巧みにネットワーキングされている。生活利便性という面からは、東京の市街は大変合理的に構成されているといえよう。
　また、第2章に記したように東京は、その時代その時代の街づくりの痕跡が、重層的に積み重なってできた歴史都市なのである。東京は地形をふまえたベースとしての土地利用のもと、交通輸送技術やビル建設技術の革新により、多層的に複合的に機能集積が進んでいった。
　このため山手線内側の台地の尾根部においては、江戸期の武家地が明治になり華族の邸宅や大使館また大学や研究施設などに土地利用に転換していったこともあり、これらの敷地には寺社地も含め今も多くの緑が残っている。
　大都市の中心部に、これだけの広大な緑がネットワーク状に連なってみえる都市は世界にそう多くない。これは庭園や茶室空間の構成にも通じる、自然と文化とが融けあう都市構成技法が用いられているからである。
　また、交通の結節点など地域拠点となる街には、高度な都市機能が複合的にそして密度高く集積している。また、その後背地としての住宅地も歩

いて暮らせるよう、商業地が軸状に食い込み、襞を広げるようにして有機的に市街を構成している。

　この鉄道と徒歩による、環境共生型のヒューマンネットワーク都市・東京を代表する街が新宿である。新宿の街が外国人の興味を引くのは、拠点の街としてその歴史的特性をふまえながら、都市機能が密度高く集積するだけでなく、また各地区ごとに特色をもって重層的に複合的に構成されているからである。

　このため新宿の街は24時間休みなく活動を続けており、いろいろ異なった顔を持った地区が、時の移ろいとともに多彩な表情をみせる奥深い街となっている。

　新宿を代表する西口の超高層ビル街も、ビルそのものの姿・形が皆それぞれに異なっており、足元周りにもそれぞれに個性的なしつらえが施されていて興味が尽きない。新宿の超高層ビル街が面白いのは、工場生産された規格品のようにして、超高層ビルが林立しなかった点にある。

　また、線路を挟んだ反対側の歌舞伎町の街は、夕暮れ時ともなるとネオンの花が咲き、幻想的な雰囲気を醸し出す。この光景を目のあたりにすると、外国人は皆一様に「ウォー」と声をあげ感嘆する。

　歌舞伎町の街は、大人でさえ子供のようにはしゃぎたくなる、そんなファンタスティックな雰囲気を醸す不思議な街である。そうした意味で歌舞伎町は、日本一いや世界でも有数の繁華街となっている。

　その街の脇には神社やお寺が、小さな森を残し開放空間を生み出している。また、新宿の街には街に近接して大花園があるし、駅の周りには多種多様な表情を見せる活気ある賑わいの商業地が形成されている。

　このように多彩な顔を持つ新宿の街は、鉄道都市東京を代表する街として、四方八方から交通アクセス可能となっており、全国いや世界一の乗降客数を誇る新宿駅を介し、24時間多くの人々を集めている。

　この街の本質は、今日を生きる人々の思惑や、時代を超越し多種多様な

ものが、重層的にまた複合的に堆積しているところにある。

　生活様式が近代化されながらも、日本の都市は完全には欧米化されず、各地に自然が残っており雑然とした街並みがあり、アジア的な要素を色濃く残しながら都市づくりが行われてきている。これは日本の特異性である。この混濁とした界隈性は今日、人間都市として大変評価が高まっている。

　西洋型の社会の延長線上には魅力的な将来像が描けなくなってきた今日、欧米の近代化原理を超えた日本システムのグローバル化が求められている。日本人の「和」の精神に基づき、協調・共生を理念にあらゆるものを飲み込み調和融合させ、人々に居心地よい場、空間を創出していくことが大事である。

　そうした意味で新宿の街は、21世紀の都市開発モデルである「コンプレキ・シティ」として、複雑系の最先端部に位置しており、緊張感とやすらぎとの入り混じった未来型の都市といえる。

　新宿の街は一言では表現できない。一大交通結節点であり、繁華な商業地であるが、東京のビジネスセンター業務地でもあり、世界的な大人の娯楽地でもある。また、公園都市として家族向けのレクリエーション地としての性格ももっている。

　そうした意味で新宿の街は、都市東京をシンボル的に表現しているといえる。時代や民族を超え様々なものを融合させ、異質なもの相互の調和を保ちながら発展しているという意味で、新宿の街は日本を、そして東京を特徴づける街ともいえる。

　新宿の街は日本の特質である「和」の精神を、重層性と複合性というキーワードでまとめ、空間表現しており、この多機能融合型で複雑系の街づくりは、21世紀、近未来におけるまちづくりの一つの方向を表わしているといえる。

第4章

近未来、都市づくりの方向

1 社会発展の
ステージの変化

1 感性に基づく多彩なまちづくり

　「氷がとけると何になる？」その答えは一様ではない。ただ日本人の多くは「水」と答えるだろう。しかし、欧米で育ち高度成長期の日本に舞い戻った一人の帰国子女は「春」と答え、先生をはじめ教室の他の生徒はあっけにとられてしまった。なぜなら、そうしたポエムのような答えは誰も想定していなかったからである。もちろん先生のマニュアルにも載っていなかったが、それでも先生はなんとか気を取り直し、「そうそうそういう答えもありますね」と、その場を取り繕った。近代日本において常識ともいえる「水になる」という答えではなく「春になる」と真顔で答えた少女に、最初は同級生もあっけにとられ皆ポカンとしていたが、暫くしてよく考えてみると、なるほどと誰もが合点すると同時に強い衝撃を受けた。あまりにもののとらえ方が違っていたからである。

　この問題は教育の問題でもあった。知識を重視し理性をもって物的側面から科学的アプローチを加えて導き出せば「水」、一方、体験を重視し感性をもって現象的な側面からとらえれば、「春」、どちらの答えも正しい。ただあの未曾有の経済の高度成長から30～40年が過ぎ、すっかり成熟期に入った近代日本社会では、今まさに、この少女のような詩的なとらえ方が求められているといえる。感性を豊かにして全体状況を適確にとらえ判断し対応する。そんな頭の使い方、心の動きがいま求められている。

図表 4.1　氷がとけると…

写真提供：新ひだか観光協会

　かつて日本社会は植民地化の恐怖に揺れ、政治体制の回天を図った歴史がある。この時の主役、明治の元勲達は富国強兵を日本社会近代化のための目標に掲げ中央集権国家を編成、迅速な社会の工業化をめざし欧米に範をとった。いわば物まね主義の採用である。そして工業化の本質でもある機械化を推進し規格大量生産方式を実現すべく、物品等の規格の標準化と、工場式生産にふさわしい人材の育成に向け教育の画一化を進めた。これらの手法は官僚制のもと傾斜生産方式での経済運営とあいまって、戦後非常に効率よく機能し、日本は未曾有の高度経済成長を成し遂げた。そして1990年前後の経済のバブル期に、わが国は世界一ともいえる経済大国に伸し上がった。この間、産業活動の効率化に寄与すべく都市の整備も機能主義が幅を利かせ、不足する生産施設や住宅等の供給整備に向け、効率的な都市施設整備と宅地・建物の供給が求められ、国から示される行動指針

としての基準に従い、全国各地の都市で画一的で均質な都市の開発整備が進められた。その結果、道路網は幹線、補助線、区画街路とヒエラルキーをもって構成され、鉄道もターミナル駅から順次、放射状に延び中心市街には地下鉄のネットワークができた。また、駅前には交通広場が整備され〇〇銀座と名づけられた商店街が広がっていった。そしてその奥には2DK、3DKの住宅団地が配置され、コミュニティの中心には北側廊下、南に四間五間の教室が並ぶハーモニカ型の学校が立地した。

近代化目標を達成した日本社会は今、その成熟期を迎えており、人口の安定と人口構成の少子高齢化、市民意識の安定・生活充実志向に伴い、都市も拡大成長より持続的発展・質的充実の成熟ステージを迎えている。これに伴い都市づくりのモチーフも機能主義から環境重視、生活交流の舞台としての整備が求められ、地域からの環境共生型の都市づくりや街並み景観づくりなど、自然と調和した歴史や伝統をふまえた感性豊かで芸術センスある多彩なまちづくりが各地で動き始めている。

将来方向の推測

「マズローの欲求段階説」に従うと、人間の欲求には五段階あり、一番低い生理的欲求（衣食住の確保）にはじまり、安全の欲求（生命と財産の保持）、所属と愛の欲求（友好関係の構築）、承認の欲求（個性発揮、存在認知）、自己実現の欲求（創造）へと向かうという。より低位の欲求が満たされると順次その欲求は高まっていくという。これをわが国社会の歴史的発展の軌跡に重ねてみると、わが国社会は大きくとらえると**図表4.2**にみられるように、縄文、弥生から大和、奈良、平安、そして鎌倉、室町、江戸を経て、明治、大正、昭和そして平成に至るまで、日本社会の欲求レベルは順次、高次化してきていることがわかる。

図表4.2 社会的欲求、その背景と対応措置など

欲求の種別	背景・状況	対応措置	主要な力	時代区分
生理的欲求 (衣食住の確保)	過酷な自然環境からの自立	農耕牧畜、定住	宗教力（家長→酋長→王）	縄文(狩猟採取)→弥生
安全の欲求 (生命と財産の保持)	平和で安定した暮らし実現	ルールづくり箍をはめる	政治力（大王→朝廷→武家）	大和→奈良〜平安→鎌倉〜江戸
所属と愛の欲求 (友好関係の構築)	物的豊かさの享受	連携、資源開発、技術開発	経済力(国家→同盟→共同体)	明治〜昭和
承認の欲求 (個性発揮,存在認知)	画一性、疎外感からの脱却	コミュニケーション	交流力（受・発信能力）	平成〜
自己実現の欲求 (創造)	理想の追求	情報、知識、知恵	文化力（感性、開発・応用力）	

2 時代状況

　日本の首都であるわが国を代表する都市東京の成長拡大がとまる、その一方で発展途上国の主要都市が台頭、グローバルな都市間競争が起こっており、相対的に都市東京の地盤沈下が進行している。これは20世紀の都市としてつくられた東京、その都市の構成の仕方にも原因があるが、都市施設の老朽化や新宿など拠点のまちの陳腐化の進行も影響しており、全般的に都市としての魅力が後退してきていることに原因がある。

　わが国社会はオイルショック後の低成長期からバブル期までの間に、欧米先進諸国をキャッチアップ、現在、近代化目標を達成し、工業（物づくり）社会は成熟期に入っており、東京はローカルなテーマとしては生活者である市民の心の満足度を上げていくことが課題となる。だがその一方ではインフォーメーション・テクノロジーの発展により、文明的な社会変化の予兆もでてきており、単身化傾向という世帯構造の変化や自己実現を求める社会的な欲求の高まりなど、ライフスタイルの面からのパラダイム変化をも視野に入れた取り組みが今後は求められてくる。近未来の東京は次なる社会への移行も視野に入れ、グローバルな発展という意味では社会の

知識情報化に対応し、ここ一段のステップアップが必要となってきている。

東京は江戸、明治・大正そして昭和と、それぞれの時代ごとのニーズに対応し、都市づくりも積み重ねられてきており、あわせてその時代その時代の都市遺産としての歴史や文化も積み重なるようにして都市が形成されている。東京の都市づくりの基層をなす都市江戸は、徳川家の人々によって平和安定を基調とした独特の都市像のもとにつくられてきたが、近代に入ってからは明治・大正期はヨーロッパをまね、また昭和期とりわけ戦後はアメリカをお手本に整備されてきた。近代都市東京は大きくは戦後の復興期と経済の高度成長期に今日の姿の原型が形づくられた。すなわち、機械文明をバックにモータリゼーション化に対応するということで、コルビジェの描いた輝く都市をモデルに、経済効率を重視し機能整備優先で都市が造られてきたともいえる。結果、まちから自然や歴史的環境は後退し、アスファルトとコンクリートによる無味乾燥な人工的都市空間が広がるとともに、地上は車が主役で人はその下の地下街を歩くという形で都市の中心街が整備されてきた。

現在、近代社会も成熟期を迎え、都市づくりのモチーフも変化しつつある。具体的には、まちづくりのトーンは歩いてゆっくりと楽しむとか、自然や歴史環境と共生する形でゆとりをもって暮らす時代に入ってきている。すなわち、自然的環境をベースに時の重なりとしての歴史的重層性に配慮しつつ、現代都市が有する都市の構造や機能集積をふまえて都市づくりを行っていく時代となってきている。

また、来るべき少子高齢、人口減少社会を視野に入れ、グローバル化の進む地球経済また環境問題や国際交流の進展をふまえると、21世紀型の都市づくりとしては社会の知識情報化をも視野に入れ、いかにして都市活動を活性化させていくのか、また今日の安定した都市生活をいかに持続させていくのかということが課題となる。

それでは日本を取り巻く潮流の変化をみてみよう。

(1) 価値の多様化と生活の満足化

　明治維新以来、追い求めてきたわが国社会の近代化がようやく目標達成され、今日、工業社会は成熟し市民の間では経済発展の成果を反映した形で、生活面の質的充実が志向されている。それに対し人々は、近代化過程で抑制してきた自己を取り戻すべく人間らしく自分らしく生きたいと願っており、昨今は都市は楽しく美しい方がよいという、心の満足を基準に行動しはじめているようにみえる。

　そうした社会の変化をふまえると、今後はこれまでの経済成長過程で取られたサプライサイドからのお仕着せの都市生活ではなく、ユーザーサイドからの個々人の好みに応じた美しく楽しく快適な暮らし、生活者の視点に立ったおもてなしの心をもった、ホスピタリティあふれる(例えば時間消費型での)都市づくりの展開が求められてくる。

　具体的に言うと、かつて産業都市真っ盛りの高度経済成長期、物の豊かさを求め「早く安く」という大量生産社会を前提に、経済効率を重視し、都市づくりにおいても規格化や画一化が推し進められてきたこと（ある意味で人間疎外の状況）への反動として、今日では自分にあった暮らしを選択できるよう多種多様で多彩なまちづくりが求められているといえよう。

(2) 人口の減少と世帯の単身化

　安定成熟段階にある都市、人口減少傾向を示す社会において、都市づくりは今後、いかに取り組んでいったらよいのであろうか、50歳代以上の熟年世代が人口の過半を占める超高齢社会が迫っており、東京もやがて人口移動の少ない都市に変わろうとしている。そうした都市においては、身近なまちの環境が重視されるようになる。また、女性が人生を選択できる時代を迎え単身化や少子化が進んでおり、コンビニ文化、携帯文化、ワンルーム文化の進展とともに、個人単位の生活があたりまえの時代を迎えている。それに伴い、地域コミュニティだけでなく家庭機能までもが弱まっ

てきており、この個化する世帯をネットワークで結び、家庭や地域での生活を様々に支援する協働のまちづくりが求められている。

一方、コンピュータリゼーション化が進みIT技術が社会の発展をリードする現実をふまえ、高齢化に伴う都市住民の行動力の低下を情報通信技術がカバーするような都市づくりや、また人口減少社会を迎え地域活性化を図っていくため、定住人口だけでなく交流人口の確保が課題となっており、観光交流の面にも配慮した交流ネットワーク型の都市形成が必要となってきている。

3 都市づくりの方向転換

(1) 都市の役割の変化

これまで大都市においては工業社会化の受け皿として、臨海工業地帯や内陸工業団地の整備、また都心部における業務街の建設という、生産の場や産業の管理センターづくりが、また流入する都市住民の居住の受け皿として郊外住宅地の供給に重点をおいた都市づくりが行われてきた。しかし、今日、経済活動のグローバル化や社会の知識情報化の進展に伴い都市づくりも様変わりし、観光交流の場や研究開発センターづくり、また一生を都市で暮らす都市住民のための生活の受け皿として、既成市街地の再構築に重点をおいた安全安心、かつ個性的で魅力ある都市づくりが求められるようになってきている。

今日、都市においては個人の存在が重みを増しており、人と人との接触やネットワーク・システムを介し、人と情報とが結びつくことで新しい知識や情報を獲得、これにアイディアを絡ませることにより付加価値創造がなされるような方向に社会が動きつつある。

知識や情報を豊かにするには、またそうしたものを活用して付加価値創造を行っていくためには、多くの人々との人間的交流や学習機会の増大が

大切となる。人々はそうしてはじめて感性を磨き、能力を高めることができる。時代は個人的な自己実現や文化的な価値創造が求められる社会へと変わりつつある。そうした傾向をふまえると、都市とりわけ拠点的なまちにおいては、知と文化の創造に向け人々が多彩に交流する広い意味での都市広場としての役割や、人々相互の交歓機能の充実が求められてくる。

(2) 都市づくりの主役の変化

　近代社会の創生建設期から成長発展期にかけて、都市づくりは行政が民間の事業主体を主導する形で展開されてきた。しかし、安定成熟期に入るとサプライ・サイドでの都市建設の動きは鈍くなり、リフォームやコンバージョンを中心とした動きが強まる中、都市づくりの主体は民間企業や生活者である市民の側へとシフトしてきており、都市サービスの消費者・生活者であるユーザー・サイドに立った都市づくりの展開が求められるようになってきている。

　一方、都市のターゲット層も様変わりしている。経済成長期、都市づくりは若者やファミリー世帯をターゲットにしていたが、今日では中高年者や単身世帯へとシフト、その結果、福祉のまちづくりや交通バリアフリー化が強く求められたり、また種々の付加価値サービスを加えたワンルームマンションの供給にも力が入っている。

　また、都市の拡大化傾向が薄れると、まちづくりのターゲットは定住者だけでなく、就業者や来街者の方にも広げられ、各地域においては観光都市化を競い合い、来街人口を奪い合う状況も目につくようになってきた。

(3) 都市の空間構成の変化

　近代化を追い求め生産性の向上をめざした時代、都市はその活動効率を高めるべく高速鉄道や高速道路の整備とともに、都市の機能分離や建物の用途純化、また街区の大型化やビルの高層化を進めてきた。

しかし、経済が発展し物満ち足りた今日では、生活満足度の高い暮らしが求められ、時間消費型での生活行動が価値をもつようになってきている。まちづくりにおいては歩いて暮らせる街、またそうしたまちにふさわしい美しい街並み景観の形成や自然との共生、都市機能相互の融合や建物用途の複合化、さらには通りを軸に小街区が連担する新旧建物の入り混じった、ヒューマンスケールでの、変化のゆっくりとしたまちづくりが求められるようになってきている。

　都市がそうした状況を迎えると、産業都市化過程の経済成長期、拡大する都市を前提に十全に機能していたマスタープランに基づく計画規制、すなわち、機能性の発揮をめざし土地利用と都市施設との整合の確保という観点から、量的バランスを重視し都市の均衡ある発展を目標に、都市計画フレームとゾーニングによる都市のコントロールも、社会が成熟し量的拡大の動きが少なくなり質的な充実が求められるような時代を迎えると、そうした手法の意義や実効性が薄れている。

　今後は、街単位での機能構成や街並み景観の形成などに留意し、地域特性をふまえ地域空間の漸進的な質の向上を図るべく、まちづくりを担う多様な主体に対しメッセージの提供と、デザイン・コントロールを含め良質なプロジェクトを誘導する手法の導入が求められてくる。

2 近未来の都市づくり

1 近未来の都市づくりに必要な視点

　これまでにみてきたわが国社会の発展の動きからすると、近未来は二つの視点からとらえる必要があることがわかる。一つは文化論的視点で、同質の欲求、政治理念で形成された社会体制の枠組みの中で、運動法則として繰り返される建設、成長拡大、成熟という循環推移のパターンである。もう一つは文明論的視点で、人間社会発展の軸、ベクトルが向かう方向として新しい政治理念をもった社会の枠組み形成に向けた流れである。

　すなわち、前者のいわば文化論（地域における特有な行動様式）的視点から今日をとらえると、現代は近代工業社会の成熟期、また、後者の文明論（普遍的な広がりをもつ社会の行動様式）的視点から今日をとらえると、次なる知識情報社会形成に向けた準備期というとらえ方ができるということである。

近未来、当面の都市づくり

　現代を近代社会の成熟期ととらえれば、一つ前の平和で安定した暮らしが社会的欲求となって編成された近世江戸の封建社会が参考になる。近世社会も実は建設、成長拡大、成熟という社会発展のパターンを辿っている。そうとらえると現代に近似しているのは、江戸の文化文政期ということになる。確かに、そうした観点からとらえると、現代は江戸の文化文政期と世相も都市の態様も酷似している。そこで近世江戸の学習効果として考えると、近未来の都市づくりとして当面は、近代化の成果を享受すべく「市

民満足度の高い」まちづくりとして、「楽しく賑わいのある個性的なまちづくりと環境共生型の都市づくり」が求められることになる。

　ただ今日の社会の動きはそれだけではない。未来社会（知識情報社会）の建設に向けての胎動も感じられる。そこへ向けたプロローグとしての都市づくりも視野にいれ取り組まなければならない。それはグローバルな地球時代における活躍の舞台として、大地に根を張りその地の自然、歴史、文化が育む感性を活かした「クリエイティブ」な都市づくりを準備することにつながる。

図表4.3　人と自然・歴史・文化の関わり

Photo by (c) Tomo. Yun
URL：http://www.yunphoto.net

写真提供：里山の風景をつくる会

　同じ文明の中での変化を文化的転換とすれば、成長期から成熟期への変化は文化レベルの転換ととらえられる。一方、コンピュータリゼーションの進展と情報通信のネットワークの発展によりコミュニケーション能力が一段と高まってきており、自己実現に向け新たな文明的パラダイムの転換（知識情報社会化）の動きがでてきているようにも思える。そこで近未来の都市づくりとしては、文化的転換という小さな波と文明的転換という大きな波の、両方を視野に入れて対処していくことが求められるのではないだろうか。

図表 4.4　都市づくりの方向性

事　項	これまで	これから
社会背景	工業社会の進展、物不足	知識情報社会化、地域文化重視
文化の基軸	欧米文化礼賛、まねる	日本文化尊重、発信する
都市の性格・形態	産業都市、モータリゼーション	創造交流都市、情報化
産業形態、活動主体	重化学工業、企業中心	情報文化産業、個人主体
対応、行動様式	機械的、画一（没個性）	人間的、多様（個性の発揮）
社会ターゲット	若者中心、ファミリー世帯	熟年含み全世代、単身者世帯
行政スタイル	需要追随、上意下達型（計画コントロール）	政策誘導、協議型（民間提案検討）
都市づくりのテーマ	都市基盤整備	個性的なまちづくり
都市整備のモチーフ	機能主義（利便性追求）	環境主義（安全快適・居心地追求）
都市づくりの目標	活動の利便性、豊かさや富の実現	創造性の発揮、個人の自己実現
都市づくりの基準	効率	満足
都市づくりの手法	フレーム制御、ゾーニング規制	プロジェクト制御、デザイン誘導
都市交通	鉄道・自動車	徒歩主体（自転車、鉄道、自動車が補完）
情報通信	電話	インターネット
都市インフラの整備	道路、公園、清掃 電気、ガス、上下水道	情報通信、教育医療、保健福祉、文化交流施設、緑と街並み景観

2　成熟期の都市づくり

　近代化を成し遂げ一時はジャパン・アズ・No.1ともてはやされ、物あふれる大国となった日本。今日のわが国社会は近代化の「果実」を享受すべく、人々は様々に生活を謳歌しはじめている。すなわち、街中におけるテーマパーク、アミューズメント施設、史跡めぐり等の「街遊び」、また丸ビル、六本木ヒルズ等の「街探検」に人々は時間を消費するようになった。一定の所得水準を達成し、自由時間を獲得した人々は、工業社会の呪縛（画一・均質、規格・基準、ガイドライン・マニュアル等）から解放され、個性的な生き方を探し求めはじめている。

このような社会の変化の動きをふまえ、都市づくりも、経済効率優先、スピードやコストを重視し、機械力に頼った機能分離・用途純化の思想から脱却しつつある。すなわち、個々人が好みに応じ、生活時間を様々に消費することにより、充実した生活を展開できるよう、環境にやさしい優良な都市資源である鉄道ネットワークを活用し、歩いて暮らせる職住近接型のコンパクトな都市づくりへと軌道修正しつつある。その現れの一つが都心居住であり、機能融合・用途複合型のまちづくりであり、LRT（ライトレール）や低床式バスの導入である。考えてみれば工業社会真っ只中の都市づくりは、人間疎外の都市づくりでもあった。生産性をあげるため規格・基準に基づき事業活動がしやすいよう、金太郎飴型の画一的な都市開発が展開された。また、市民の生活スタイルも経済性が優先され、規格・大量生産方式により同じタイプの住宅、学校等の施設が供給され、人々は均質な生活を余儀なくされてきた。

　人々は碁盤の目状に区画整理された土地に建つ、プレファブ方式の戸建住宅や2DKの公団住宅などに住み、郊外のショッピングセンターや〇〇銀座といった近隣商店街で買い物をする。また画一化されたハモニカ型校舎でマニュアルに基づき均質な学校教育を受け、職場に出てからもオートメーション化された工場や事務所で専門分化された部門を担う、そんなステレオタイプの人間として、戦後数十年間工業社会下で暮らす人々は均質的で画一的な都市生活を送ってきた。モダニズムは人間本来有している個性を殺し、一つの規格化された生活パターンを強いる文明でもあった。このため近代人は自己を見失い、都市は自我が育ちにくい環境を形成していった。これは人間が本来のあり方からすると、疎外された状況ということができる。

　しかし、経済の高度成長を遂げ高い生産性を実現し、物が満ちあふれるようになると、余暇時間が拡大したこともあり、生活スタイルは徐々に時間消費型へと変わっていった。戦後、先進諸国が築いたブレトンウッズ体

制がドルショック、オイルショックに伴い崩壊し、さらにソ連邦崩壊という国際政治状況の変化を受け、世界経済はオープン化し市場主義が席巻。これに伴いバブル経済崩壊後の日本経済においては、企業が高コスト体質からの脱却のため資本の海外移転を進め、工業を中心に経済の空洞化、産業の活力の低下という現象を招くようになった。こうした世界経済のグローバル化に伴い、わが国産業も構造転換を余儀なくされ、国際分業社会へと移行しつつある。わが国は国際競争力の向上を目指すため、産業の高度化・付加価値の創造が求められるようになり、行動の自由度の拡大と創造力あふれる個性的な人間の活躍が期待される状況を迎えている。

都市づくりも、これと同様に変革期を迎えており、都市が際限なく成長拡大する社会から、量的には縮小均衡、ゼロサム型の都市社会への移行が認められ、都市空間の質的充実が求められるようになってきている。こういった状況から、都心居住の進展や都市機能の融合、大都市圏レベルにおける航空を含めた交通インフラのネットワークの充実、また都市の環境・景観の形成や中心市街地の再生等々、都市づくりの様々な分野で都市の質的充実に向けた取り組みが動き出している。そうした動きは工業社会の成熟期に位置し、近代化の呪縛から開放された人々の「自我の欲求」とも重なり、生活者の視点に立った時間消費型での、テーマをもった個性的なまちづくりが求められることと軌を一にする。

3 知識・情報化に対応した都市づくり

コンピュータライゼーションの進展による、工業社会から知識・情報化社会への移行をにらみ、こうした文明の変化に伴う社会経済構造の転換にあわせ、都市構造もこれに適合したものへとシフトさせる必要が生じている。

21世紀、IT化、グローバル化の進展による知識・情報社会における、

基本的な都市構造としてはネットワーク型の構造が求められている。また、ローカリーゼーションの高まりや個人主義の進展により、都市を構成する各街まちでは、テーマを持った多様なまちづくりが展開されていくことになろう。そうした 21 世紀の都市像とはいったいどんなものであろうか。

知識情報社会における都市は広域的な交通輸送のネットワークと情報通信のネットワークが充実し、その結節点においては高次多機能の集積がみられ集客力に富み多くの人々相互の交流が活発で、ビジネスにおける創造性や情報・文化面からの発信力が強いクリエイティブな拠点のまちが中心的な役割を果たしていくことになると考えられている。21 世紀都市を牽引する創造性発揮の源は、心安らかに暮らせる環境と行動の自由性であり、それが人々相互の交流性と個々人の感性を高めていく。都市構造面からは職住遊の近接性を高め、移動や通信の自由度の高い時間・空間を広げていくことである。また、高次の都市機能をまとめてコンパクトに整えるとともに、環境のアメニティを増すことでクリエーターの活動効率を高めていく。その一方、時間消費性の高い街として、多彩な交流の舞台を整えていくことも重要である。都市機能構成の面からは、若年・高齢の単身者を中心に、夫婦や夫婦と子供の世帯も加え、多種多様な家族構成を前提に、業務・商業だけでなく医療・福祉、文化・観光など多くの機能が生活利便性の面から、地域・地区ごとに多彩に組み合わされ相互が融けあう、多機能融合・用途複合型の街が求められる。また、都市環境形成の面からは、人々の交流を促しその感性を刺激する、愛着や親しみまたアメニティや美が感じられる、味わい深いきめ細かな街づくりが求められる。

課題としては、一つには自我の欲求への対応である。わが国は、もうとっくに貧しい社会ではない。中央政府が音頭をとって、生産性の向上を目指した規格・基準に基づく画一・均質なまちづくりでは、人々を幸福にはできなくなっている。今日の豊かな社会に対応した、多種多様で多彩な価値をもった都市づくりへと脱却する必要がある。例えば、自分探しの小さな

旅のできる個性的な街、異質なものを受け入れる包容力のある多様性に富んだ都市というような、人間性が取り戻せ、自由に生活を楽しめる都市づくりが求められている。また、もう一つの課題は、自己実現欲求への対応である。夢を見る、夢を膨らませる、また夢を実現できる都市。多くの異質な人々との多彩な交流から感性が磨かれ、時代を先導するような新たな産業創造に繋がる、情報発信や生活文化の創造がみられる都市づくり。例えば、個性を発揮し創造性をめぐらすことで、高度科学、先端技術、娯楽文化等の各種新産業の花開くような「創造交流型の美しい都市づくり」が求められている。このとき留意すべきこととして、視座を地域におき鉄道ネットワークや生活文化資源など、その地の都市形成の歴史的蓄積の活用に留意することと、視座をグローバルに広げ地球全体をにらみ、アジア太平洋地域を視野に入れ国際競争力の向上について意識することである。

都市戦略としては、「知の創造機能」、「人々の交歓機能」、「クリエイターのための質の高い暮らし機能」、そして「緑のアメニティの創出」と「エンターティンメントがあり魅力的な街の環境・景観形成」が重要である。こうして職と住と遊の融合した暮らしと異業種間の多彩な交流の中から、明日の日本をリードする創造的なアクションや文化が芽吹いていくことになろう。

3 地域のまちづくり

1 まちづくりの目標（選択と協働）

　日本の都市は大都市を中心に高次多機能の集積と、拠点の駅を核とする抜群の交通ネットワーク性を活かし、昼も夜も週日も週末も多方面から様々な人々が集い、楽しく交流できる賑わいの都市（集客交歓都市）づくりを進めるとともに、その一方、都市を構成する各地域のまちにおいては、それぞれのまちの個性を活かし定住者だけでなく営業者や来街者にとっても愛着が湧き、わが街と思う心に連帯の絆が芽生える、そんな誇りの持てる暮らしやすい生活安心のまち（アーバンビレッジ*）づくりを行っていく必要がある。

　地域においては拠点の街の華やぎ、表通りの賑わい、裏町の安らぎ、一歩入った横丁の味わい深い多彩な暮らし等々、生活者の好みやライフスタイルに適合した、暮らしやすくまた自己実現しやすいまちとして、テーマ性を前面に押し出した個性的なまちづくりが期待されている。

　人々は特徴をもつ多彩な地域の中から自分のライフスタイルにあったまちを選択し、そのまちに自らの暮らしをコラボレートすることで、地域個性に磨きをかけ美しく誇り高い、また愛着の湧くまちをつくっていく。また、このような協働のまちづくりの過程で培われた人々相互のつながり、情緒的な結びつきはコミュニティ・インフラとしての「絆」を形成し、生活安心のまちづくりへとつながる。

*アーバンビレッジ
…都市的合理性を有する、その一方で村落的な支え合いのあるコミュニティ。交通の発達や機能の集積など都市的利便性を備えつつ、緑の落ち着いた佇まいをもち村落的雰囲気を醸すまち。

　緑の大地を暮らしの基盤に伝統文化を活かし、地域の実情に応じた様々なまちづくりが展開されることにより、そのまちにふさわしい個性的な空間が形成されていき、次第に居住者やまちの利用者のニーズに合った生活安心の楽しいまちとなっていく。この協働のまちづくりの過程で住民の間にはまちへの愛着心が芽生え、まちをつくりこむごとにわがまちとして誇りに思えるまちとなっていき、結果、地域に強い絆が生まれる。

　こうした各地域コミュニティに共通していることは、鎮守の森としてのアーバンフォレストを核に、地域状況に応じ様々な形で緑と共生し、歴史や伝統を大切にする人々が地域の同志と一定の絆をもって、協働で暮らしていく態度がみられるようになっていくことである。

　人々がそれぞれの暮らしのニーズに対応しまちを選択、それぞれに気に入ったまちに住み、互いに共通の関心ごとにより結ばれ、一定のテーマをもってコミュニティを形成、公共施設の整備やまちの空間構成の仕方、また住宅形式（戸建、低層アパート、高層マンション）など暮らしの形態に対応し、それに見合ったコミュニティ組織が形成され、地域の課題解決に向け取り組む。そんな合目的的な地域コミュニティの形成をめざし協働する中から一定の絆が形づくられていく、そんなまちが都市型

図表 4.5　アーバンビレッジのイメージ図

コミュニティとしてのアーバンビレッジである。
　犯罪の抑制や災害の予防、子育て世帯や老人介護世帯を対象とした生活サポート、また地域商業活性化に絡めた観光の振興や街並み景観の形成など、地域それぞれの課題に対応し、まちの魅力向上に向け付加価値創造型での協働のまちづくりを推進することで、誰もが安心して楽しくいきいきと暮らしていける都市型のコミュニティが形成されていく。

2　まちづくりの基本方向（暮らしやすさを求めて）

ア　地域個性を活かした多彩なまちづくり

　自我・自己実現欲求の高まりを受け、地域自身の自己決定（分権）力を増すことで、地域に暮らす人々の生活ニーズに対応した満足感の高いまちづくりを展開する。そのため地域（個）性を個人の人格と同様に、まちの「地域格」として尊重し、そのまちの品格を生活文化面を重視して漸次、向上させていくようなまちづくりを行う。

　ここでいう地域格としての地域個性は、地域全体を共通的に覆っているものではなく、地域に暮らす多くの人々が、地域イメージとして好ましいものとして受けとめ共感しているものであって、人々の地域や街に対する愛着・誇りといったものの形成につながるものである。したがって、情緒的な側面を多分にもっており、まちの雰囲気や香りなどとして人々の心象風景を形成するものである。

　わが国社会は成熟期を迎え、物満ち足りた多くの市民は、自由時間を獲得し生活志向を強めている。一方、高齢社会に入り社会の馬力が落ちるなど、成長圧力は鈍り都市も拡大しないどころか、ゼロサム的状況を呈するようになってきている。そんなわけでわが国社会は、生活水準の向上とともに市民の欲求内容にも質的な変化がみられ、多様化・高度化が進み個性や創造性が重視される社会へとシフトしつつある。工業社会の成熟に伴い社会は次なる知識・情報社会に向け移行しつつある、国際競争時代におけるまちづくりは、当然のこととしてこうした社会変化をふまえ、そのスタ

イルを変えていくことになる。

　今日、近代化過程の工業社会において有効だった、中央が示すガイドライン、事業経営者が示すマニュアルに基づく規格大量生産型のビジネスモデル（経済効率性を重視し標準化を進め、均質で画一的に物を供給していく方式）では、成熟化する社会の動きに十分対応できないようになってしまっている。社会の成熟化に伴い多様化・高度化する市民ニーズに対応し、まちづくりを的確に進めていくためには、人々が真に欲するものを探り当てるとともに、地域ごとの様々なニーズに目配りしていかなければならない時代に入っている。人口が増えず都市の拡大が見込めない、ゼロサム型の成熟社会においては、需要の奪い合い、すなわち、都市間・地域間でのまちづくり競争が発生する。こうなると、都市や地域は需要の吸引に向け、差別化を図り街の魅力のアップをめざし、全国一律の都市整備ではなく、地域の自然や風土、また歴史や伝統など地域資源を活かした形で、特色あるまちづくりを行っていくようになる。東京で言えば原宿、六本木、代官山等々、他と異なる一味違う魅力を発散する街が人気を得るようになる。都心の丸の内も時代に対応し、社会ニーズに目配りし生活者やユーザーの視点から、魅力的な街へと再生すべく街としての付加価値づけに力を入れるようになってきている。

　国際競争社会において主要なプレイヤーとなる大都市は、経済のグローバル化と文化のローカル化に対応し、世界的標準を備えるだけでなく、文化的にみても魅力ある都市として地域固有の個性を表現、創造していく必要に迫られている。次世代の新しい社会においては、国家、地域、都市といったあらゆる段階で、アイデンティティの発揮が求められてこよう。地方都市だけでなく大都市圏域を構成する地域ごとのまち・まちにおいても、個性の発揮・創出がテーマとなってくる。

地域ブランド化戦略　—地域個性を磨きあげる—

　ブランド化とは顧客に対する約束事であり、企業が商品の品質やサービスの内容を一貫性ある良好なイメージを提供することにより、顧客との間に密接な信頼関係を築いていくところに、その本質がある。

　これをまちづくりに応用すると、地域ブランド化とは、まず、どういう街にするのか、まちづくりのビジョンを明確にすること、次にその前提としてどういう人達に住んでもらいたいのか、また来街して欲しいのか、そのターゲットを明確にすることである。

　具体的には、まちづくりのテーマを明確にし、主要な市民ターゲットを想定した上で、一定のコンセプトのもとにコミュニティ・インフラの整備と建築物の誘導の方向を明確にし、関係する市民に対し、この街はどのような環境を備え、どのような地域サービスを重点的に提供するのか、そのことを市民に対し一貫性あるまちづくりのイメージをもって提供するとともに、その実現に向け行動することにより、市民との間に良好な信頼関係を構築していくことである。

　地域ブランド化戦略としては、地域の有する財産、すなわち地域資源を十二分に把握し、この街のもつ強みに訴求、この地域の特性をふまえ、この街に来て欲しい人また住んでもらいたい人達がこの地に望むものを深く分析し、この街にふさわしい環境づくりと機能整備を重点的に図ることで、市民満足度の高い街に仕立て上げていくことである。こうして居住者や来街者の街への帰属感や愛着心を高め、コミュニティの絆を強くしていくことはコミュニティ基盤の強化にもつながっていく。

イ　ヒューマンスケール、スローライフの歩いて暮らせるまちづくり

　東京を例にとれば、区部、特に中心部においては、どこからでも歩いて5〜10分で最寄りの鉄道駅に到達可能である。鉄道都市ともいえる東京はその特性を活かし、まちとまちの間の移動は公共交通としての鉄道を基本

とするが、街中は徒歩で移動することを原則に、歩いて暮らせるまちづくりを展開していくことが大事である。これは健康づくり、環境との共生の上からも求められるものである。

　また、地域においては幹線道路等によって囲まれた「生活ゾーン」内は、「ゆっくり、ゆったり、豊かに」ということでスローリズムでのまちづくりをめざし、車椅子や自転車などと共生できるまちとしていくことが重要である。こうして生活ゾーン内の道は歩行者中心の空間とし、自転車がこれを補完、自動車は物資搬送等やむなき場合に使用するようにし、地域内ではスピードが上げられないようハード・ソフトの両面から工夫を凝らす。

　住宅回りの狭隘な道路については、なるべく早期に幅員4ｍの確保を目指すこととし、このような狭隘な道路に沿って建つ比較的規模の大きいアパートやマンション等については、当該敷地を活用し道路に接して対向車のための待機スペースや地域サービス車両の荷捌きスペースなどを積極的に生み出すよう指導し、生活ゾーン内の交通の円滑な流れを確保する。

　また、まちは使いやすく身の丈にあったものということで、ヒューマンスケールで構成することとし、街区は小さく交差点の数を多くとり、人々の出会いの機会を多くするとともに、表通りに沿って多様な用途を配し、お年寄りにも無理なく買い物ができ、誰もがぶらぶら歩きできる賑わいある街並みの形成を図っていく。

　なお、実際のまちづくりにあたっては、行政が机上で内容をまとめるだけではなく、ワークショップ方式を導入し、道路や公園のデザインなどは地域に暮らす住民間の協議により、生活実感をふまえてユーザーの立場から地域にふさわしい内容のものとなるようにする。例えば、花の咲く道、石畳の路地、原っぱの公園等々が考えられる。

ウ 通りを軸としたストリート型のまちづくり

　コミュニティ・ステーションとしての鉄道駅等を出ると、駅近くには利用者のことを考え駐輪施設や保育所また図書館などのコミュニティ施設が整備されるとともに、人の動線に沿って近隣商店街が広がり、どの住戸からも容易に買い物が可能で、大きな冷蔵庫のいらない都市型の便利で暮らしやすい街をつくっていく。

　街はこの近隣商店街を暮らしの軸として、これに沿って各種機能が展開

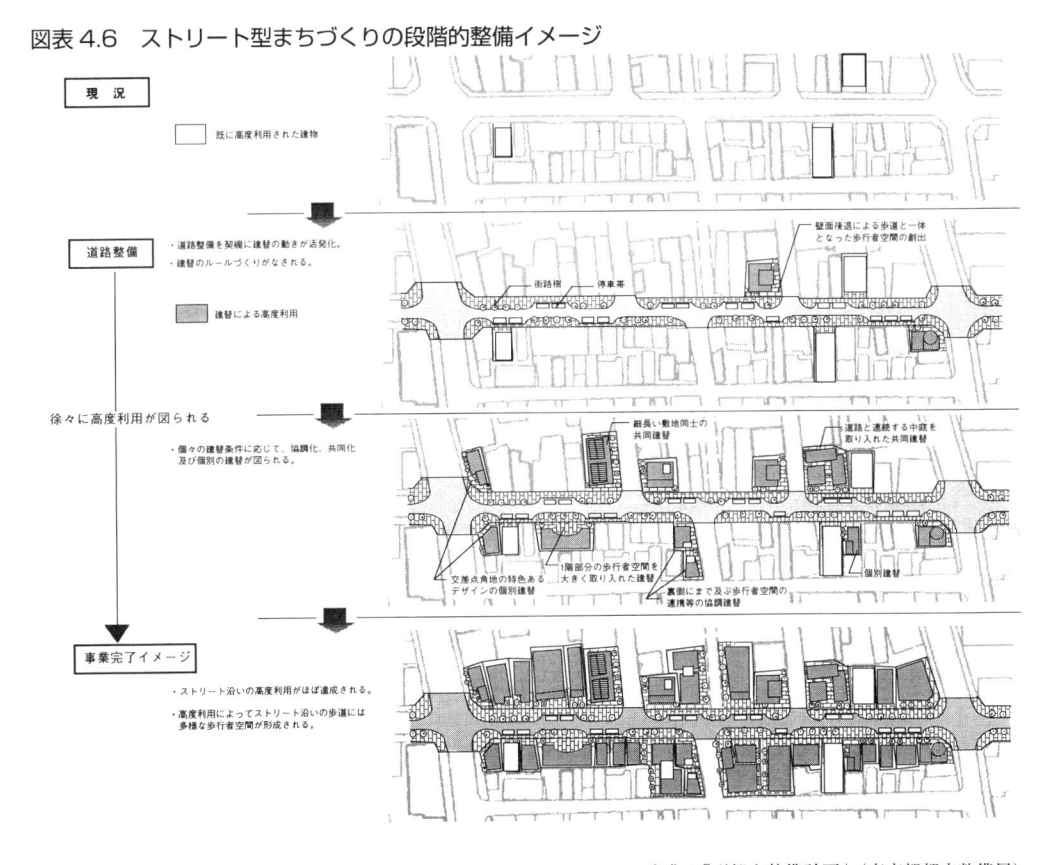

図表4.6　ストリート型まちづくりの段階的整備イメージ

出典：「副都心整備計画」（東京都都市整備局）

するストリート型の構成とし、道と沿道建物とが一体となって親しみある魅力的な街並み景観を形成していくようにする。すなわち、表通りには賑わいが、また裏通りには安らぎが感じられるよう、各種機能が巧みに配置され、その場にあった居心地のよい環境が創出されるとともに、商店街を少し入った横丁には住宅群が通りにぶらさがるようにして、人々の多彩な暮らしが息づく大変暮らしやすいまちにしていく。

3 地域からのまちづくりの展開

　地域からのまちづくりは、成熟した既成の市街地などにおいて施設整備や機能整備に比べ立ち遅れてしまった環境の整備や景観の形成を中心課題にすえ（もちろんあわせて、時代の求める施設や機能の整備も担っていく）、地域の実情に応じきめ細かく地区環境整備を行っていく、いわば虫の目からの都市づくりである。

　具体例を挙げれば、建築物が単体としての敷地単位での判断に留まらず、また建築基準としても建築基準法に定める最低基準を満たすだけでなく、まちづくりの立場から個体としての建築物の自己主張はある程度譲って地区環境整備等に配慮した建築計画を策定し、地域総体としての生活環境の漸進的向上をめざしていくことである。

　都市づくりのスタンスも、産業基盤整備から生活環境の充実へ、効率・利便性の重視から安全・快適性の重視へ、建築基準も最低水準から脱するとともに、仕様書型の全国統一基準から地域にあったルールの構築へ、そしてヒューマンスケールの尊重・地区特性の配慮へと変化している。

　私達が日々住み働きくつろぐ身近な地区を見渡してみると、一つひとつの建築物は、大変個性的で経済的合理性の高いものが目に入ってくるが、それらが集積してつくられている街をみると、必ずしも地区としてのまとまりをもっているわけでもなく、建築物一つひとつには、共通のキーワー

ドさえ見いだせず、その結果、親しみやすさとか心地良さとかいった、人間的雰囲気に程遠い街並みとなっている場合が多いことに気がつく。

　私達の経験からすると、良い街、望ましい街とは、一つひとつの建築物は必ずしも個性的なものでなくともよく、むしろ経済的合理性の追求や自己主張はある程度抑え周囲に気配りをすることにより、なんらかの共通項としてのキーワードをもちながら建築物が建てられていくことにより、地区総体としてセーフティ度が高まるとともにアメニティが感じられるようなものを指す場合が多い。

　都市に住む人の生活や企業の活動は当該建築物内だけでは完結せず、地区レベルや都市レベルへと広がり街との関わりのもとに成立している。したがって、都市生活や企業活動をトータルとして私達の求めるものにしていくためには、個（建築物）と全体（街）との関係に思いをめぐらし、双方が折り合うようにすることが肝要である。

　すなわち、事業者は、まちづくりの視点にたって、個の自己主張をある程度抑制し、周囲に配慮した建築物の計画・設計を行うように努めるとともに、行政や地区住民は、まちづくり構想に基づく理想的なプランの実現を、微に入り細に入り個に押しつけないで、構想は標準と考えめざす方向に大方適合していければよしとするように心掛け、相互に連携し協調的な建築物を建設する方向をめざしていく必要がある。

　つまり、都市総体としてのセーフティとアメニティの極大化をめざして、まちづくりの視点から周囲に配慮して計画・設計された、協調的な建築物を街にたくさん送りだしていくことが肝要なのである。

ア 建築行政の革新

　地区特性に応じた個性豊かなまちづくりをめざし、地域からのまちづくりを進めていくためには建築行政の革新が必要となる。

　それは、従来の建築基準法に基づき敷地単位に、機械的に全国一律基準

に適合しているかいないかを確認していくようなスタイルの行政ではない。しかし、といって安全・衛生などの面から最低基準を確保する規制行政を否定しているわけではない。規制は、今後ともまちづくりにおいて重要な位置を占めていくであろうが、近代社会の成熟期において地域が求めるまちづくりを行っていくためには、それだけでは十分でないということである。

　ここのところが重要である。まちづくりを実行する手段としては、規制もあれば誘導もあり、指導もあれば助成もある、なにも規制だけではないのである。

　とかく従来、世間一般的には、建築行政というと確認行政、規制行政、つまりは規制一辺倒ではないかと思われてきた。

　事実、そういった仕事を担う職員もかつてはまちづくりの発想が弱く、多くの場合、都市計画部門から与えられた大雑把な用途地域等（用途、容積率、建ぺい率、高さなどについて規定）の計画に基づいて確定される、規制枠としての建築基準の範囲内で、敷地単位に提出される建築計画を審査し適合・不適合といった受動的で機械的な判断をしてきた。

　したがってその判断の中には、建築物の建つ街の動きとの関係は多くの場合入ってこない。用途地域の指定状況や敷地の条件等が同じなら、全国どの街の、どの場所に建つ建築物であっても、同じように判断をしていたからである。

　しかし、今やそうした行政対応のシステムだけでは済まない状況を迎えている。地域住民は生活水準の高まりとともに、そのニーズは高度化・多様化してきており、その一環として環境問題への関心も高まり、自らの住まう地区の環境保持を訴え、建築基準法が規定する水準を超えて建築行為をコントロールするよう行政庁に求めてきている。

　この住民要求の中身は様々で、中にはエゴといえるようなものもなきにしもあらずであるが、まちづくりの視点から前向きに住民の要求内容を分

析してみると、地域における住民生活の上で、重要な問題が多分に含まれていることに気がつく。

　住民要求のうち、主なものをあげてみると、建築物の中高層化（日照阻害、風害、電波障害、プライバシー侵害など生活公害への対応）や、マンションのワンルーム化（騒音、駐車、ゴミ処理、集会所等の生活管理面への対応）に伴う問題への対応を求めるものが多い。

　これらの問題に対しては、一部、法定基準として建築基準化が図られたものもあるが、多くは建築基準法の公民関係という土俵とは別の場で、民民間の紛争の予防・調整として行政指導により対処しているのが実態である。

　また、これら住民からの訴えに基づく問題解決型のアプローチとは別に、住民意識調査の結果などに基づき、公共の立場からむしろ積極的に問題を先取りし、行政上の課題として位置付け、まちづくりの視点から取り組むような場合もある。建築物の不燃化や耐震化の促進、緑化の推進、敷地や建物の共同化など土地の有効利用の促進、大規模建築物への住宅の附置や大規模集合住宅への生活関連施設の附置、また、福祉のまちづくり、環境への配慮、景観まちづくり等々が、それである。

　このように建築行政をめぐる今日的状況は、近年、大きな変化の波にみまわれており、市街地では土地の複合利用や住宅の整備、また、防災、福祉、歴史・文化、景観への配慮など、付加価値をもった建築物の建築など、建築行為を通じて地域のまちづくりの目標を具体的に実現していく、誘導的建築行政の分野が拡大しており、とても受け身の行政スタイルでは対応できないまでになってきている。

　このような状況を受け、国土交通省も近年、一連の法改正のなかで、特定行政庁の許可・認定、また、地方公共団体の条例制定など裁量行為の拡充を図ってきており、建築行政においては「確認―建築主事・指定確認検査機関」という規制行政と「許可・認定―特定行政庁」という誘導行政の

二本立てで対応しようとしている。

　では、今日求められる建築行政とは一体どのようなものであろうか。

　それは建築行政の視点を街区単位、地区単位へと広げるとともに、地域におけるまちづくりの計画に基づいて許可や認定、またただし書きの運用等、裁量性をもった法制度体系を的確に運用することで好ましい建築を誘導したり、また公共建築物の建設を通じモデル事業を実施したり、さらには、要綱を定め地域の実情や建物の規模・性格等に応じて助成措置等を講じたりして弾力的に指導（協力要請）を行うことで、地域総体としてまちづくりのめざす方向に一つひとつの建築を導いていくメリハリのきいた建築行政の展開である。

　また、地区計画など地域からの新たな提案を前向きに受け止め対応していくなど、建築からのまちづくりをバックアップする形の、総合性を有する能動的で誘導型の建築行政が求められてきている。

　建築からのまちづくりにおける行政の役割としては、まず、地域を支援し市町村マスタープランを受け地区ごとにガイドプランの作成を促すべく、まちづくりに必要なデザイン・コードやマニュアルをまとめるとともに、この内容を事業者に対し継続的に事前PRを行いその気にさせることが必要である。その場合、受け皿として、政策目的に適合するものは補助金や低利融資等の助成措置を講じ誘導できるとさらによい。

　また、ガイドプランの内容の実現に多大な貢献をする好ましい行為に対しては、ギブ・アンド・テイクで規制を緩和したり、スポット・ゾーニングで誘導したりするなどして対応していくことも必要である。つまり、まちづくりの目標を設定し、その実現に向けアメとムチの施策をリンケージさせ、実効性の高いメリハリのきいた行政スタイルへと転換していくことが求められる。

イ　地域からのまちづくり分野

さて、地域からのまちづくりの分野としては、一体どのようなものが考えられるのであろうか。五つほど例示すると、次のようになる。

(1)　市街地整備の観点からの大規模建築物の計画的誘導

用地の取得が困難を極める大都市の既成市街地等においては、大規模建築物の建築にあわせ、公共公益的施設などを、建築施設に併設することにより複合的な土地利用を図り、都市の限られた土地を有効に高度利用する形で市街地の整備を進めていく。公共公益的施設の例としては、小公園・広場の形態での公開空地のほかに、駐車場・駐輪場、地域変電所、地域冷暖房施設、また介護センター、集会所などが考えられる。

(2)　土地の有効利用の観点からの共同化等の計画的誘導

ペンシルビルの建設など非効率な民間投資を防止するとともに、既に整備された社会資本である道路等の都市施設の効率的利用を促進するため、敷地の共同利用や一団地単位での複数の建築物の協調的な敷地利用を推進していく。

(3)　良好な市街地景観形成の観点からの建築デザインの誘導

個別に建築される建築物の建築デザインに、景観まちづくりの観点から方向を与え、街並み形成に向け協調的なデザインを誘導する。

(4)　狭隘道路整備など細街路網の計画的整備

建築行政指導によりセットバックを促し細街路のネットワーク形成を促進し、人や物のモビリティの向上と、ゆとり感をもった安全な地区環境の整備を図っていく。

(5) 住宅、防災、福祉、環境、文化、景観など、他の政策領域と連携したまちづくりの展開

① 職と住の均衡のとれた市街地整備の観点から、都心部の住宅立地誘導地区においては、建築物の中高層階への住宅立地等を誘導していく。

② 建築物の耐震・耐火性能の向上、落下物による危害の防止、ブロック塀の倒壊防止また災害に伴う避難・消防活動の円滑化、さらには防犯面にも留意し安全で安心できるまちづくりを展開していく。

③ 高齢化社会、高度福祉社会への移行に伴い、身体的弱者への対応を強めるとともに、健常者にとっても街中の移動にやさしい福祉のまちづくりを展開していく。

④ 自然の回復またうるおいのある市街地環境整備の観点から、様々な方法で緑化（表土の確保を含む）を推進していく。また、地球環境保全の観点から省エネ・省資源、廃棄物のリサイクル、公害防止などにも寄与していく。

⑤ 歴史的建造物や文化的価値の高い環境の保存・継承を図るなど歴史・文化のまちづくりに寄与していく。

⑥ 伝統的な街並みの保全、美しい都市景観の形成など、街並み景観の向上に向けたまちづくりとしての建築デザインの質的向上をめざし取り組んでいく。

ウ 地域からのまちづくり手法

建築からのまちづくりを行っていくための手法としては、いったいどのようなものがあるのであろうか。手法のタイプ別に分類整理してみると、再開発型、修復型、保全型の三つのタイプがあげられる。

まず第一に、再開発型であるが、この手法は地区・街区またはこれに準ずる大規模敷地を対象に、これを全面クリアランスして高層ビルと市街地環境の整備改善に有効なオープンスペースを生み出すなど、従前とは異な

るタイプの街をつくっていく手法である。この手法は、スーパーブロック方式と呼ばれており、アメリカ型の車中心の社会の建設を目的としたまちづくりに最もよく適合した手法であり、近代工業社会に適合した合理的な土地利用を一挙に成し遂げようとするものである。工場・倉庫跡地、貨物駅や鉄道操車場跡地、また、街区整備された都心・副都心等のオフィスビル街に向く手法である。しかし、この手法については、一挙に未来指向型の新しい都市空間の創出が可能であるため、周辺の土地利用と断絶するとともに、それが現出する空間の非人間的なスケール感に対し批判がでてきている。今後は、この手法の特徴を生かしつつ、欠点とされている歩行者空間レベルにおける人間味（縄のれん、赤ちょうちんに代表される雑踏の賑わい）の回復などに、デザイン上の工夫が求められる。このタイプの整備手法としては、特定街区、総合設計、一団地認定等の制度がある。

　第二に、修復型であるが、この手法は街路を軸に既存の街並に配慮してまちづくりを進めていく手法である。このまちづくり手法はストリート性を重視し、時代の変化に合わせながら10年、30年、50年といった単位で、漸進的に地区整備を進めていこうとする手法である。この手法は地区環境を徐々に改善していくため、土地利用の激変に対する近隣の抵抗も少なく、また、地区がもつ独特の雰囲気を過去から現在、そして未来へと継承させることが可能な、人間味あふれる整備手法でもある。大都市の既成市街地においては、現実的にはこの手法の適用対象となる地区が圧倒的に多いが、このまちづくり手法の考え方にそった、実効性ある手法の開発が遅れていること、また、この手法の宿命として、すぐにはその効果が目に見えるような形で現われてこないということもあり、この修復型のまちづくり手法はその価値が人々に十分に認識されていない面がある。現在、街並み誘導型地区計画の制度があるが、今後さらに改良を重ねわが国の伝統的な街並み構成に適合した修復型のまちづくり手法の充実と発展がまたれる。

　第三に、保全型であるが、この手法は、現状において既に良好な状態を

現出している地区の環境を維持していくための整備手法である。このタイプの整備手法としては地区計画、建築協定等の制度がある。この手法の対象となる地区は、近年、増加しており郊外部の計画開発された地区のほか、伝統的界隈性を残す地区などにおいても活用されている。

4 エリア・マネジメント

ア 持続型の協働のまちづくり

　近代工業社会も、大量生産大量消費の拡大成長型の時代を経て、少子・高齢化の進展による人口の減少、人々の価値観の多様化、欲求の高度化などに伴い、いまや生活の質の向上が叫ばれる成熟の時代に入っている。都市づくりもかつての拡大する需要に対応すべく量の供給に追われ、開発・建設が中心となり都市の成長に伴う機能の維持や発揮、また都市施設の整備が求められたフローの時代から、地域の特性をふまえ都市の環境の質や空間の構成に関心が集まり、提供されるサービスの内容が問われ、まちの管理・運営が重視されるストックの時代に移行している。そうした状況の変化に伴い都市づくりの方法・主体も、事業者を意識した行政中心の規制と事業による都市計画から、民間・市民中心のユーザーを意識した協働によるまちづくりへとシフトしてきている。

　これまで物不足の拡大成長型社会の時代にあっては、効率が重視され全国一律の基準の下、土地利用の変化に適合して適切に都市の機能を維持していくため、建築規制と補助金を活用した事業による都市施設整備という行政コントロール型の都市づくりが主流をなし、駅前広場や住宅団地また学校などにみられるように、都市づくりは標準的・画一的なものとなってしまっていた。

　時が流れ物満ち足りて社会が安定し、経済も成長しなくなり都市も拡大をやめると、人々の価値観は多様化・高度化する傾向を示し、これを受け

都市はその内部において、質的な変化をはじめる。すなわち、都市の活性化や環境・空間の向上が課題となり、地域の有する資源や地域の特性を活かし、需要を喚起する形で地域価値を高め魅力的なまちとなるべく、地域間でのまちの魅力を競い合う方向へとシフトしており、この動きを政策的に適切に誘導するタイプのまちづくりが求められている。

そうした時代にあって、建物の建設や維持管理にあたっては、地域の将来像をふまえ、まちづくりのガイドラインに沿ってきめ細かく空間をデザイン構成する形での、街並み形成が重視され、ビルトアップされた後も、地域に組織された団体等の考え方に歩調を合わせ、その一員として地域価値を維持増進すべく、建物を地域環境に沿って適切に管理運営していくことが求められる。

建物の価値を高めるためには、地域と協調したまちづくりの展開が必要で、地域の持続的発展のためには、ルールに従った個々の施設の更新だけでなく、それらの適切な維持管理、そして広報・文化活動を取り込んだ、地域プロモーションが大事となり、ハードとソフトとが一体となった広範なまちづくりの展開が必要となる。そうなると、一個の建物所有者だけではビルの付加価値を高めることは難しくなり、街のイメージ向上のために皆が力を合わせ、共通のコンセプトのもとに建物の建替や施設の維持管理、まちの運営活動等を行っていくことが重要となる。

都市が拡大しない、また経済が安定的に推移する成熟型の社会においては地域連携が重要となる。まち単位の地域間競争において、まちとしての付加価値づけを協働でどの程度行えるか、また行い続けられるかにかかっているといえる。

イ エリア・マネジメントの内容と運営組織形態

今日の都市づくりの課題の一つに、地域の管理運営いわゆるエリア・マネジメントがあげられる。国土交通省もエリア・マネジメントの重要性を

認識し、2008年3月にマニュアルを出すなどして、これを推進している。その中で国土交通省はエリア・マネジメントを「地域における良好な環境や地域の価値を維持・向上させるための、住民・事業者・地権者等による主体的な取り組み」と定義している。特定地域の価値を見出し、それを持続的に発展させていくことは、きめ細かで継続的な対応が必要とされ、その効果の発揮は基礎的自治体としての区市町村といえども難しい。地域に存する人々が自らの頭で考え、自らの手や足を使ってやっていくしかない。

エリア・マネジメントを行っていくには、まず目的を共有し、共通の行動をとるべく協定を締結し、ルールづくりを行うこと、そして運営組織を設置し、公共との補完関係を明確にすること、さらにはそのことに必要な財源と人材を確保することである。

ここでエリア・マネジメントの内容を整理すると、次の業務に分類される。

① 共通的な施設や空間といった、いわゆるハードを対象としたメンテナンス（維持管理）とマネジメント（運営管理）
　〔例〕駐・停車や路上の荷捌きの管理、照明や植栽の維持、まちの清掃や情報処理、資源・エネルギー（中水、熱）の供給など
② イベントの実施やセミナーの開催、広報など地域プロモーション活動の展開
③ まちづくりのガイドラインの作成と運用
④ 来街者用のバスの運行や屋外広告物掲出のコントロール
⑤ 苦情処理への対応と安定した財源の確保

エリア・マネジメントを行っている組織を、その性格に応じ分類すると、次の表のようにまとめられる。この結果をみると、その組織は協議会方式によるもの、NPO法人や株式会社等によるものなど、多様な形態をとっていることがわかる。

数あるエリア・マネジメント組織の中で、先駆的な取り組みを行った例としては、新宿新都心開発協議会（SKK）があげられる。この組織は東京都が進める世界的にもまれな、多心型都市構造政策を受け展開された副都心の建設にあわせ、造成後の街区にビルの建設を行う民間企業各社が集い、地区の一体的なまちづくりを進めていくため、新しいまちづくりに向けた連絡協議会として組織された。

　このような組織は今でこそ珍しくないが、当時このような組織・機構を設置することは画期的なことであった。SKKは、新宿新都心開発計画を策定するとともに、建築計画策定にあたってのガイドライン、ルールとしての建築協定を締結した。具体的には、地域冷暖房の採用、歩行者と自動車の動線分離、各街区間の空地の有機的結合、駐車場の共同化、また建築物の高さの限度を設定し、またこの後も交通アクセスの改善、風害や電波障害への対応、また街の活性化のためのイベント開催など、各種まちづくり上の問題に対処していった。

　最近の事例としては、丸の内の黄昏と揶揄され、一時は斜陽化傾向も示した東京駅前の大手町・丸の内・有楽町地区を新たな時代にふさわしく更

図表4.7　エリア・マネジメント組織の運営方式

協議会方式	NPO方式等	会社方式
新宿新都心開発協議会	大丸有エリアマネジメント協会	六本木ヒルズ運営本部
豊洲二・三丁目地区まちづくり協議会	汐留シオサイト・タウンマネジメント	秋葉原タウンマネジメント
豊洲地区開発協議会	大阪、長堀21世紀計画の会	東京ミッドタウンマネジメント㈱
晴海を良くする会	伊勢河崎まちづくり衆	横浜みなとみらい21
大阪、OBP開発協議会		青森PMO
神戸、旧居留地連絡協議会		長浜黒壁
We Love 天神協議会		飯田まちづくりカンパニー
		高松丸亀町まちづくり㈱

地域のまちづくり　133

新すべく、ビルの建替と共有空間の再生などにあわせ、まちづくり活動に取り組むNPO法人、大丸有エリアマネジメント協会の活動が特筆される。ここでは交流・環境・活性化の三つを活動の柱にして、無料の電気バス「丸の内シャトル」の運行をはじめ、まちのウォークガイドやセミナーの開催など、多くのまちづくり活動を展開している。

ウ エリア・マネジメントの将来

　さて、わが国における持続可能な協働型のまちづくり活動の、さらなる発展を願うとき、少し先を行くアメリカのエリア・マネジメントについての事例が参考になるので紹介する。

　アメリカにはエリア・マネジメントの思想が早くから根付いており、街の管理運営に対し多様なマネジメント方式が導入されている。その一つに、「特別目的地区」の制度がある。もともとアメリカは受益者負担の考え方が発達した国であるが、施設整備の水準が上がってくると、受益を受ける人とそうでない人との差が出てくる。そこで高いサービスについては一律の行政サービスとしてではなく、地域で合意した人たちだけが、自らの負担により施設を整備し管理する方式が適当ということで、この制度が導入されることなった。この制度は、一つ二つといった少数の目的を実現するために設置される地域組織において、目的遂行のための資金負担と事業運営の仕組みを地区ごとに定め、共有施設や空間の管理、街の美化や防犯のための活動が行われる。これは門と塀で囲まれた閉鎖的な住宅地、いわゆるゲーテッド・コミュニティの管理手法としても用いられており、郊外部の住宅地の多くの中産階級ファミリー層の住まいが対象となっている。共有施設の維持管理を行う、フロリダの「コミュニティ開発地区」も、その流れの中にある。

　次に、「BID（Business Improvement District）」の制度がある。これは資産の所有者から、その資産価値を基本にして強制的に負担金を徴収し、それ

を主たる財源にして様々な事業を行う方式である。運営主体は非営利団体で、都市の中心部において地域活性化のため様々な活動を行っている。例えば、植栽やフラッグ広告のコントロールを通じた景観の形成と地域維持のための資金の確保、ライトアップやイベントの実施、広報・文化活動、治安維持の活動、ホームレスの生活の維持、地域裁判所の運営等々があげられる。この「BID」制度は、都市中心部の公共空間等を活用した公共サービスの質の向上、安全で楽しいまちづくりに向けて活用される場合が多い。今日、全米で1,000を超えるBIDがあり、ニューヨークのブロードウェイ、タイムズ・スクエア地区において、治安を回復しまちを蘇らせた事例は有名である。

　最後に、「TIF（Tax Increment Financing）」の制度である。これは衰退化傾向にある地域の再生手法として活用されている。地区の財産税評価額を固定させ、その後の新たな開発による資産評価額の上昇に伴う財産税の増加分を、当該地区の開発のための財源に還元する方法により、地区の活性化を図るものである。地方政府または開発公社等の市の外郭団体が運用主体となり、開発用地の取得や公共施設の整備を行う。実際は多くの場合、あらかじめ開発による上昇分を見込み地方自治体が公債を発行、財産税の増加分は、その償還に充てる方法で運用されている。この方式は全米で多用されており、オレゴン州のポートランド市などに、いい事例をみることができる。

4 まちづくりの新しい主体と手法

　ここでは成熟期、そしてポストモダンにおけるまちづくりとして、民間セクターとファイナンスの重要性を述べることにする。

1 民間セクターの意義

ア なぜいま民間セクターなのか

　ここでは民間セクターの重要性を述べるにあたり、経済の成長拡大期の覇者、時代をリードしてきた事業者として、流通業からはダイエーを、また住宅デベロッパーとしては都市再生機構（旧日本住宅公団）を例にとって、衣・食・住それぞれの分野における活動環境の変化を事例紹介する。

[成長期の覇者「ダイエーの蹉跌（つまづき）」]

　ダイエーはなぜこんなに苦しんでいるのか？　主婦の店から大企業へと成長したダイエーであったが、顧客ニーズの変化（成熟化）に対し、その対応を誤ってしまったことがその原因の一つであろう。1960～1980年代、日本の高度成長期ダイエーは「早く安く大量に」を合言葉に消費者ニーズに応え急成長を遂げた。この時期ダイエーは流通革命の旗手としてメーカーの価格決定権を奪取し、日本一の小売業の座を占めた。しかし、その後の経営多角化戦略はバブル経済の崩壊とともに大失敗。企業再生の道を辿る。

　ダイエーに求められていたのは、事業内容の多角化ではなく、「社会ニーズの成熟化（多様化・高度化など）へのきめ細かな対応」だった。しかし、カリスマ経営者の下、指示待ち体質が蔓延、現場から離れたところで一元

的に決められる経営方針と消費者のニーズとが乖離、企業再生が必要なところにまで追い込まれてしまった。この上意下達式の官公庁を筆頭に大組織に多くみられる一元的管理システムは、皆が同じ物を求める物不足の貧しい社会において生活の基礎的物資を早く安く大量に供給していくためには大変効率のよいシステムであったが、物満ちたり社会ニーズが多様化・高度化している社会においてはその有効性が低下してしまった。

住宅デベロッパー「都市再生機構の苦悩」

住宅供給におけるわが国最大のデベロッパーである都市再生機構は、多様化・高度化する住宅ニーズを前に、その対応の仕方を改めた。すなわち、民間供給支援型賃貸住宅制度を立ち上げ自らが直接供給することを控え、取得した土地を統廃合したり基盤整備するなどして、仕立て直したのち定期借地方式で民間に提供、多くの企業に事業機会を与えるとともに、多彩な民間事業者の知恵と工夫、そして資金を活用して、成熟化する社会ニーズ（ユーザーの求め）に応える方向に転換した。この方式は民間に活躍の場を提供するということで、この後で紹介する、英国のコート政策（ウインブルドン方式）と同じ発想である。

イ 小さな政府と規制緩和

それでは民活のパイオニア、フロント・ランナー的存在である英国に例を取り、民間セクターの重要性について述べよう。英国では1979年にサッチャー氏が首相に就任するまで、英国病（社会活力の低下に伴う経済の長期停滞化傾向）という病に悩んでいた。

(1) 英国病の克服

第二次世界大戦以降1970～80年代まで、多くの先進諸国は「ゆりかごから墓場まで」という福祉国家像（ケインズ理論に基づく成長拡大する経済

社会をモデルに、完全雇用を実現するべく社会的需要を政府が管理統制する政策）を描き国家を運営してきた。このモデルは経済の成長拡大を前提とすれば有効であったが、近代工業社会が目標を達成し成熟期に入ると、経済社会はゼロサム的な傾向を帯び、社会民主主義的な国家運営が機能を発揮しなくなった。この傾向がいち早く現れたのが英国である。英国は世界の先頭を切って産業革命を達成し経済が発展、世界各地に植民地を獲得するなど、英国社会は繁栄を極めた。しかし、かつての植民地が独立し市場規模が次第に縮小、経済が飽和状態に達すると成長拡大路線が頓挫し停滞の時代に入った。しかし、英国は経済発展の果実として長いこと福祉国家のぬるま湯につかっていたため、いつしか企業も国家も旧慣行、既得権にしがみつくようになり、沈滞化し次第に老大国化し社会から活力が失われていった。原因は英国社会が近代化目標を達成し、物満ち足りた豊かな社会となったためである。国民は目標を喪失やる気をなくし一所懸命さが薄れていった。これを「英国病」という。日本でも同じことが起きている。

　英国は1970年代の終わりに新保守主義（自由、競争、自己責任）を掲げるサッチャー首相が出て、社会民主主義（平等、分配の公平志向）に基づくケインズ型の福祉国家モデルから決別、活力ある国づくりへと舵を切った。いわゆるサッチャー革命である。具体的には海外から自国に富を呼び込むため取った国家戦略は、やる気のあるプレイヤー（事業者）にコート（市場）を提供するコート政策（ウインブルドン方式ともいう）である。また、そうした措置をスピード感（迅速な意思決定や手続き）をもって実施するため、反政府的態度をとる大ロンドン庁をつぶすとともに、エンタープライズ・ゾーン（経済開発特区）を設け大胆な規制緩和（自由化）を行うなど、地域差別化政策に取り組み競争原理を働かせ民の活動を活性化させていった。そして1995年、目論見どおり英国は「ワールド・フィナンシャル・センター」として、世界の中核的な金融市場に再生した。

　サッチャー首相が先鞭をつけた民活。1980年代に入ると、アメリカの

図表 4.8　近代日本、成長から成熟への転換期の年表

西　暦	出来事など
1960年	一人当たり GNP、日本は米国の $\frac{1}{6}$、英国と仏国の $\frac{1}{3}$
1970年	一人当たり GNP、日本は米国の $\frac{4}{10}$
1971年	ドルショック
1973年	第一次オイルショック
1975年	日本人の平均年齢32歳。日本は疲れを知らぬ青年の国だった
1978年	第二次オイルショック
1979年	サッチャー首相登場 ・新保守主義（小さな政府、規制緩和、民営化）
1981年	レーガン大統領登場
1982年	中曽根首相登場
1985年	プラザ合意 （為替の管理に協調介入、基軸通貨である「ドル」を支える） ・ドル買い、公定歩合引き下げ、金融緩和へ ・内需主導型の経済運営に向け中曽根民活→東京圏は地価上昇 ・日本は一人当たり GNP でアメリカを抜く （アメリカは債務国へ転落　「ジャパン・アズ・No. 1」ともてはやされる）
1986年	原油価格大暴落 ・円高ドル安→差益（生産流通業者が吸収）で金余り→海外投資 （株価上昇、バブル経済へ（1986.11〜1991.04））
1987年	狂乱地価（日本の土地資産額アメリカの2.9倍へ）
1989年	株価史上最高（時価総額500兆円、世界の40％占める）、 東京市場世界一のマーケットへ、ベルリンの壁崩壊
1990年	株価下がり始める 大蔵省通達「土地関連融資の抑制（不動産業向け融資総量の規制）」
1991年	地価下落始まる。バブル経済崩壊、平成不況へ ソ連邦解体そして中国の台頭（世界の工場へ）
〜 2000年	（バブルの5年と失われた10年）
2001年	都市再生本部設置。2002年法施行 （02〜07年に都市再生、投資ファンドが牽引するミニバブル）
2005年	日本人の平均年齢42歳。30年前に比し10歳高まる （中年の国へ、そして高齢者の国へ歩み始める）
2008年	リーマンショック（世界同時株安、日本のミニバブル崩壊）

レーガン大統領も、また日本の中曽根首相もこれに続いたため、民活は世界の先進諸国の潮流となっていった。そして1989年にベルリンの壁が崩壊すると、その2年後の1991年にはソ連邦が解体、他の社会主義体制をとっていた東欧諸国も同時期に解体していった。なぜ、この時期に社会主義的なものが弱まっていったのかというと、これより前の1970年代にドル・ショック（米国の力の低下）と二度のオイル・ショック（第三世界の台頭）が起こり、戦後の世界経済秩序を形づくってきた、米国を中心とする通貨・金融・貿易に関する国際経済体制「ブレトンウッズ体制」が崩れていったからである。これに伴いケインズ理論に裏打ちされた社会民主主義に基づく福祉国家的国家運営が破綻をきたしたということなのである。

(2) 社会ニーズの多様化・高度化への対応

　成熟した社会において国民ニーズは多様化・高度化していくため、そうした社会においては多元的な社会構造にしていく必要がある。すなわち、官庁や民間企業等の大組織は一元的な管理運営は得意であるが、多種多様な社会ニーズへのきめ細かな対応は不得手である。そこでそうした社会ニーズへの対応が求められる社会においては、意思決定の源を多元化し、かつ、現場に近いところに置く必要がある。なぜなら大組織でよくとられる稟議方式（案が関係部所に回付され最終的にトップに上申され決定する方式）は、稟議を重ねていくと、その過程で枝葉が落とされ答えが一つに収斂し、結局は一元的な意思決定となってしまいがちで、多様化・高度化する社会ニーズに対し不適合となる場合が多いからである。価値多元化社会においては意思決定権限はなるべく現場に近いところに委ねるとともに意思決定の階層を少なくしていく必要がある。

　多様化・高度化する社会ニーズに対応していくためには、地方分権や規制緩和を進め地方政府や民間企業等が活躍できる環境をつくっていくことである。

近代社会の建設期（新しい社会づくりに向け国家が主体となる時期）、また成長期（拡大する需要、不足する物資の供給に向け国家がガイドラインをもって民間を規制・誘導する時期）ならともかく、近代化目標を達成し物あふれる社会を実現し国民のニーズもマインドも変わってしまった今日、新たな社会経済状況に適合した統治や経営管理のシステムに転換していかないと、社会は機能不全を起こし活力が失われていく。またこれが度を越すと、モラル崩壊などを引き起こし社会は病気になってしまう。

　病気を治すには自力回復が最も効果的であるが、それには社会の多元化傾向、社会ニーズの多様化・高度化をふまえ、個々人がやる気を起こし、その思いを遂げられるようなシステムへと転換していくことが重要となる。そのためには物不足の社会において「早く安く大量に」という要請にあわせ組織された、中央主導の一元的な規格大量生産型の社会システムから、地方・民間など多彩な主体が様々に活躍できる社会システムへと転換させていく必要がある。すなわち、地域の実情をふまえ中央から地方への権限委譲とともに、個人や民間企業が活躍しやすいよう全国一律の画一的な規制を緩和し、地域にあったルールづくりを進めていく必要がある、といえよう。

　これまで民活の必要性は、主として経済・財政面（不景気で活動の場を失った民間に活躍の場を分け与えたり、財政負担を軽減する観点）からいわれてきたが、その本質はむしろ社会面にあり、多元化し多様化・高度化する社会ニーズに的確に対応していくことなのである。

(3) 地方分権と民間主体

　物不足の貧しい社会を底上げするには、一定の品質水準のものを早く安く大量に供給する必要から、これまで中央が主導し標準化・規格化を進め、事業者がこれを効率的に実現すべくマニュアルに従順な金太郎飴型の人材育成と、一元的な管理運営方式は意義を有していた。しかし、今やわが国

は近代化目標を達成し物あふれる豊かな社会を実現、今日、成熟期「価値多元化社会」へと移行しており、多くの人々は多様化・高度化を前提とした次なる欲求（自我・自己実現欲求）の充足に関心が向いており、中央が号令をかけても動きにくい社会状況となっている。

　社会が多元化傾向を示し、国民ニーズが多様化・高度化する成熟期にあっては、地方分権社会と民間主導型経済が日本社会にダイナミズムを生むシステムとしてはふさわしいのではないか。物満ち足りた社会は生産者・事業者の側から消費者・生活者（ユーザー）の側へと、その重心が移行しており、高次で多彩な国民ニーズにきめ細かく対応していくためには、社会ニーズが生まれるその近くに意思決定の主体を配置する必要がある。また、ニーズが多様化しモデルが多元化してきているので画一的な規制は緩和し、地域ごとにその特性をふまえモデルを設定し、その実現に向け適切にルール設定し対応する必要が出てきている。そのためにもまちづくり面における個別具体のニーズに対応できるよう、地域の実情をふまえ地方や民間に決定権を委ね（次第にそうした動きになってはきているが）地域ごと事業ごとに工夫を凝らすことができるようにしていかなくてはならない。

2　ファイナンスの重要性

ア　背景

　民間で事業を行うとなると資金調達がテーマとなる。これまで企業の資金調達方法の主流はコーポレート・ファイナンス（企業が自身の信用力と事業用の土地を担保に、地価の上昇を当て込み金融機関より融資を受け、事業展開を図る方式）にあった。しかし、バブル経済の崩壊により「地価は下がることなく必ず上がる」という土地神話が崩壊。この方式が機能しなくなったため、今度は事業ごとにその収益性を評価判断し対応する方式、い

わゆるプロジェクト・ファイナンスの重要性が高まってきた。その背景を整理すると、次の通りである。

(1) 土地本位経済の終焉

右肩上がりの成長拡大型社会が終わり、成熟期において地価は小刻みに上下しながら推移するのが常態となった。こうして右肩上がりの地価上昇、すなわち、キャピタルゲイン（地価上昇に伴う差益）を期待した事業手法は通用しなくなった。これまではいけいけどんどんで元気よく事業を進めていれば、事業上の多少の失敗は景気拡大と地価上昇が飲み込んでくれた。しかし、これからはそれが期待できないということで、プロジェクトごとにその収益性を評価し対応していく必要がでてきた。

(2) 企業、金融機関の体力と信用力の低下

わが国においては長いことキャピタルゲインを期待した対応がとられてきたため、事業者サイドにおいて資金調達方法に幅が少ないことや、事業収益性についての目利きが少なく、市場対応能力が低下している。

そこでプロジェクト評価にあたり、海外も含めた投資家の参入を仰ぎ、事業内容の当否を投資家を通じ市場が判断するようにかわってきた。

(3) 世界の常識、収益還元方式への転換

社会経済の構造変化の進展に伴い、地価上昇といういわば外部経済を内部化させキャピタルゲインを得る方式から、プロジェクト自身の魅力で付加価値を創出し対応する方式へとビジネスモデルが転換した。すなわち、事業者がやりたいビジネスではなく、社会ニーズ（消費者、生活者、ユーザーの求め）にあった、いわば公益創出型のビジネスへと切り替わってきている。

(4) 都市開発事業は大規模で長期なビジネス

　都市再開発等の大規模な開発ものは投資する資金の量が多く、事業期間も長くなるため資金投資のリスクが大きい。企業の信用力と体力（担保となる土地資産価値の低下など）が落ちてきた今日、従来のようにコーポレート（企業の自己資金と銀行融資）で事業資金を調達する方式は次第に困難になってきている。

　都市開発のような長期・大規模な事業を民間が手がけるとなると、銀行一行ということではなく多様な金融リーダーに事業参画を願い連携することで、リスクの分散を図る必要も出てきている。逆にいうと、ポートフォリオ的考え方で上手にリスク分散ができないと、大型の都市開発はしにくくなってきているということである。そこで民間都市開発が円滑に事業展開できるよう、民間同士が協働化したり公共と連携する手立てが求められてきている。

(5) 都市開発の方法の多様化

　成熟期を迎え都市空間の質の向上というニーズに対しては、新規建設や既存物件の建替更新だけでは対応しきれない。そこでリニューアルやコンバージョンにより、不動産価値を高める修復・改善型の都市開発のウエイトが高まってきている。

　修復・改善型の都市開発手法は、成熟期において都市空間の質の向上を図る都市再生の有力な手段とみられているが、このような開発方式に対しては容積率ボーナス制度は効きにくいし、また波及効果が弱いため、補助金も出しにくい。こうした手法に対する支援策としては税制まで含めた金融工学の出番と考えられている。

イ　プロジェクト・ファイナンスの意義

　キャピタルゲインが得られないこともそうだが、都市開発の主体が官か

ら民へと変わり、これまで官が担ってきた事業を民が担うようになると、民間ビジネスとしてのリスク管理が大きな課題となる。

今やキャピタルゲインを期待して、金融機関から融資を引き出すこともできないし、資産デフレで会社の信用力に依拠して融資して（コーポレート・ファイナンス）もらうこともできにくくなっている。

そこで、資金調達の方式をコーポレート・ファイナンスからプロジェクト・ファイナンスへとその比重を移し、投資家の参画を仰いでポートフォリオなど証券化の手法を活用しリスク分散を図るなど、適切な事業スキームの構築が課題となってきている。

これまで日本におけるプロジェクトの推進方式は、コーポレートとしての企業が事業用の土地を担保に、その信用力によって金融機関より資金提供（融資）してもらい、地価の上昇を前提に事業展開を図ってきた。

高度成長期そしてバブル崩壊までは右肩上がりの地価上昇がつづき、キャピタルゲインが容易に得られるため、当然のこととしてリスク管理能力も磨かれず、テナントのリーシング力も発達しなかった。これまでは不動産のホルダーがリスクを背負い、どんぶり勘定で対応してきたというのが実態である。銀行等の融資団も企業の信用力というよりも、土地を人質（抵当）にとってコーポレート・ファイナンスにより対応してきた。いわばわが国は土地本位制ともいえる市場経済システムに依拠してきたのである。このような時代は、いけいけどんどん大きいことはよいことだ式の企業が評価された。しかし、時代が変わり、そうした方式を採用する事業者はその多くが頓挫した。

バブル経済の崩壊で地価が下落すると、高値で取引された土地は不良債権化し、土地は人質の役割を果たさなくなった。いや、むしろやっかいなものとなったとすらいえる。これまでは土地本位制経済の下、経営判断上のミスを上回るほどのキャピタルゲインをあげてきたため、収益性についてはそれほど気にされないできた。しかし、地価の下落・不安定化とともに

土地に頼る企業は経営力や事業収支構造の脆弱性が露呈、企業信用力も土地の抵当力の低下とともに落ち、銀行団も企業融資を控えるようになると、事業の収益性向上の必要性が叫ばれるようになった。

バブル経済の崩壊以降の地価の長期にわたる下落と安定化に伴い、企業の体力と信用力は低下、金融機能の低下も手伝って事業環境は様変わりし、土地担保主義や企業評価主義は後退、一つひとつのプロジェクト単位に事業内容をしっかりと審査評価し、優良なものだけ対応していこうとする社会マインドが形成されるようになった。これがプロジェクト・ファイナンス成立のバックグランドである。

プロジェクト・ファイナンスは、ゼロサム的な傾向を帯びる成熟期、地価安定化時代における付加価値創出型の事業方式、ファイナンス方式であり、事業が生み出す価値と事業展開に伴うリスクを関係者間でしっかりと認識・評価し、これを適切に管理していこうとするものである。

3 成熟社会におけるまちづくりのトレンド

(1) サスティナブル

持続可能なまちづくりとして、地域の自然や歴史、文化をふまえ共生的にまちづくりしていく内容をもつもの。例えば、地球温暖化につながる二酸化炭素の削減など、環境の枠組みを変えてしまうほどに環境負荷の大きな都市開発や都市活動を抑制すること。また、これまで馴れ親しんできた歴史的伝統的環境の継承に留意してまちづくりを進めること。さらには、一部の大規模複合開発にのみ目を奪われないで、その他大部分をカバーする普通の地域においては漸進的なまちづくりとなるので、地域の特徴をよく見定めて課題設定しその個性を活かす方向で、まちづくりしていくこと。
〔例〕耐震化、不燃化、省資源省エネルギー化、バリアフリー化、リフォーム・コンバージョン、街並み景観の保持と形成

(2) まちづくり住民提案制度（都計法第21条の2〜5）

　これまで長いこと都市計画の案の作成はもとより、その決定権も行政のみにあった。それが昭和43年に制定された新都市計画法では、地域地区など基本的な都市計画や広域的・根幹的な都市施設などは都道府県知事（平成12年からは都道府県）、その他の地域に密着した都市計画は市町村が都市計画の決定を行うこととし、国に関わるものや重大な要件を持つものは国土交通大臣といったように、役割分担が図られた。しかし、いずれの場合も計画から事業化に至るまで行政が中心となって進められてきており、住民に対しては計画がほとんど固まった後に説明を行うことが多かった。このため、住民の考えも都市計画に反映される余地や機会は少なかった。

　しかし、昭和50年代から60年代にかけて、公害をはじめとする環境問題等の発生と激化により、住民の意識が高まり都市計画の民主化が求められ、住民への説明と都市計画案に対する住民意見を聴くプロセスが重要視されるようになってきた。公共事業を進めるにあたっても、事前の説明が義務づけられるようになり、都市計画の決定にあたっても住民説明の結果を都市計画審議会に報告するようになった。そして平成14年の改正においては街づくりに関する都市計画の提案制度が創設され、住民の意向を組み入れた都市計画を定める道が切り開かれた。これは住民個々の意見ということではなく、地権者同意のもと都市計画が具体に計画され行政庁に提案されたときは、行政側もこのことを真剣に受け止め検討の結果を提案者に知らせるなど、経過手続きの透明性の確保が義務づけられた。また、これまで都市計画の専門家やNPOは協力者でしかなかったが、関係者の一員に加わることになった。

(3) コート方式の採用・拡大

　公共事業としての施設の建設・運営をPFI方式、指定管理者方式、定期

借地方式で民事業者に委ねる方法。公的機関が取得した土地に対し民間において容易にビル建設できるよう基盤施設を整備したり、土地を統廃合するなどして仕立て直し、そののち民間事業者に土地を分譲また賃貸して開発（建設運営）を促す方式。これは民間同士（土地所有者とデベロッパーという関係で）でも行われる。

(4) コンバージョン、リフォーム方式の拡大

　投資コストの大きい新規建設ではなく、比較的小さな投資で効果を発生するコンバージョン方式を活用した、リニューアル更新により事業対象となる建物の質の向上、付加価値付けを図るプロジェクトも増えている。

　外資ファンドは中古ビルを取得、これにリニューアル投資して付加価値付けを行ったのち一定期間運営（5〜10年間所有、賃貸化）して手放す、不動産付加価値創出増進型の（ストックに投資して仕立て直し、資産価値を増進し収益をあげる）ファンド・ビジネスを展開している。

(5) プロデューサー・デザイナーの参画

　マニュアルにない新しいタイプのまちづくりを行う場合、クリエイティブ・スタッフとして異なる分野から情報の受発信力の高いプロフェッショナルを集めチームを編成し、ライフスタイルや生活イメージ、また地域のポテンシャルなど社会ニーズや地域ニーズを分析する形でコミュニケーションしてもらう。その中から魅力的なコンセプトを打ち出し、生活像に基づく空間イメージを確立、それを実現すべく力量ある複数のデザイナーを起用し、彼らの協働によりガイドラインとデザイン・コードを設定。これに基づきモデルデザインを作成し、インターネットなどでユーザーとコミュニケーションしデザイン・チェックを行い、これに必要な修正を加え具体的な方向を確定する。

(6) 金融工学の活用（リスク管理）

　大規模で長期にわたるプロジェクトについては、資産をオフバランス化し企業本体からは切離し、SPC（特別目的会社）を立ち上げ、事業資金を投資家から募りポートフォリオ方式で適切にリスク分散を図り、事業を促進する方式が主流となっている。

　企業が所有する資産の価値を増進すべく投資会社が当該企業に不動産開発を促すため、優良資産を保有する企業に対しM&Aを仕掛ける投資ファンドも現われてきている。企業買収まで行かなくても、戦略として魅力ある資産を保有する企業の株を一定程度取得したのち、不動産開発事業の実施を迫る方法もある。

第5章

都市整備のシステム

1 都市整備の仕組み

1 都市計画の役割と機能

　欧州では中世都市から近代都市へという動き（産業革命、工業化・機械化、都市化）の中で、物の生産と流通に適した都市活動効率のよい機能的な産業都市の建設、災害や公害のない安全で健康的なまちづくりが求められ、それを実現する技術として都市計画が発展してきた。近代都市計画は社会の工業化を背景に、機械文明の成果をふまえるとともに、その弊害を除去しながら、人口・産業の増加、都市機能の集積、宅地・建物需要に対応し、社会的に必要となる都市施設としての公共公益施設の整備を的確に行う役割を担った。

　一方戦後のわが国においては、高度成長期に急拡大した都市整備需要に対応するため、従来からの建築コントロールとしての用途地域等の制度に加え、市街化区域・市街化調整区域の区域区分の制度を導入し、開発コントロールを行う一方、都市施設や市街地開発事業の整備プログラムを示すなどして、都市の成長管理（フレームとゾーニングによる幅広のコントロール）を行ってきた。具体的には、都市計画における人口、産業、土地利用のフレーム設定と、公共施設整備と整合のとれた段階的な市街地開発、そして既成市街地における土地利用の変化に柔軟に対応できるよう制限用途の幅が広い用途地域制度の採用などである。既成市街地については、土地高度利用への要請に対応し密度・形態制限を合理化し、絶対高さ制限から容積率制限、斜線制限方式へとシフトし、地域ごとの需要に対応して都市計画は、その手立てを追加・変更する形で機能を果たしてきた。

図表5.1　都市計画制度の役割と内容

制度等	役割・内容
上位計画との整合	社会経済計画、国土・地方計画、防災・環境計画など
マスタープラン	目標像の明示、都市計画フレームの提示、都市計画の実現手段相互の間の調整（土地利用と都市施設整備）
線引き（市街化区域・市街化調整区域の区分）	成長拡大する都市を前提に、開発等を制御し段階的な市街化を誘導（急傾斜地、優良農地の開発抑制、都市基盤整備と整合）
色塗り（用途地域などの地域地区）	建築等の規制誘導、機能分化、用途純化（都市活動の利便性発揮と居住環境の保全）
都市施設の計画と整備プログラム	公共・公益施設の計画的な配置と整備、都市施設整備と土地開発（用途・容積）との整合
市街地開発事業	都心部の再開発と郊外における住宅市街地開発など（権利変換・共同化、区画整理・換地、事業収用・転出）
特定街区、総合設計	民活によるスーパーブロック型での街区・大敷地の整備
地区計画	地域特性に対応、規制誘導できめ細かな身近なまちづくりを展開

2　都市整備の体系

　近代の欧州における都市づくり、とりわけその中核部分としての成長拡大期における都市整備のシステムとしては、産業革命による生産の拡大・景気拡大をふまえ、都市には所得やビジネス・チャンスを求め人口・産業が集中し、市街地が外延的に拡大していった。こうした状況を背景に組み立てられたのが近代都市計画である。この時代、経済合理性の高い効率的な産業都市の整備が求められ、都市はあたかも生産工場のように見立てられ機能の効率的な発揮が求められた。

　一方、わが国においては都市の成長拡大に伴い土地利用が変化していく状況をふまえ、都市の健全な発展と秩序ある整備を図り、健康で文化的な都市生活と機能的な都市活動を確保すべく、都市の動きに合わせ土地利用を適正に制御するとともに、適切に都市施設を整備していくための都市整

備システムが整えられていった。

　まず、市町村ごとに地域状況をふまえて都市建設の構想が策定され、この中で都市構造や土地利用の基本的方向が明示される。次に、市街地にあっては地域・地区の構成と土地の利用密度や建物の形態がイメージされ、これを受けて土地利用の規制や都市施設、市街地開発事業にかかる都市計画が策定された。また、時代の流れによる土地利用の動きなどをにらみ、これと整合をとる形で順次、都市施設の整備や市街地の開発事業が展開できるよう、その開発整備のプログラムが示された。具体的には、都市計画には欠かせない用途地域の整備や道路、公園、下水道などにかかる都市施設の配置・規模の計画のほかに、地域の状況により防火地域や特別用途地区、高度地区また地区計画などの補完的な都市計画が策定された。

　都市計画法には都市計画の種類が明示されており、このうちから当該都市にとって必要な種類のものを選択して定めることになっている。都市計画が法の手続きを経て決定されると、土地利用関係の技術的内容については主として建築基準法上の建築基準となり、これが強制力を持つことになる。また、都市施設や市街地開発事業については事業化に向け建築制限が働くようになるとともに、事業施行の認可がなされると土地収用が可能となる。個々の都市計画の策定方法としては、これまでは政令や通達で計画標準や設計基準が示されていたが、今日では都市計画事務は自治事務として位置づけられたため、国は都市計画決定権者である地方公共団体に対し、その基準をガイドラインとして示している。さらに、建築物や都市施設が建設の段階を迎えると、それぞれ建築基準法やJIS、JASまた学会基準に基づく設計施工上のマニュアルが関係してくることになり、これらに従って建物や施設がつくられる仕組みとなっている。

図表 5.2　近代都市整備の考え方

事項	内　　容
背景	都市の拡大 （産業の発展と人口の集中、市街地の外延化への対応）
目標	機械文明の下、工業社会化をふまえた経済合理性の高い都市づくり
コンセプト	産業都市
理念	機能効率の発揮（住み働き憩う、円滑に移動）
テーマ	都市活動の利便性向上と、安全で衛生的な環境の形成
キャッチフレーズ	早く安く大量に
都市構造	多心多核型都市構造 （都心、副都心、核都市、流通センターの配置） 道路・鉄道の高速・大容量化 （高速道路・幹線道路／路面から地下化、相互直通・快速運転、複々線化）
都市空間の構成	機能分化・用途純化、碁盤の目状の市街地整備、大街区化・低密度化
モチーフ	画一、均一 標準化・規格化（ユニット、モジュール）、段階構成
都市計画システム	都市整備に向け法制度による規制誘導と事業の実施 法で必要な整備メニュー図表 5.6 を示し、都市の状況に応じて選択。メニューの使い方は国が自治体に通達という計画ガイドラインを示す。
建設システム	国の指針・基準、JIS、JAS、学会基準という設計施工マニュアルに従う 〔例〕 • 道路・駅前広場、公園・緑地、区画整理・再開発、宅地造成・開発 • 上・下水道施設、清掃工場など供給処理施設の整備 • 商店街（○○銀座）、学校（北側廊下、南に四間五間の教室）、住宅団地（2 DK の間取り）、戸建住宅（プレファブ）、工場・事務所（鉄骨部材、PC パネル、カーテンウォール）、商業施設（チェーン店、フランチャイズ化）

3 都市づくりの目標とその実現

では、ここで都市づくりのための具体的なプラン策定についてみてみよう。

ア 目標体系

(1) 都市づくり構想（ビジョン）の策定

首長が市民や関係者に対し将来都市像として都市のイメージを提示するため、20年ほど先を見据えて都市のグランドデザインを描く。

すなわち、都市づくりの理念を示した上で環境の保全や生活の向上また産業の活性化などに向けて、都市の将来展望に基づき都市づくりの目標を設定するとともに、整備の方向を明示する。また、あわせて都市の骨格的な構造や都市の構成イメージを提示する。

(2) 都市戦略計画（プロジェクトプラン）の策定

次いで都市づくりの理念・目標を効果的に達成していくため、都市づくりにあたっての起爆剤、牽引車またシンボル、モデルとなるような重要なプロジェクトや主要な施策を体系だててとりまとめたもの。都市構造の再編・更新など都市の骨格形成に影響を与えるようなプロジェクト、また都市の構成や都市づくり推進のための効果的で重要な施策を内容とする。

(3) 都市基本計画（マスタープラン）の策定

都市づくりの目標と方向を受け10年単位ぐらいの長期の視点に立って、その到達点を具体的に体系だててまとめて示す。

この計画は、都市基本計画の中核となる土地利用計画のほか総合交通体系、施設整備計画、地域開発計画、防災・安全計画、環境保全計画、景観形成計画など都市づくりの各分野における取り組みの基本的な考え方や対

応方策、また主要な施策事業を網羅した内容となる。

(4) 都市整備プログラムの策定

都市施設の整備、市街地の開発、防災・環境の保全など、整備・開発・保全事業に係る事業主体が計画目標期間において、いつどこで誰が何をどのようにしていこうとしているのか、5年、10年の単位で、具体的に事項、場所、事業内容、事業主体、事業手法、整備手順などを行動プログラムとして明示する。

(5) 都市づくりの実施計画（事業計画・推進計画）の策定

土地開発の誘導や街路整備また市街地開発や環境保全のための事業の展開方向を、3か年程度のタイムスパンをもって各年度ごとの予算措置等をにらんで示される事業や施策等の実施計画（アクションプラン）をまとめる。

イ 実現手段

上述した各々の計画の実施にあたっては、行政・住民・企業等がその役割と責務に応じて都市づくりを適切に分担するとともに、総力を結集して目標の実現に取り組んでいくこととなる。

しかし、計画の実現には目標を効果的に実現していくための手立てが必要である。今日、都市づくりを実現する手段としてとられている手法としては、施行者として直接建設する事業手法のほか、規制、誘導、指導、助成、課税、負担金等の間接的な手法がある。

都市づくりの目標を効果的に実現していくためには、状況などに応じ適切にこれらの手法を選択しまた必要に応じて巧みに組み合わせるなどして、的確に実施していくことが肝要となる。

ではこれらの手法について個別にみていこう。まず第一に事業手法であ

るが、これは公的機関などが施行者になって、土地を買収または交換するなどして事業を施行し、積極的に都市計画を実現していこうとするものである。都市計画道路・公園・下水道等の整備事業また土地区画整理事業、市街地再開発事業等がこれにあたる。

第二に、規制手法であるが、これは土地取引や開発行為また建築行為に対し制限を設け、好ましくない土地利用を未然に排除するものである。法定手法としては、土地取引の届出制度、開発許可制度及び地域地区制度等がこれにあたる。

第三に、誘導手法であるが、これは容積率の割増などのインセンティブを与えることによって、目標実現に向け好ましい建築行為などを誘導するものであり、特定街区制度、再開発等促進区に係る地区計画制度また総合設計制度等がこれにあたる。

第四に、指導手法であるが、これは法の不備・不足や法が明確に規定していない部分を補い、行政が条例等を定めるなどして、これに基づいて事業者を指導することにより、開発行為や建築行為を望ましい方向へもっていこうとするものである。開発事業（公共公益施設の整備など）並びに中高層建築物（紛争調整など）、大規模建築物（住宅の附置など）、集合住宅（駐車場・空地の設置、緑化など）及びワンルーム・マンション（生活公害の防止措置など）等に対する行政指導がこれにあたる。

第五に、助成手法であるが、これは法定事業手法に付加したりまたは制度要綱などでその不足を補い円滑に事業を進めていくため、民間建築活動など任意なまちづくりの動きを、補助金の交付や低利融資などにより政策的に誘導し、建築物の不燃化、敷地の共同化、空地の整備また住宅建設等の行政目的を達成しようとするものである。制度要綱に基づく手法としては、都市防災不燃化促進事業、住宅市街地総合整備促進事業、優良建築物等整備事業等がこれにあたる。

第六に、課税手法であるが、これは応能応益負担により都市整備財源な

どを調達するとともに、経済的負荷（または緩和）をかけることによって、間接的に政策目的に沿った土地利用を促すものであり、固定資産税、都市計画税、特別土地保有税、事業所税、所得税等の賦課がこれにあたる。

最後に、以上に掲げた手法のほかに、財源調達の趣旨から下水道整備に導入されている受益者負担金制度、都市の成長管理などの趣旨から大規模な開発事業や建築行為に対し導入されている寄付金制度がある。

ウ 組織・機構

都市づくりを担う組織・機構としては、まず国として国土交通省が法制度の立案制定とともに、国家予算の配分（補助金の分配など）を通じ都市施設整備や市街地開発など事業執行等を誘導支援している。

これを受け都道府県においては、例えば東京都の場合、都市づくり構想の策定など基本的な都市政策にかかわる部分を企画部門が行い、これをふまえて都市整備部門が都市計画のマスタープランを策定し、広域的及び根幹的な都市計画の決定と大規模な建築物の規制誘導を行っている。また、根幹的な都市施設の整備については、建設部門において事業を施行している。

さらに、地域に即した都市づくりのマスタープランの策定と都道府県が行う以外の都市計画の策定、また比較的小規模な建築物の規制誘導と都市施設・市街地開発事業の施行については区市町村の都市整備・まちづくり部門が行っている。

2 都市計画の体系と枠組み

1 法体系

ア 空間計画の法体系

次に、都市づくりに関係する法定計画の体系について、広域のものから順に紹介しよう。まず第一に、国土レベルであるが全国的スケールのものとしては国土形成計画＜全国計画＞と、それを土地利用面から裏づける国土利用計画＜全国計画＞がある。

第二に、大都市圏レベルのものとしては東京を例にとると、一都七県を対象とした首都圏整備計画がある。これは圏域を大都市中心部と周辺地域とに分け、中心部の大都市区域を一都三県と茨城南部からなる東京大都市圏（東京中心部と近郊地域）としてくくり、この区域を対象に東京都心部のまわりに広域連携拠点としての五つの業務核都市を配置し、これを中心にして自立都市圏を整備することで、東京に過度に集積する都市機能を大都市圏全体として分担し、環境と共生する安全な首都圏として均衡のとれた広域多核都市複合体の建設をめざす内容となっている。

第三に、都道府県レベルでは、土地利用区分ごとに土地利用の数値目標が示される国土利用計画と、行政区域を都市、農業、森林、自然公園及び自然保全の5地域に区分し地域の土地利用の方向を示すとともに、土地取引規制や遊休土地認定の目安としている土地利用基本計画がある。都市計画区域は、この土地利用基本計画に定められた都市地域の範囲内で指定されることになっており、そのほか都市計画区域についての整備、開発、保全の方針である＜都市マスタープラン＞がある。

また、市町村レベルでは市町村の建設に係る基本構想と、それを受けた形での国土利用計画＜市町村計画＞と都市計画に関する基本的な方針＜市町村マスタープラン＞がある。
　これらの計画は相互にあらかじめ調整が図られるとともに、下位計画は上位計画に適合しなければならないことになっている。参考までに、大都市における都市整備の仕組みを図表5.3に掲げる。

イ 都市計画の法体系

　以上が都市を取り巻く都市計画の基本的な法体系であるが、次に都市における都市づくりに関係する法律を紹介しよう。
　まず、都市づくりに係る基本的・中核的な法律として都市計画法がある。
　また、これに密接に関係する法律として、土地利用の実現に向けた建築行為を規制誘導するものとして建築基準法がある。このほかにも、それぞれの目的に応じ各種土地利用に規制を加える個別規制法として駐車場法（駐車場整備地区）、港湾法（臨港地区）などがある。つづいて都市施設の整備にあたっての構造基準や、事業の執行と完成したあとの管理方法を定めた法律として、道路法、都市公園法などがある。さらに、市街地を秩序だて面的に開発整備していくため、その事業展開の手順と方法などを定めた法律として土地区画整理法や都市再開発法などがある。
　都市計画法を中核としたこれら都市計画関係法の体系を図5.4に掲げておく。

図表 5.3 大都市における都市整備の仕組み（概念フロー）

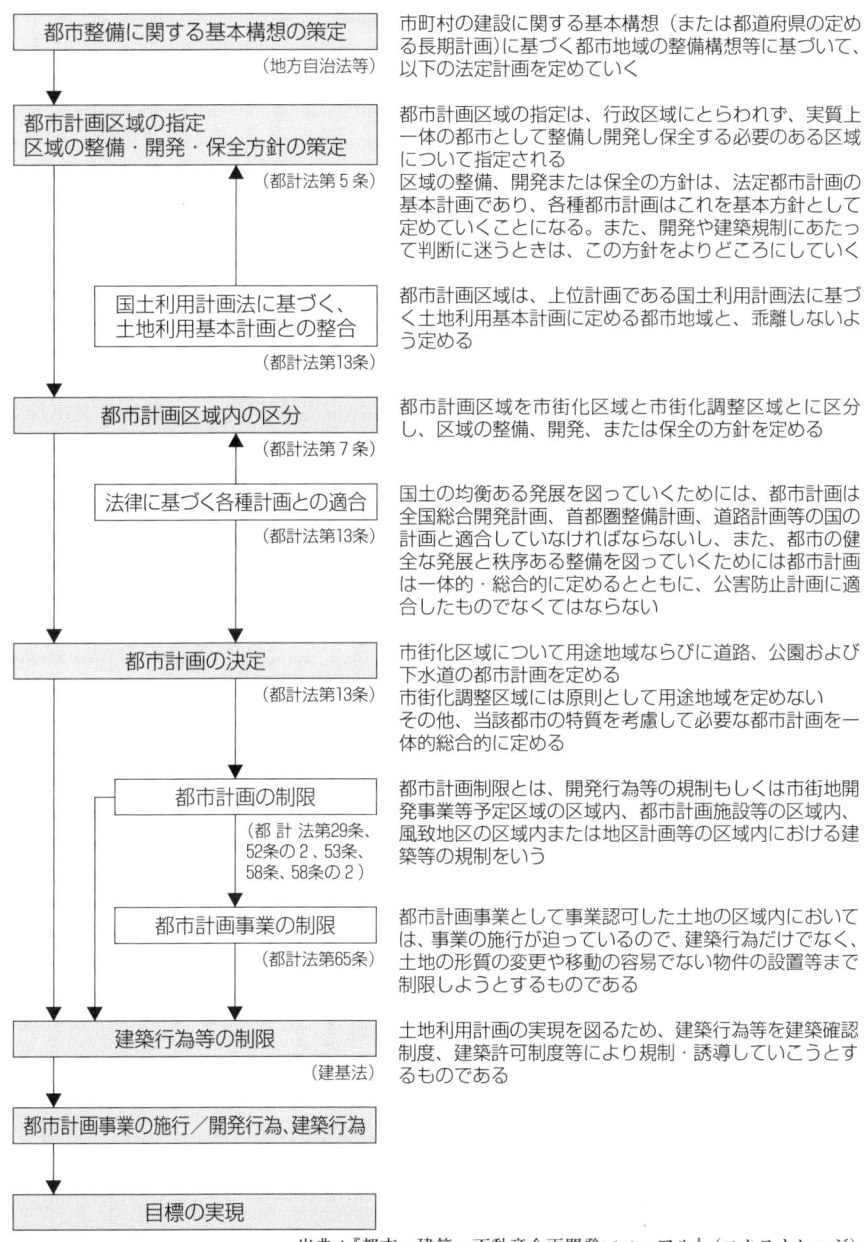

都市整備に関する基本構想の策定（地方自治法等）	市町村の建設に関する基本構想（または都道府県の定める長期計画）に基づく都市地域の整備構想等に基づいて、以下の法定計画を定めていく
都市計画区域の指定／区域の整備・開発・保全方針の策定（都計法第5条）	都市計画区域の指定は、行政区域にとらわれず、実質上一体の都市として整備し開発し保全する必要のある区域について指定される 区域の整備、開発または保全の方針は、法定都市計画の基本計画であり、各種都市計画はこれを基本方針として定めていくことになる。また、開発や建築規制にあたって判断に迷うときは、この方針をよりどころにしていく
国土利用計画法に基づく、土地利用基本計画との整合（都計法第13条）	都市計画区域は、上位計画である国土利用計画法に基づく土地利用基本計画に定める都市地域と、乖離しないよう定める
都市計画区域内の区分（都計法第7条）	都市計画区域を市街化区域と市街化調整区域とに区分し、区域の整備、開発、または保全の方針を定める
法律に基づく各種計画との適合（都計法第13条）	国土の均衡ある発展を図っていくためには、都市計画は全国総合開発計画、首都圏整備計画、道路計画等の国の計画と適合していなければならないし、また、都市の健全な発展と秩序ある整備を図っていくためには都市計画は一体的・総合的に定めるとともに、公害防止計画に適合したものでなくてはならない
都市計画の決定（都計法第13条）	市街化区域について用途地域ならびに道路、公園および下水道の都市計画を定める 市街化調整区域には原則として用途地域を定めない その他、当該都市の特質を考慮して必要な都市計画を一体的総合的に定める
都市計画の制限（都計法第29条、52条の2、53条、58条、58条の2）	都市計画制限とは、開発行為等の規制もしくは市街地開発事業等予定区域の区域内、都市計画施設等の区域内、風致地区の区域内または地区計画等の区域内における建築等の規制をいう
都市計画事業の制限（都計法第65条）	都市計画事業として事業認可した土地の区域内においては、事業の施行が迫っているので、建築行為だけでなく、土地の形質の変更や移動の容易でない物件の設置等まで制限しようとするものである
建築行為等の制限（建基法）	土地利用計画の実現を図るため、建築行為等を建築確認制度、建築許可制度等により規制・誘導していこうとするものである
都市計画事業の施行／開発行為、建築行為	
目標の実現	

出典：『都市・建築・不動産企画開発マニュアル』（エクスナレッジ）

2 都市計画の枠組み

ここでは都市計画法に基づく「法定都市計画」の基本的枠組みについて述べることとする。

ア 都市計画法の目的・理念等

都市づくりを行うにあたって、その基本となる法律として「都市計画法」がある。

都市計画法は、都市の健全な発展と秩序ある整備を図り、もって国土の均衡ある発展と公共の福祉の増進に寄与することを目的に、都市計画の内容とその決定手続き、都市計画制限、都市計画事業、その他都市計画に関して必要な事項を定めている。

また、同法にいう都市計画とは、「土地利用、都市施設の整備および市街地開発事業に関する計画」と定義し、都市計画の基本理念として、①農林漁業との健全な調和、②健康で文化的な都市生活及び機能的な都市活動の確保、③適正な制限のもとに土地の合理的な利用を図ることをあげている。

さらに、法の性格をみると、①都市計画に占める位置という観点からは、図表5.4に示すように都市計画法体系の中核を占め個別法を包括する基本法であること、②都市整備に果たす役割という観点からは、個別の規制法、事業法また管理法に対し計画法として位置づけられること、③都市計画の定め方という観点からは、法が都市計画の具体的内容を定めず都市計画のメニューを示し、具体的な内容は都市計画決定権者の裁量に委ねていることから、手続法として位置づけられること、④都市計画事業の施行という観点からは、施行者（個人、組合等）や施行方法（減歩、権利変換等）の特則を定める土地区画整理法、都市再開発法等に対し、都市計画事業施行の一般的な条項を定めていることから、都市計画事業施行の一般法とし

図表 5.4　主な都市計画関係法制

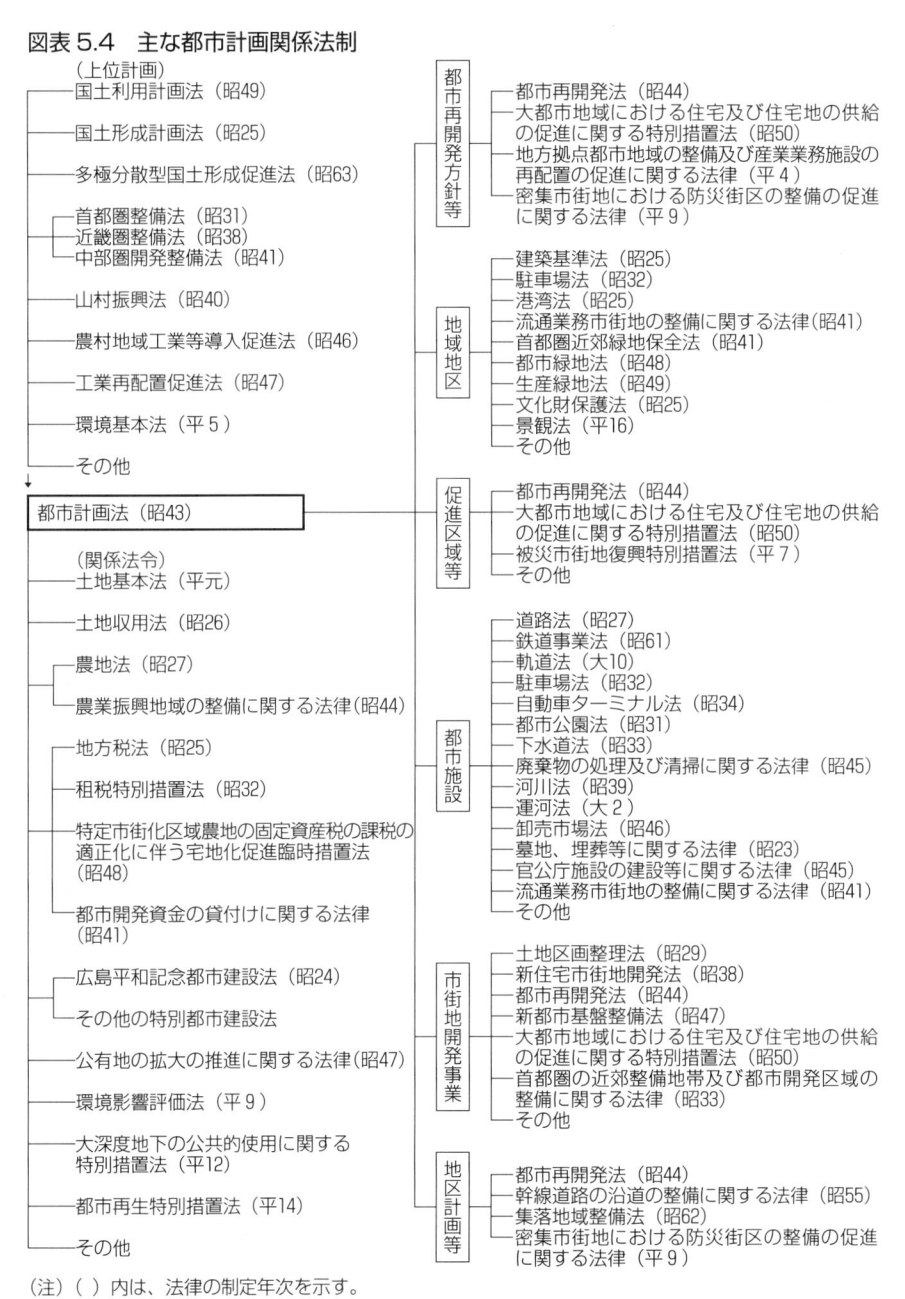

（上位計画）
- 国土利用計画法（昭49）
- 国土形成計画法（昭25）
- 多極分散型国土形成促進法（昭63）
- 首都圏整備法（昭31）
- 近畿圏整備法（昭38）
- 中部圏開発整備法（昭41）
- 山村振興法（昭40）
- 農村地域工業等導入促進法（昭46）
- 工業再配置促進法（昭47）
- 環境基本法（平5）
- その他

↓

都市計画法（昭43）

（関係法令）
- 土地基本法（平元）
- 土地収用法（昭26）
- 農地法（昭27）
- 農業振興地域の整備に関する法律（昭44）
- 地方税法（昭25）
- 租税特別措置法（昭32）
- 特定市街化区域農地の固定資産税の課税の適正化に伴う宅地化促進臨時措置法（昭48）
- 都市開発資金の貸付けに関する法律（昭41）
- 広島平和記念都市建設法（昭24）
- その他の特別都市建設法
- 公有地の拡大の推進に関する法律（昭47）
- 環境影響評価法（平9）
- 大深度地下の公共的使用に関する特別措置法（平12）
- 都市再生特別措置法（平14）
- その他

都市再開発方針等
- 都市再開発法（昭44）
- 大都市地域における住宅及び住宅地の供給の促進に関する特別措置法（昭50）
- 地方拠点都市地域の整備及び産業業務施設の再配置の促進に関する法律（平4）
- 密集市街地における防災街区の整備の促進に関する法律（平9）

地域地区
- 建築基準法（昭25）
- 駐車場法（昭32）
- 港湾法（昭25）
- 流通業務市街地の整備に関する法律（昭41）
- 首都圏近郊緑地保全法（昭41）
- 都市緑地法（昭48）
- 生産緑地法（昭49）
- 文化財保護法（昭25）
- 景観法（平16）
- その他

促進区域等
- 都市再開発法（昭44）
- 大都市地域における住宅及び住宅地の供給の促進に関する特別措置法（昭50）
- 被災市街地復興特別措置法（平7）
- その他

都市施設
- 道路法（昭27）
- 鉄道事業法（昭61）
- 軌道法（大10）
- 駐車場法（昭32）
- 自動車ターミナル法（昭34）
- 都市公園法（昭31）
- 下水道法（昭33）
- 廃棄物の処理及び清掃に関する法律（昭45）
- 河川法（昭39）
- 運河法（大2）
- 卸売市場法（昭46）
- 墓地、埋葬等に関する法律（昭23）
- 官公庁施設の建設に関する法律（昭45）
- 流通業務市街地の整備に関する法律（昭41）
- その他

市街地開発事業
- 土地区画整理法（昭29）
- 新住宅市街地開発法（昭38）
- 都市再開発法（昭44）
- 新都市基盤整備法（昭47）
- 大都市地域における住宅及び住宅地の供給の促進に関する特別措置法（昭50）
- 首都圏の近郊整備地帯及び都市開発区域の整備に関する法律（昭33）
- その他

地区計画等
- 都市再開発法（昭44）
- 幹線道路の沿道の整備に関する法律（昭55）
- 集落地域整備法（昭62）
- 密集市街地における防災街区の整備の促進に関する法律（平9）

（注）（　）内は、法律の制定年次を示す。

出典：「平成20年版　事業概要」（東京都都市整備局）

都市計画の体系と枠組み　**165**

ての性格を有していることに留意する必要がある。

それでは以下に、都市計画法の構成に従って内容を概略紹介する。

イ 都市計画区域等

　都市計画区域等とは都市計画を策定する場であり、一体の都市として総合的に整備し、開発し、保全する必要がある区域を指す。都市計画区域に指定されると、都市的土地利用を促進するための各種の規制・誘導措置（土地取引規制、開発許可制度及び建築確認・建築許可制度等）や税制等が連動して働くとともに、また都市側からの公共投資が重点的・戦略的に行われるなど、各種施策が体系だって運営されることにより、効率的に目標とする都市の整備が図られることとなる。

(1)　都市計画区域

　「都市計画区域（都計法第5条）」は、都市計画を策定する場であり、都市計画の基本理念（農林漁業との健全な調和を図りつつ、健康で文化的な都市生活及び機能的な都市活動を確保すべきこと、並びに、そのためには適正な制限の下に土地の合理的な利用が図られるべきこと）を実現するために定められる区域である。これは、都市的土地利用を促すための各種規制・誘導策を講じるとともに、都市側から道路、公園、下水道等の都市施設を整備するための公共投資を当該区域に集中することによって、効果的に都市の整備を図っていこうとするものである。「都市計画区域」の指定にあたっては、「国土形成計画や首都圏整備計画など国土・地方計画レベルの上位計画との適合に留意し、当該都市の建設に関する基本構想に即して、都市計画を行う場であるその区域の範囲を定める。

　指定の対象となる区域は、①市または一定の要件に該当する町村の中心市街地を含み、かつ、自然的及び社会的条件並びに人口、土地利用、交通量等の現況及び推移を勘案して、一体の都市として総合的に整備し開発し

保全する必要のある区域、また、②新たに都市として開発し保全する必要のある区域である。

　都市計画区域は、市町村という行政区域の範囲にとどまらず、必要があれば当該市町村の区域の外にわたり、実態上の都市を単位として指定することができる。

　この都市計画区域が指定されると、次のような効果が発生する。

①　例外的に定められる都市施設に関する都市計画を除き、都市計画はすべてこの都市計画区域内において策定される。

②　一定規模以上の開発行為をしようとする場合は、都市計画法の規定（開発許可）が働き、都道府県知事等の許可を受けなければならない。

③　建築物を建築しようとする場合は、建築基準法第3章の規定（集団規定）が働き、建築主事等の確認を受けなければならない。

④　市街地開発事業は、すべてこの都市計画区域内で施行される。

⑤　国土利用計画法に基づく土地取引の規制区域の指定要件が他の区域に比べ簡易となる。また、土地売買等の契約を締結しようとする場合に届け出る土地の規模、及び遊休土地であるとして知事が認定できる土地の規模は、都市計画区域外に比べ小さくなる。

⑥　公有地の拡大の推進に関する法律に基づき、区域内の一定の土地を有償譲渡しようとするものは知事に届け出なければならない。

⑦　土地鑑定委員会は、区域内の標準地について毎年1回、単位面積当たりの正常な価格を公示しなければならない。

⑧　市町村は美観風致を維持するため、一定の基準に該当する樹林を保存樹として指定できる。

⑨　住宅地区改良事業を区域内で行う場合は、改良地区の指定を国土交通大臣に申し出るにあたり、都市計画審議会の議を経なければならない。

⑩　一定規模以上の路外駐車場で料金を徴収するものを設置するものは、必要事項を都道府県知事に届けなければならない。　　　　等々

なお、都市計画区域については、マスタープランとして長期的視点に立った都市の将来像を明確にする必要があるとして、「整備、開発及び保全の方針」を定めることになっている。その内容は、①都市計画の目標、②市街化区域及び市街化調整区域の決定の有無及び区域区分を定めるときはその方針、③土地利用、都市施設の整備及び市街地開発事業に関する主要な都市計画の決定方針により構成されている。

(2)　準都市計画区域

　「準都市計画区域（都計法第5条の2）」とは、各種の都市計画を活用し一体の都市として総合的に整備、開発及び保全するほどの状況にはないが、土地利用の整序を放置しておくと将来、無秩序に用途の混在が進むなどして、都市計画上看過できない状況を招くおそれがある区域をいう。市町村は、都市計画区域外に存する土地の区域ではあるが、現に相当数の住居その他の建築物の建築、またその敷地の造成が行われている区域、または将来行われると見込まれる一定の区域について、土地利用を整序することなくそのままに放置すると、将来、都市として整備、開発及び保全する場合に支障が生じるおそれがあると認められる区域を、準都市計画区域として指定することができる。

　準都市計画区域は、土地利用の整序がなされていない区域ということであることから、農業振興地域内の農用地区域や森林法に基づく保安林区域、また、自然公園法や自然環境保全法などに基づき一定の区域指定がなされ、現に厳しい土地利用規制が行われている区域は対象とならない。対象となる区域は、これらの規制法の区域指定から外れた既存集落の周辺や幹線道路の沿道、または高速道路のインターチェンジ付近などが想定される。また、いま現在は建築物等が建っていなくとも、将来そういう状況になることがかなりの蓋然性をもって見込まれ、土地利用をこのまま整序することなく放置しておくと、都市づくりにおいて支障が生じそうな場合は、指定

が可能とされている。なお、土地利用の整序にあたっては、用途地域、風致地区等の一定の地域地区の指定、また開発許可、建築確認の制度の適切な運用により対処することになっている。

ウ 都市計画の種別・内容

都市計画の種別としては、**図表5.5**に示すように4タイプ9種類の都市計画（具体的なメニューは**図表5.6**）が用意されている。しかし、これらの都市計画をすべて定めるというわけではなく、当該都市の状況に応じて必要となる都市計画を適宜選択して、都市計画決定という手続きを踏んで定めることになる。そして土地利用に関しては、都市計画法また建築基準法等の個別規制法の運用を通じて、順次、その目標の実現に迫ることになる。また、市街地開発事業の施行や都市施設の整備にあたっては、都市計画制限という建築等の規制や任意の土地買収、あるいは必要に応じ事業認可の手続きを踏んで土地の収用等を行い、都市計画を実現することになる。

なお、都市施設については、都市計画が実現した後も当該都市施設を適切に維持・管理していくため、道路法や都市公園法等の管理法が用意されている。

図表 5.5　都市計画の構成

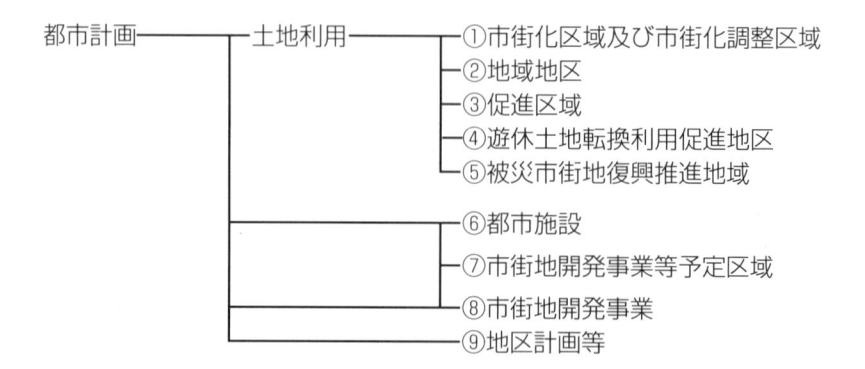

```
都市計画 ─┬─ 土地利用 ─┬─ ①市街化区域及び市街化調整区域
　　　　　│　　　　　　├─ ②地域地区
　　　　　│　　　　　　├─ ③促進区域
　　　　　│　　　　　　├─ ④遊休土地転換利用促進地区
　　　　　│　　　　　　└─ ⑤被災市街地復興推進地域
　　　　　├──────────┬─ ⑥都市施設
　　　　　│　　　　　　├─ ⑦市街地開発事業等予定区域
　　　　　│　　　　　　└─ ⑧市街地開発事業
　　　　　└──────────── ⑨地区計画等
```

① 市街化区域及び市街化調整区域

　土地利用計画の一種であり、無秩序な市街化を防ぎ計画的な市街化を図るため、都市の市街化を地域における公共施設整備や防災・環境面との整合を図りながら、段階的に行うなど適切に制御する必要がある場合、都市計画区域を市街化区域と市街化調整区域とに区分する。

　市街化区域は、既に市街地を形成している区域及びおおむね 10 年以内に優先的かつ計画的に市街化を図るべき区域、また市街化調整区域は市街化を抑制すべき区域であり、原則として開発行為や建築行為は禁止される。なお、市街化区域については用途地域を指定し道路、公園、下水道の都市施設を定めるとともに、住居系の用途地域については義務教育施設にかかる都市施設を定めることになっている。

② 地域地区

　旧来からある土地利用計画であり、ゾーニング制度とも呼ばれ、都市における土地利用の全体像を示すとともに、地域地区それぞれの目的に応じ、建築物の建築や工作物の建設また土地の区画形質の変更等に対し、一定の制限を課し規制することにより好ましくない行為を排除し、都市機能の維持増進と適正な都市環境の保持を図ろうとするものである。土地の自然的

図表5.6　都市計画区域内の都市計画の体系

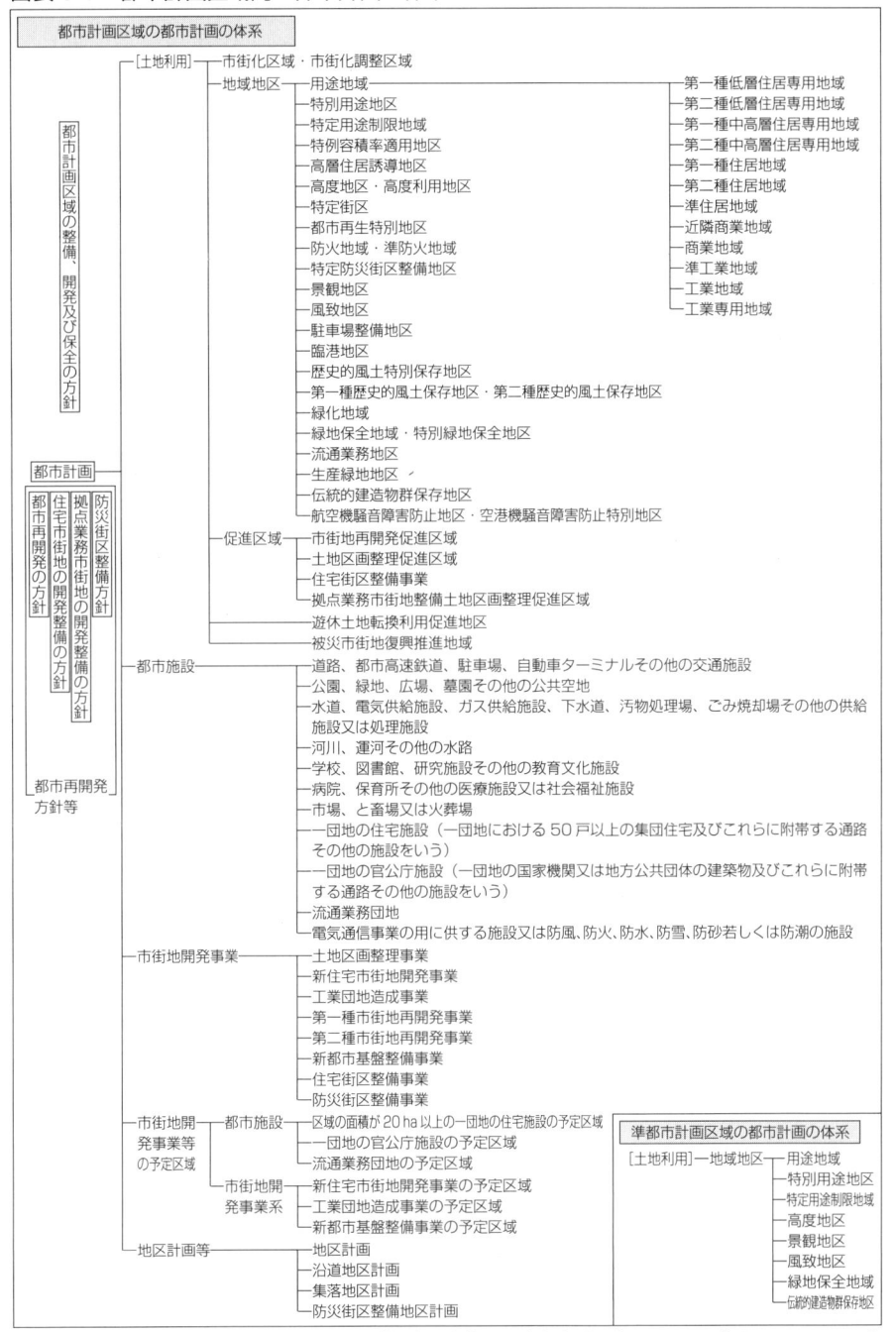

```
都市計画区域の都市計画の体系
├─ 都市計画区域の整備、開発及び保全の方針
└─ 都市計画
   ├─ 都市再開発方針等
   │  ├─ 都市再開発の方針
   │  ├─ 住宅市街地の開発整備の方針
   │  ├─ 拠点業務市街地の開発整備の方針
   │  └─ 防災街区整備方針
   ├─ [土地利用]
   │  ├─ 市街化区域・市街化調整区域
   │  ├─ 地域地区
   │  │  ├─ 用途地域
   │  │  │  ├─ 第一種低層住居専用地域
   │  │  │  ├─ 第二種低層住居専用地域
   │  │  │  ├─ 第一種中高層住居専用地域
   │  │  │  ├─ 第二種中高層住居専用地域
   │  │  │  ├─ 第一種住居地域
   │  │  │  ├─ 第二種住居地域
   │  │  │  ├─ 準住居地域
   │  │  │  ├─ 近隣商業地域
   │  │  │  ├─ 商業地域
   │  │  │  ├─ 準工業地域
   │  │  │  ├─ 工業地域
   │  │  │  └─ 工業専用地域
   │  │  ├─ 特別用途地区
   │  │  ├─ 特定用途制限地域
   │  │  ├─ 特例容積率適用地区
   │  │  ├─ 高層住居誘導地区
   │  │  ├─ 高度地区・高度利用地区
   │  │  ├─ 特定街区
   │  │  ├─ 都市再生特別地区
   │  │  ├─ 防火地域・準防火地域
   │  │  ├─ 特定防災街区整備地区
   │  │  ├─ 景観地区
   │  │  ├─ 風致地区
   │  │  ├─ 駐車場整備地区
   │  │  ├─ 臨港地区
   │  │  ├─ 歴史的風土特別保存地区
   │  │  ├─ 第一種歴史的風土保存地区・第二種歴史的風土保存地区
   │  │  ├─ 緑化地域
   │  │  ├─ 緑地保全地域・特別緑地保全地区
   │  │  ├─ 流通業務地区
   │  │  ├─ 生産緑地地区
   │  │  ├─ 伝統的建造物群保存地区
   │  │  └─ 航空機騒音障害防止地区・空港騒音障害防止特別地区
   │  └─ 促進区域
   │     ├─ 市街地再開発促進区域
   │     ├─ 土地区画整理促進区域
   │     ├─ 住宅街区整備事業
   │     ├─ 拠点業務市街地整備土地区画整理促進区域
   │     ├─ 遊休土地転換利用促進地区
   │     └─ 被災市街地復興推進地域
   ├─ 都市施設
   │  ├─ 道路、都市高速鉄道、駐車場、自動車ターミナルその他の交通施設
   │  ├─ 公園、緑地、広場、墓園その他の公共空地
   │  ├─ 水道、電気供給施設、ガス供給施設、下水道、汚物処理場、ごみ焼却場その他の供給施設又は処理施設
   │  ├─ 河川、運河その他の水路
   │  ├─ 学校、図書館、研究施設その他の教育文化施設
   │  ├─ 病院、保育所その他の医療施設又は社会福祉施設
   │  ├─ 市場、と畜場又は火葬場
   │  ├─ 一団地の住宅施設（一団地における50戸以上の集団住宅及びこれらに附帯する通路その他の施設をいう）
   │  ├─ 一団地の官公庁施設（一団地の国家機関又は地方公共団体の建築物及びこれらに附帯する通路その他の施設をいう）
   │  ├─ 流通業務団地
   │  └─ 電気通信事業の用に供する施設又は防風、防火、防水、防雪、防砂若しくは防潮の施設
   ├─ 市街地開発事業
   │  ├─ 土地区画整理事業
   │  ├─ 新住宅市街地開発事業
   │  ├─ 工業団地造成事業
   │  ├─ 第一種市街地再開発事業
   │  ├─ 第二種市街地再開発事業
   │  ├─ 新都市基盤整備事業
   │  ├─ 住宅街区整備事業
   │  └─ 防災街区整備事業
   ├─ 市街地開発事業等の予定区域
   │  ├─ 都市施設
   │  │  ├─ 区域の面積が20ha以上の一団地の住宅施設の予定区域
   │  │  ├─ 一団地の官公庁施設の予定区域
   │  │  └─ 流通業務団地の予定区域
   │  └─ 市街地開発事業系
   │     ├─ 新住宅市街地開発事業の予定区域
   │     ├─ 工業団地造成事業の予定区域
   │     └─ 新都市基盤整備事業の予定区域
   └─ 地区計画等
      ├─ 地区計画
      ├─ 沿道地区計画
      ├─ 集落地区計画
      └─ 防災街区整備地区計画

準都市計画区域の都市計画の体系
[土地利用] 一 地域地区
   ├─ 用途地域
   ├─ 特別用途地区
   ├─ 特定用途制限地域
   ├─ 高度地区
   ├─ 景観地区
   ├─ 風致地区
   ├─ 緑地保全地域
   └─ 伝統的建造物群保存地区
```

出典：『都市・建築・不動産企画開発マニュアル』（エクスナレッジ）

条件や土地利用の動向をふまえ、住居、商業、工業、その他の用途を適正に配分するとともに、都市機能を維持増進し、かつ、居住環境を保護し、産業の利便を増進し、美観風致を維持し、公害を防止するなど、適正な都市環境を保持するよう定めることになっている。

③　促進区域

民間の市街地整備への気運は盛り上がっているが、直ちに事業に着手するには至らない地域について、主として土地所有者等に一定の土地利用を実現することを義務づけ、その土地にふさわしい良好な土地利用を、積極的に実現しようとするものである。

④　遊休土地転換利用促進地区

工場跡地等の低・未利用地を都市計画上「遊休土地」として特定するとともに、あわせて各種措置を講じることにより、その利用を促進しようとするものである。

⑤　被災市街地復興推進地域

大規模な火災・震災その他の災害を受けた市街地について、緊急かつ健全な復興を図るため、市街地の計画的な整備改善並びに市街地の復興に向け建築制限等を行うものである。

⑥　都市施設

道路、公園、下水道等の都市施設は、円滑な都市活動の確保や良好な都市の環境の保持にとって必要な施設であり、都市生活の基盤をなすものである。都市施設は地域の要望や行政としての必要性に基づき、公共公益サービス供給の効率性等を勘案し、適切な場所に適切な規模・形態・構造等で、適切なる時期に計画整備されることが望まれている。

⑦　市街地開発事業等予定区域

乱開発と投機的な土地取引の進行を防止し、大規模な面開発事業の円滑な実施を図るため、事業の施行区域、施行予定者程度の計画内容が固まった段階で、都市計画を定め大規模な宅地開発事業の適地をできるだけ早い

時期に確保しておこうとするものである。

⑧　市街地開発事業

　公的機関が主体となって、面的広がりをもった良好な市街地を積極的に整備していくための事業手法である。ダイナミックに発展する現代の都市においては、公共が消極的な土地利用規制や積極的ではあるが点的または線的な都市施設の整備だけを行い、あとは民間の自由な建設活動にまかせておくというだけでは、都市計画の目標を実現することが困難となってきたために設けられた。

⑨　地区計画等

　①から⑧までの都市計画が、都市全体的視点から計画されるのに対し、地区計画等は地区レベルの視点から、土地利用と施設整備等を一体的な計画として策定し、区域の特性に応じた良好な環境の各街区を整備し保全していくものである。

エ 都市計画の決定と手続き

　都市計画の決定主体としては、都道府県と市町村の二者が存在する。そして広域的及び根幹的な都市計画等は都道府県が、それ以外のものは市町村が扱うこととなっている。

　しかし、近年は都道府県決定の都市計画であっても、都道府県が基本的な考え方を市町村に示し、都市計画の原案は市町村で策定するよう運用されている。

　また、市町村がその都市計画の案を策定するにあたっては、市町村マスタープランに沿って行うこととされている。都市計画の決定手続きの流れを図表5.7に掲げておく。

図表5.7　都市計画の決定及び変更手続きの流れ

↓＝都道府県の定めるもの　↕＝市町村の定めるもの

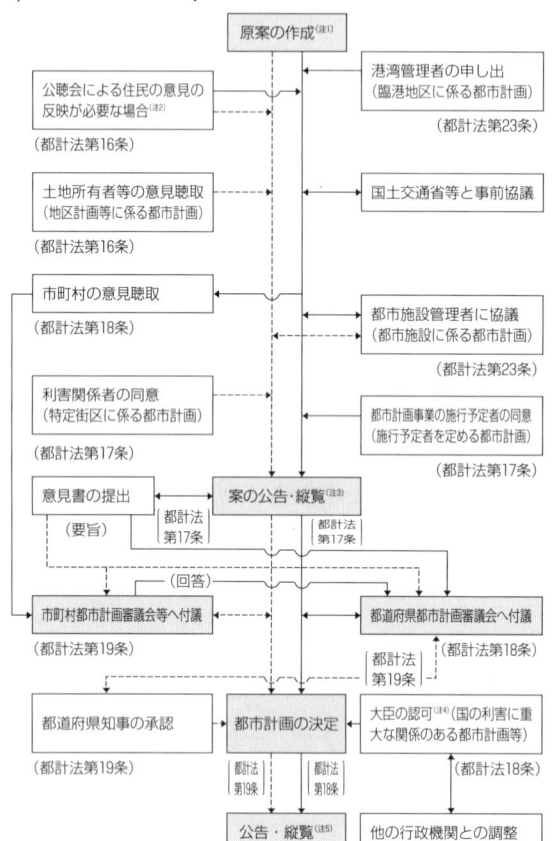

[フロー図]

主な流れ：
- 原案の作成(注1)
  - 港湾管理者の申し出（臨港地区に係る都市計画）（都計法第23条）
- 公聴会による住民の意見の反映が必要な場合(注2)（都計法第16条）
- 土地所有者等の意見聴取（地区計画等に係る都市計画）（都計法第16条）
  - 国土交通省等と事前協議
- 市町村の意見聴取（都計法第18条）
  - 都市施設管理者に協議（都市施設に係る都市計画）（都計法第23条）
- 利害関係者の同意（特定街区に係る都市計画）（都計法第17条）
  - 都市計画事業の施行予定者の同意（施行予定者を定める都市計画）（都計法第17条）
- 意見書の提出（要旨）（都計法第17条）
- 案の公告・縦覧(注3)（都計法第17条）
- 市町村都市計画審議会等へ付議（都計法第19条）
- 都道府県都市計画審議会へ付議（都計法第18条）
- 都道府県知事の承認（都計法第19条）
- 都市計画の決定（都計法第19条／都計法第18条）
- 大臣の認可(注4)（国の利害に重大な関係のある都市計画等）
- 公告・縦覧(注5)（都計法第20条）
- 他の行政機関との調整（都計法第23条）

注1：原案作成
①都道府県が定める都市計画であっても、都道府県が基本的事項を市町村に示し、これに基づき市町村が都市計画の原案を作成することを原則としている。都道府県は、この原案に修正等調整を加えて、都市計画の案を作成する。
②都市計画の案の作成にあたっては、都市計画基準（都計法第13条）があり、都市計画相互の総合調整、上位計画等との適合性等を確保する観点から一定の定めがある。
　なお、具体的な基準は政令・省令に委ねられているが、実務上は計画標準等のかたちで助言として示される場合が多い。
③市町村が定める都市計画は、議会の議決を得て定められた当該市町村の建設に関する基本構想および市町村の都市計画に関する基本的な方針に即し、かつ、都道府県の定めた都市計画に適合したものでなければならない（都計法第15条、第18条の2）。
④都道府県が、指定都市の区域を含む都市計画区域に係る都市計画を、決定しようとするときは、指定都市の長と協議する。

注2：公聴会の開催
①市街化区域および市街化調整区域に関する都市計画を定める場合
②用途地域を全般的に再検討するなど、都市の将来をある程度決定するような地域地区の再構成を行う場合
③道路網の全体的な再検討を行う場合
④その他都市構造に大きな影響を及ぼす根幹的な都市施設を定める場合

注3：案の公告・縦覧
　都市計画を決定しようとするときは、都市計画の案を都道府県または市町村の公報等に公告するとともに、公告後2週間の間、都道府県が決定するものは都道府県庁および関係市町村の役場、市町村が決定するものは当該市町村の役場と関係市町村の役場で公衆の縦覧に供することになっており、関係市町村の住民および利害関係者は、この間に都道府県または市町村に意見書を提出することができる。

注4：大臣の認可
　大臣認可は、公聴会開催後、都道府県としての案が決まった段階で、事前に国土交通省と協議を行う。

注5：都市計画の決定・告示
　都道府県または市町村が都市計画を決定したときは、その旨を告示し、かつ、国土交通大臣および都道府県知事または関係市町村長にに都市計画の図書の写しを送付し、当該図書またはその写しを当該都道府県庁または市町村役場において公衆の縦覧に供することになる。なお、都市計画は、この告示の日から効力を生じる。

出典：『都市・建築・不動産企画開発マニュアル』（エクスナレッジ）

オ 都市計画審議会等

　都市計画に関する事項を調査審議するため、都道府県と市町村にそれぞれに設置される付属機関である。都市計画法等によりその権限に属するものとされた事項及び都道府県または区市町村の長の諮問に応じ、都市計画に関する事項を調査、審議するため、学識経験者、議員、関係行政機関の職員等で構成される機関である。

　広域的観点から定めるべきものまたは根幹的な都市施設等に関する都市計画は、都道府県が関係区市町村の意見を聴き、都道府県都市計画審議会の議を経て、さらに一定の場合には国土交通大臣の同意を得て決定し、その他のものについては、区市町村が区市町村都市計画審議会の議を経て、都道府県知事の同意を得て決定する。

　都市計画を決定しようとするときは、住民の意見を反映させるため、必要があると認める場合は地元説明会や公聴会を開催し、ここでの意見をふまえ計画案をまとめる。案がまとまると、これを公衆の縦覧に供することで、住民等は意見書の提出を行うことができる。この意見書の要旨は計画案審議の参考資料として都市計画審議会に提出されることになっている。

第6章

建築まちづくり制度

第1節 活動しやすい機能的な都市の整備

1 市街化区域及び市街化調整区域（区域区分）の制度

　「区域区分の制度（都計法第7条）」は、都市計画区域を「市街化区域」と「市街化調整区域」に二分するものである。まず「市街化区域」は、すでに市街地を形成している区域及びおおむね10年以内に優先的かつ計画的に市街化を図るべき区域とされており、この区域内には地域地区、都市施設、市街地開発事業等の各種都市計画を定めるなどして、計画的に都市づくりが進められる。このような趣旨の区域であることから、開発行為は基準に適合していれば許可を受けることができ、また建築行為も用途地域等の土地利用規制などに適合していれば自由に行うことができる。一方、「市街化調整区域」は、市街化を抑制すべき区域とされ、開発行為及び建築行為ともに厳しく制限されており、原則として許可を受けなければ開発や建築を行うことができない。現在、全国の都市計画区域の約4分の1で、この市街化区域及び市街化調整区域の区域区分が行われている。

　この「区域区分の制度」の適用は、原則、都道府県において当該都市計画区域が無秩序な市街化を防止し計画的な市街化を図る必要がある区域であるかどうかを判断して対応することになっている。言いかえるなら、都市計画区域を市街化区域と市街化調整区域とに区分するか否かについての判断は、都道府県の意思によって行われる仕組みとなっているといえる。なお、三大都市圏等一定の大都市区域については、都市計画法施行令第3条で区域区分の制度を適用することが義務づけられている。

2 開発許可制度

「開発許可制度(都計法第 29 条)」は、区域区分の制度を担保するものとして発足したが、今日では、これらの区分がなされていない未線引の都市計画区域についても、環境の保全、災害の防止、利便の確保等の見地から、この制度が適用されるようになった。

すなわち、都市計画区域内で開発行為を行う場合、都道府県知事等の許可にかからしめることにより、公共施設整備や環境整備の面から最低限必要な水準の確保を義務づけ、良好な市街地の形成を図るとともに、その一方、市街化調整区域においては、原則として開発を抑制しようとしているものである。なお、市街化区域内においては、許可基準に適合し、かつ、その申請手続きが適法である場合、開発許可権者は通常、許可をしなければならない仕組みとなっている。

1 開発行為

ここでいう開発行為とは、主として建築物の建築または特定工作物[*1]の建設の用に供する目的で行う、土地の区画形質の変更[*2]をいう。したがって、土地の区画形質の変更を伴うが、開発の主目的が建築物の建築または特定工作物の建設以外にあるときは、ここでいう開発行為にはあたらない。また、開発行為すべてが許可の対象ということではなく、区域の性格また開発行為の目的、規模などに応じ一定のものについて許可が必要となる。

なお、許可を要しない開発行為としては、①一般の市街化区域は 1,000 m^2 未満だが、首都圏等の既成市街地や近郊整備地帯においては 500 m^2 未

満（ただし、都道府県知事が規則で区域を限り、300 m^2 までその規模を引き下げることができる）の開発行為、②市街化調整区域内において行う農林漁業の用に供する畜舎・サイロ等の建築物、またはこれらの業務を営むものの居住用の建築物の建築のために行う開発行為、③鉄道施設、社会福祉施設、医療施設、学校教育法による学校（大学、専修学校、各種学校を除く）、公民館、変電所その他これらに類する公益上必要な建築物の建築のために行う開発行為、④国、都道府県、指定都市、都道府県もしくは指定都市がその組織に加わっている一部事務組合もしくは港務局または都道府県もしくは指定都市が設置団体である地方開発事業団が行う開発行為、⑤都市計画事業、土地区画整理事業、市街地再開発事業または住宅街区整備事業の施行として行う開発行為、⑥公有水面埋立法第2条第1項の免許を受けた埋立地であって、まだ同法第22条第2項の告示がないものにおいて行う開発行為、⑦非常災害のため必要な応急措置として行う開発行為、また、通常の管理行為、軽易な行為その他の行為で一定のもの（仮設建築物の建築、車庫等の付属建築物の建築、10 m^2 以内の建築物の増築の用に供する目的で行う開発行為）があげられる。

[*1] 特定工作物
　　第一種特定工作物と第二種特定工作物との二種類がある。第一種特定工作物は、コンクリート・プラント等の周辺の地域の環境悪化をもたらす恐れのある工作物をいい、第二種特定工作物とはゴルフ・コース等の大規模な工作物をいう。
[*2] 土地の区画形質の変更
　　建築物の建築のための区画の変更、切土・盛土、整地工事等をいい、単なる土地の分筆・合筆のような権利にかかる区画の変更は含まれない。また、建築行為と一体をなす基礎杭の打設や土地の掘削等の行為は、建築行為そのものとみられ、開発行為には該当しない。

2 許可の手続き

ア 許可権者

原則として、都道府県知事であるが、指定都市においては指定都市の長となる。また、都道府県知事より権限を委任された場合、人口10万以上の市（東京都の特別区を含む）の長も許可権者となれる。なお、臨港地区にかかるものについては、都道府県知事より権限を委任された場合、港務局の長または港湾管理者である地方公共団体の長がこれにあたることになっている。

イ 手続き

開発許可の手続について、その流れを順を追って記すと図表6.1のようになる。

3 開発許可基準

開発の許可権者が許可にあたり指標とする開発基準は、開発の対象区域（市街化区域・市街化調整区域などの区分）、目的（自己用かその他か）、用途（居住用か業務用か）、規模（区域面積が0.3 ha以上か1 ha以上かなど）によって異なる（図表6.2）。また、この開発基準には性格の異なる二種類の基準がある。一つは、良好な市街地の形成を図るため、宅地に一定の水準を保たせることを狙った一般基準であり（都計法第33条）、もう一つは、市街化調整区域における無秩序な開発を抑制するための特別な付加基準である（都計法第34条）。ここでは市街化調整区域については割愛することとし、一般基準のみを紹介する。なお、この開発基準は地域の実情をふまえ、地方公共団体の条例で強化したり緩和したりすることができるようになったので、開発にあたっては地方自治体における当該条例の有無とその内容

図表6.1　開発許可手続きの流れ（建築確認手続含む）

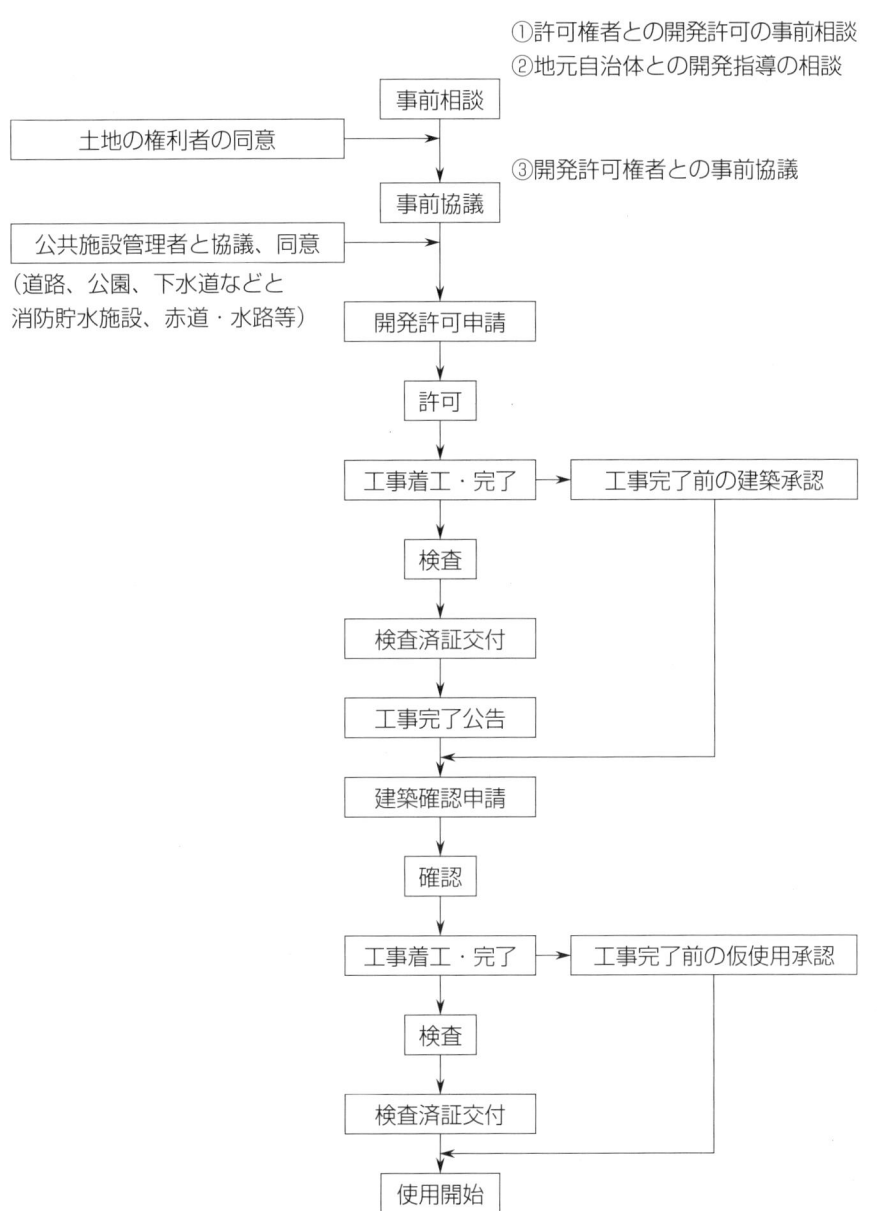

```
                                    ①許可権者との開発許可の事前相談
                                    ②地元自治体との開発指導の相談
                        ┌─────────┐
                        │ 事前相談 │
    ┌──────────────┐    └────┬────┘
    │ 土地の権利者の同意 │───→    │     ③開発許可権者との事前協議
    └──────────────┘         ↓
                        ┌─────────┐
                        │ 事前協議 │
    ┌──────────────────┐└────┬────┘
    │ 公共施設管理者と協議、同意 │──→  │
    │（道路、公園、下水道などと │    ↓
    │ 消防貯水施設、赤道・水路等）│┌─────────────┐
    └──────────────────┘│ 開発許可申請 │
                        └──────┬──────┘
                               ↓
                           ┌──────┐
                           │ 許可 │
                           └──┬───┘
                              ↓
                   ┌───────────────┐   ┌──────────────────┐
                   │ 工事着工・完了 │──→│ 工事完了前の建築承認 │
                   └───────┬───────┘   └──────────┬───────┘
                           ↓                      │
                        ┌──────┐                  │
                        │ 検査 │                  │
                        └──┬───┘                  │
                           ↓                      │
                   ┌──────────────┐               │
                   │ 検査済証交付 │               │
                   └──────┬───────┘               │
                          ↓                       │
                   ┌──────────────┐               │
                   │ 工事完了公告 │←──────────────┘
                   └──────┬───────┘
                          ↓
                   ┌──────────────┐
                   │ 建築確認申請 │
                   └──────┬───────┘
                          ↓
                       ┌──────┐
                       │ 確認 │
                       └──┬───┘
                          ↓
                   ┌───────────────┐   ┌────────────────────┐
                   │ 工事着工・完了 │──→│ 工事完了前の仮使用承認 │
                   └───────┬───────┘   └──────────┬─────────┘
                           ↓                      │
                        ┌──────┐                  │
                        │ 検査 │                  │
                        └──┬───┘                  │
                           ↓                      │
                   ┌──────────────┐               │
                   │ 検査済証交付 │               │
                   └──────┬───────┘               │
                          ↓                       │
                   ┌──────────┐                   │
                   │ 使用開始 │←──────────────────┘
                   └──────────┘
```

出典：『ビル経営管理講座テキスト①「企画・立案」〈上巻〉』
　　　　（財）日本ビルヂング経営センター）

活動しやすい機能的な都市の整備

図表6.2　開発基準の適用関係（開発行為の性格、規模による分類）

項　目 （数字は前記開発基準に対応）	建築物 自己居住用住宅	建築物 住宅以外で自己業務用	建築物 非自己用	特定工作物 自己用	特定工作物 非自己用
①	○	○	○	○	○
②	×	○	○	○	○
③	○	○	○	○	○
④	×	○	○	○	○
⑤	○	○	○	○	○
⑥	○	○	○	○	○
⑦	○	○	○	○	○
⑧	×	×	○	×	○
⑨	○	○	○	○	○
⑩	○	○	○	○	○
⑪	○	○	○	○	○
⑫	×	△	○	△	○
⑬	○	○	○	○	○

○：基準を適用する
×：基準を適用しない
△：1 ha（都道府県により 0.3 ha まで引下げ可）以上に基準適用、その他のものは適用しない

を確認しておく必要がある。

[開発基準（一般）]

① 用途地域が定められている地域においては、予定建築物等の用途がこれに適合すること。

② 道路、公園、広場その他の公共空地の用に供する空地が、開発区域の規模・形状等、また、予定建築物等の用途等を勘案し、環境の保全上、災害の防止上、通行の安全上または事業活動の効率上支障がないような規模及び構造で適当に配置され、かつ、開発区域内の主要な道路が開発区域外の相当規模の道路に接続するように設計すること。こ

の場合これらに関し都市計画が定められている場合、設計はこれに適合すること。
③　排水施設が当該地域の降水量等を勘案し、開発区域内の下水を有効に排出するとともに、その排出によって溢水等による被害が生じないような構造及び能力で適当に配置されるように設計すること。この場合、これらに関し都市計画が定められている場合、設計はこれに適合すること。
④　水道その他の給水施設が開発区域の規模・形状等、また、予定建築物等の用途等を勘案し、開発区域内の需要に支障をきたさない構造及び能力で適当に配置されていること。この場合、給水施設に関する都市計画が定められている場合、設計はこれに適合すること。
⑤　開発区域内の土地について、地区計画等（地区計画または集落地区計画にあっては、地区整備計画または集落地区整備計画が定められたものに限る）が定められているときは、予定建築物等の用途または開発行為の設計が当該地区計画等に定められた内容に即して定められていること。
⑥　開発区域の目的に照らし、開発区域内の利便の増進と開発区域及びその周辺地域の環境の保全とが図られるよう、公共施設・学校その他の公益施設及び開発区域内において予定される建築物の用途の配分が定められていること。これは開発行為者がこれらの施設を自ら整備することを定めたものではなく、施設の管理予定者と協議したうえで、その用地を確保しておけば足りるものである。
⑦　開発区域内の土地が、地質の軟弱な土地、崖崩れまたは出水のおそれが強い土地などであるときは、地盤の改良、擁壁の設置等、安全上必要な措置を設計に定めること。
⑧　開発区域内に各法律による災害危険区域、地滑り防止区域及び急傾斜地崩壊危険区域内の土地を含んでいないこと。

⑨　1 ha（都道府県知事等が環境保全上、特に必要があると認めて一定の定めをした場合、0.3 ha まで引き下げられる）以上の開発行為については、環境を保全するため開発行為の目的、開発行為の規模・形状等及び予定建築物等の用途等を勘案し、開発区域における植物の生育の確保上必要な樹木の保存、表土の保全その他の必要な措置を設計に定めること。

⑩　1 ha 以上の開発行為は、開発区域及び周辺地域における環境を保全するため、開発行為の規模・形状等及び予定建築物等の用途等を勘案し、騒音・振動等による環境の悪化の防止上必要な緑地帯が配置されるよう設計に定めること。

⑪　40 ha 以上の開発行為は、道路・鉄道等による輸送の便からみて支障がないものとすること。輸送上必要な場合は、鉄道施設の用地を確保するなどの措置が必要となること。

⑫　申請者は開発行為を行うために必要な資力及び信用を、また、工事施工者は開発行為に関する工事を完成するために必要な能力を、それぞれ備えていること。

⑬　開発行為を行おうとする土地等の区域内にある、土地及び建築物等に関する権利者の相当数の同意を得ておくこと。相当数とは、権利者総数の $\frac{2}{3}$ 以上かつ土地面積の $\frac{2}{3}$ 以上をいう。

3 地域地区の制度

「地域地区の制度（都計法第8条、第9条）」は、「市街化区域・市街化調整区域の区域区分の制度」とともに、都市における土地利用規制の基本となるもので、都市計画区域内の土地をその目的に応じ地域または地区に区分し、それぞれの目的にふさわしく一体的に定め、建築行為を規制誘導することにより、合理的な土地利用を実現しようとする都市計画である。都市施設や市街地開発事業等の都市計画が事業の実施により計画の実現を図るのに対し、地域地区は個々の建築物等に対し規制を行うことにより、目的とする土地利用の実現を図っている。

地域地区は旧来からある土地利用計画であり、ゾーニング制度と呼ばれ、都市における土地利用の全体像を示すとともに、地域地区それぞれの目的に応じ、建築物や工作物などに一定の制限を課し規制することにより、好ましくない土地利用を排除するなどして、都市機能の維持増進と適正な都市環境の保持を図ろうとするものである。

地域地区には現在、基本的なゾーニングとしての用途地域が**図表6.3**の例にあるように12種類ある他、また、補完的なゾーニングとして用途地域にかぶせて指定されるその他の地域地区が、次に示すように24種類用意されている。

(1) 全国一律の規制を地域の特性を考慮し、用途地域（用途、密度、形態に係る規制）を補完する地域地区

特別用途地区、高層住居誘導地区、高度地区、高度利用地区及び特定街区、都市再生特別地区

(2) 特定施設の立地を促進し都市機能の維持・増進を図るため、用途地域を代替するまたは用途地域に付加する地域地区

　　臨港地区、流通業務地区、駐車場整備地区

(3) 特定の目的からする都市環境の維持・保全を図るため、用途地域に付加する地域地区

　　防火地域、準防火地域、特定防災街区整備地区、航空機騒音障害防止地区、航空機騒音障害防止特別地区、景観地区、風致地区、歴史的風土特別保存地区、第一種歴史的風土保存地区、第二種歴史的風土保存地区、緑地保全地域、特別緑地保全地区、緑化地域、生産緑地地区、伝統的建造物群保存地区

　地域地区において都市計画に定める事項は、地域地区の種類、位置、区域及び区域面積などである。都市計画の決定権者の種別とその手続きは5章2-2-**エ**「都市計画の決定と手続き」の項を参照していただきたい。

　なお、地域地区の変更の可能性であるが、これは都市計画に関する基礎調査がおおむね5年に一度行われ、この調査結果に基づき既定の都市計画が見直されることになっていることから、原則として5年に一度くらいと考えられる。東京都においては過去を振り返ると7～8年に一度くらいの間隔で見直し変更を行ってきている。

　しかし、規制緩和による都市再開発の促進政策以降、事業の進捗状況等に応じ、臨機応変にスポット的に、用途地域等の変更が行われる場合も出てきている。例えば、土地区画整理事業や市街地再開発事業が施行されるなど、計画的な都市整備が行われる場合については、その都度、用途地域等を見直すことになっており、必要に応じて変更が行われている。また、地区計画等の策定を促進する観点から、地域において詳細な土地利用計画が策定された段階でも、用途地域等を見直し、必要に応じて変更が行われている。

4 用途の規制制度

4.1 用途地域

　商業・工業等の利便を増進し、都市機能を維持、また、住居の環境を保護し、公害を防止するなど適正に都市環境を保持していくためには、土地の自然的条件や土地利用の現況・動向等を勘案して、住居・商業・工業その他の用途を適正に配分していく必要がある。

　市街地は主に建築物と道路によって構成されており、その主要な構成要素である建築物は、用途により求められる立地環境は異なるし、また、その建築物が周辺環境に与える影響も用途ごとに違ってくる。例えば住宅の立地としては山の手の緑豊かな自然が残り水捌けや眺めのよい閑静な場所がよいだろう。工場は平らな土地で地価が安く公害が顕在化せず、また原材料や製品の供給に便利な、道路や河川、港湾施設の整った場所がよいだろうし、店舗は人の多く集まる交通の便のよい場所がふさわしい。また、住宅と工場とが隣り合うなど、用途相互の組み合せによっては混在していたりすると、活動が制約されたり環境が悪くなったりと相互に迷惑が及ぶこともある。さらに、住宅地と工業地、また商業・業務地とでは、鉄道や道路、また公園や学校等の公共・公益施設に対する整備需要も異なる。

　一般的には、マクロにみた場合は、同じような使用目的の用途の建築物は同じ地域に集めることが、都市機能上も都市環境上もまた都市施設の整備上も都合がよいとされている。しかし、適度に用途が混合しているほうが、都市活動上も都市生活の上でも利便の向上をもたらすこともある。そこで都市が全体として十全に機能し、一定の環境が維持でき、また効率的

に公共公益施設整備が進められるよう、建築物の立地を適正にコントロールする仕組みが必要となる。

1 目的・意義

　ゾーニング制度の根幹をなす用途地域制度は、都市計画区域のうち建築物が集積した市街地を主な対象としており、当該地域の土地利用の方向について大枠としてのイメージを明示するとともに、実際の建築制限の内容としては、多種多様な用途の建築物のうち、利害の共通する種類の用途のものをなるべく同じ地域に立地させるよう規制して集め相互の利便の増進を図るとともに、その一方で利害の相反する種類の用途は、なるべく同じ地域に立地させないよう規制することで用途の混在を防ぎ一定の環境を保持するようにしている。さらに、そうしたこととあわせ建築物の密度・形態等に一定の枠をはめることにより、都市レベルの公共・公益施設の整備に目標と方向を与え、それぞれの地域の特性に見合った適切な都市施設整備を図っていこうとしている。

　つまり、用途地域制度は、都市レベルからみて、それぞれの地域に立地する建築物が相互に妨げあうことなく、十分にその機能を発揮するとともに、当該地域の利用目的にあった一定の環境を保持し、あわせて均衡のとれた効率的な都市施設整備に寄与するよう、都市整備の観点から建築物の建築をコントロールする制度なのである。

2 種別と概要

　現在、用途地域の種類は12種類あり、当該都市の状況と用途地域のそれぞれの設定目的また根幹的な都市施設など他の都市計画との兼ね合いを考え、必要な用途地域の種別を選択して指定することになる。

　用途地域制度は、近年、用途の細分化と密度・形態規制との一体化が進み、より精緻になってきている。具体的には、用途地域区分は当初の4区

図表6.3 用途地域のイメージ

第一種低層住居専用地域
低層住宅の良好な環境を守るための地域です。小規模なお店や事務所をかねた住宅や小中学校などが建てられます。

第二種低層住居専用地域
主に低層住宅の良好な環境を守るための地域です。小中学校などのほか、150 m² までの一定のお店などが建てられます。

第一種中高層住居専用地域
中高層住宅の良好な環境を守るための地域です。病院、大学、500 m² までの一定のお店などが建てられます。

第二種中高層住居専用地域
主に中高層住宅の良好な環境を守るための地域です。病院、大学などのほか、1,500 m² までの一定のお店や事務所が建てられます。

第一種住居地域
住居の環境を守るための地域です。3,000 m² までの店舗、事務所、ホテルなどは建てられます。

第二種住居地域
主に住居の環境を守るための地域です。店舗、事務所、ホテル、ぱちんこ屋、カラオケボックスなどは建てられます。

準住居地域
道路の沿道において、自動車関連施設などの立地と、これと調和した住居の環境を保護するための地域です。

近隣商業地域
近隣の住民が日用品の買い物をする店舗等の業務の利便の増進を図る地域です。住宅や店舗のほかに小規模の工場も建てられます。

商業地域
銀行、映画館、飲食店、百貨店、事務所などの商業等の業務の利便の増進を図る地域です。住宅や小規模の工場も建てられます。

準工業地域
主に軽工業の工場等の環境悪化の恐れのない工業の業務の利便を図る地域です。危険性、環境悪化が大きい工場のほかは、ほとんど建てられます。

工業地域
主として工業の業務の利便の増進を図る地域で、どんな工場でも建てられます。住宅やお店は建てられますが、学校、病院、ホテルなどは建てられません。

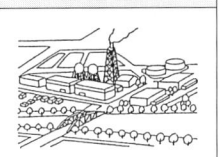

工業専用地域
専ら工業の業務の利便の増進を図る地域です。どんな工場でも建てられますが、住宅、お店、学校、病院、ホテルなどは建てられません。

活動しやすい機能的な都市の整備

分から8区分へ、そして現在の12区分へと移行、また、規制内容も当初の用途規制のみから、現在では容積率、建ぺい率、外壁の後退距離等がセットで計画されるようになってきている。

3 都市計画の策定と手続き

用途地域の種別ごとの土地利用イメージ、また設定目的や指定対象地域については**図表6.3**を参照されたい。また、都市計画の決定権者は、大都市地域等に係るものは都道府県、そうでないものは市町村である。決定手順としては、まず都市計画決定権者がその考え方を示し、住民等関係者の意見を聴いて定めることになっている。東京都における用途地域等に関する指定基準（抜粋）の例を示すと、**図表6.4**のとおりである。

図表 6.4 東京都の用途地域等に関する指定基準（抜粋）

(3) 第一種中高層住居専用地域

指定、配置又は規模等の基準
1. 指定すべき区域 (1) 中高層住宅に係る良好な住居の環境を保護するため定める地域 (2) 良好な中高層住宅地として、その環境を保護する区域 (3) 土地区画整理事業・その他の市街地開発事業等により整備された区域で、住環境等が整備されている区域、公園等が整備されている区域、下水道、公園等が整備されている区域 2. 容積率 (1) おおむね環状7号線の外側の区域で、特に高度利用を図ることが必要な区域は300%以下とする。ただし、特に高度利用を図ることが必要な区域は300%とする。 (2) おおむね環状7号線の内側の区域は200%又は300%とする。ただし、センター・コア用地内で、都心居住を推進するため高度利用を図ることが必要な区域は400%又は500%とすることができる。 3. 建ぺい率と容積率の組合せ 建ぺい率と容積率の組合せは、指定標準のとおりとする。 4. 敷地面積の最低限度 敷地面積の最低限度は、必要な区域について積極的に指定する。 5. 高度地区 (1) 原則として、容積率200%以下の区域は第二種高度地区に指定し、容積率300%の区域は第二種高度地区に指定する。ただし、容積率150%以下の区域は第一種高度地区に指定することができる。容積率400%以上の区域を除き、原則として、斜線制限型高度地区に指定しないことができる。ただし、容積率150%以下の区域は第一種高度地区に指定することができる。	(2) 良好な街並み景観の誘導を図るべき区域又は、住環境に配慮しつつ、絶対高さ制限を定める高度地区に指定することができる。 6. 防火地域及び準防火地域 容積率400%以上の区域は防火地域に指定する。その他の区域は、準防火地域に指定する。ただし、容積率200%以上の区域で市街地の安全性の向上を図る区域は、防火地域に指定することができる。 7. 規模 おおむね3ha以上とし、形状は整形とする。ただし、第二種中高層住居専用地域と隣接する区域又は路線式指定とする区域は、この限りでない。 また、建ぺい率と容積率の組合せの適用区域の選定はおおむね1ha以上とする。 8. 用途地域又は地区計画等で定める事項 用途地域の変更等を行う場合は、良好な中高層住宅地としてその環境の整備等を図るため、原則として主要な道路沿いに、壁面の位置などに関する事項を定めるとともに、地区施設の縁などに配慮して壁面後退部分などに関する事項を定めることとする。

指定標準

適用区域	主なゾーン	建ぺい率 %	容積率 %	用途地域の変更にあたり導入を検討すべき事項（注）
1. 良好な中高層住宅地として、その環境を保護する区域又は開発、整備する区域	都市環境 核都市連携	40 50 60	100 150 200	敷
2. おおむね環状7号線の内側の住宅地の区域又は生活拠点及び生活中心地の周辺の区域で、良好な中高層住宅地を保護するべき区域	センター・コア 都市環境 核都市連携	50 60	200 300	敷、壁
3. 学校、図書館、その他の教育施設、病院等の立地を図る区域		30 40 50 60	100 150 200	
4. 上記3. の区域で、計画的に高度利用を図る区域		50 60	300	
5. 特に中高層住宅地として、都心居住の推進を図る区域	センター・コア	50 60	400 500	敷、壁
6. 第一種低層住居専用地域又は第一種低層住居専用地域を貫通する主要な道路沿いに、特に後背地の良好な環境を保護する区域を定める区域	センター・コア 都市環境 核都市連携	50 60	150 200	敷

（注） 用途地域の変更にあたり、指定標準の内容に応じて原則として用途地域又は地区計画等で導入を検討すべき事項及びその凡例
敷：敷地面積の最低限度　壁：壁面の位置又は外壁の後退距離　容：容積率の
用：建築物等の用途制限　高：高さの最高限度　環：環境形成型地区計画

(9) 商業地域

	指定、配置及び規模等の基準
	指定すべき区域 主として商業その他の業務の利便の増進を図るべき区域であり、住環境及び等の対策も配慮しつつ、絶対高さ制限を定める区域に指定する。 (1) 中核拠点（都心、副都心） ①拠点性の高い、新拠点及び中核拠点 ②都心、副都心 ③乗降人員の多い計画的複合市街地 ④幹線道路沿いの区域 ⑤その他の商業施設等が立地している区域 (2) 近隣商業地域では許可されていない商業施設が多く立地している区域
2.	規模 おおむね0.5ha以上とする。ただし、近隣商業地域及び近隣商業地域に指定する区域は、用途地域又は地区計画等の変更予定する場合のみ。この限りではない。 (1) 都心の周辺の周辺又は新拠点の核となる区域、建築物の敷地面積の最低限度、高さ最低限度、高度利用に関する事項等を定めること。 (2) 都心等で、公共施設の整備水準が優れており高度利用を位置づけのある区域、高度利用地区1000%以上1300%以下について指定することができる。ただし、100%以上として指定する方針に基づく区域については、原則として地区計画方針の定められた区域とする。 (3) センター・コア再生地区以内で拠点性の高い複合市街地の形成を図るべき区域と計画的に定めることとし、指定標準6により定める区域を指定することができる。 (4) 核拠点の整備を位置づけのある区域、地区計画等による。 (5) 特例容積率適用区域 (6) 都心にふさわしい景観を保全するべく景観を誘導して、面的土地利用高度化や再生能が図れ、都市再生を推進するため、良質な都市景観の整備を図ることとし、都心等の都市機能の高度化を図るべき区域 (1) (2) 都心等、主要幹線道路により道路網が形成される区域の周辺区域内にあり、鉄道等の共通交通機関の整備がされ、広域な回遊が持つ商業地等の区域又は幅員20m以上の幹線道路沿いの区域 (3) 一体の地区として、歴史的な建造物の保全・復元や歴史的な街並みの形成等、整備方針が地区計画等で定められている
3.	容積率 (1) 高度地区に指定すべき第二種高度地区・第三種高度地区に指定する区域の容積率300%の区域については、容積率が400%以内で斜線型高度地区原則として400%以下となる区域には指定しないものとする。

指定標準

	適用区域	主なゾーン	容積率%	都市施設の整備	集団又は路線式の別	用途地域の変更にあたって検討すべき事項(注)
1.	近隣商業地域では許可されていない商業施設が多く立地している区域で高度利用を図るべきことが不可欠である、その他の生活中心地及び高度利用を図ることが必要な区域	センター・コア 都市環境 核都市連携	200 300	未完成	集団又は路線式	用・敷
2.	近隣商業地域では許可されていない商業施設が多く立地している、その他の生活中心地及び高度利用を図ることができる区域	センター・コア 都市環境 核都市連携	400	—	集団又は路線式	用・敷
3.	おおむね幅員7号線の外側で、幅員20m以上の幹線道路沿いの区域	都市環境 核都市連携	400 500	—	路線式	用・敷
4.	おおむね幅員7号線の内側で、幅員20m以上の幹線道路沿いの区域	センター・コア 都市環境 核都市連携	500 600	—	路線式	用・敷
5.	年間の乗車人員が500万人から1600万人（多摩地区は200万人から1000万人）程度の駅周辺であり、生活中心地周辺の商業・業務施設等の用途を図る区域	センター・コア 都市環境 核都市連携	200 300 400 500	未完成 完成	集団	用・敷
6.	年間の乗車人員が1600万人（多摩地区は1000万人）を超える駅周辺地区で、核都市拠点、核都市とする区域	センター・コア 核都市連携	500	未完成	集団	用・敷
7.	核都市の核となる区域（多摩地区）	核都市連携	600 700	完成	集団	用・敷
8.	都心の区域、面的な基盤整備を図るべき区域	センター・コア	700 800	—	集団又は路線式	用・敷
9.	副都心の核、新拠点となるべき区域、又は、都心にふさわしい景観を保全するべく容積率の緩和を図るべき区域で、m以上の幹線道路沿いの区域	センター・コア	600 700 800 900	—	集団又は路線式	用・敷 壁
10.	都心等、周辺に4車線以上の主要幹線道路網により適切に区画され、複数の鉄道等が結節する駅前の、公共施設の整備水準が優れており一定規模以上の街区が連続して街区を構成している区域	センター・コア	1000 1100 1200 1300	—	集団	用・敷 高
11.	都心の周辺区域又は副都心の核となる区域の周辺で容積率の緩和を図り、広域な回遊を持つ商業地又は幅員20m以上の幹線道路沿いの区域	センター・コア	500 600 700	—	集団又は路線式	用・敷

(注) 用途地域の変更にあたり、指定標準の内容に応じて原則として用途地域及び地区地域を導入を検討すべき事項及びその凡例
敷：敷地面積の最低限度　壁：壁面の位置の制限又は外壁の後退距離　容：容積率の最高限度
用：建築物等の用途制限　高：高さの最高限度

出典：用途地域等に関する指定方針及び指定基準（東京都都市整備局）

4 用途規制の仕組み

　用途地域制度は、時の社会経済情勢等がもたらす都市のダイナミックな変化に対しても柔軟に対応していくため、ある程度の混在を前提に建築物の立地をコントロールしていく手法である。

　用途地域方式により用途規制を行う場合、一般的な方法として地域のイメージをあらかじめつくりあげ、そのイメージ形成上、許容できる用途の範囲を限定的に明示する積極的なやり方（立地用途明示型）と、逆に、許容できない用途の範囲を明示する消極的なやり方（禁止用途明示型）とがある。

　立地用途明示型は地域形成の目標が明確であって住民がそのことを強く支持しており、能動的に目標とする地域像を維持していこう、また形成していこうという方向で、地域整備について行政と住民の間で合意がなされている場合に有効である。

　それに対し禁止用途明示型は、地域形成の目標がいまひとつ明確でなく、住民の間に地域整備の方向について合意ができていない地域について有効である。この場合、行政庁は受動的立場から現状追認的に地域整備上好ましくないもの、例えば、都市生活上からの要請として近隣生活公害の防止、都市活動上からの要請として産業・経済活動の利便を阻害する要因の排除など、どうしても矛盾あつれきを起こすものに限って最低限の規制を行っていこうとの姿勢になる。したがって、この型は、現状が混在型の土地利用状況にある地域や、建築活動が活発で地域が動いており整備の方向がいまだ定まらない地域について有効といえる。

　しかし、この禁止用途明示型は、公害型工場の類は一応規制できるが、事務所・店舗など規模や形態の問題を別にすれば、用途そのものがあまり問題とならないものについては規制が困難となるので、図表6.5に示すように地域における用途の混在状況に応じ段階的に規制する、いわゆる望

活動しやすい機能的な都市の整備　　**195**

図表6.5　用途地域による建築物の用途制限の概要

用途地域内の建築物の用途制限 ○ 建てられる用途 × 建てられない用途 ①、②、③、④、▲ 面積、階数等の制限あり。			第一種低層住居専用地域	第二種低層住居専用地域	第一種中高層住居専用地域	第二種中高層住居専用地域	第一種住居地域	第二種住居地域	準住居地域	近隣商業地域	商業地域	準工業地域	工業地域	工業専用地域	備　考
住宅、共同住宅、寄宿舎、下宿			○	○	○	○	○	○	○	○	○	○	○	×	
兼用住宅で、非住宅部分の床面積が、50m²以下かつ建築物の延べ面積の2分の1未満のもの			○	○	○	○	○	○	○	○	○	○	○	×	非住宅部分の用途制限あり
店舗等	店舗等の床面積が150m²以下のもの		×	①	②	③	○	○	○	○	○	○	○	④	① 日用品販売店舗、喫茶店、理髪店及び建具屋等のサービス兼用店舗のみ。2階以下。 ② ①に加えて、物品販売店舗、飲食店、損保代理店・銀行の支店・宅地建物取引業者等のサービス兼用店舗のみ。2階以下 ③ 2階以下 ④ 物品販売店舗、飲食店を除く。
	店舗等の床面積が150m²を超え、500m²以下のもの		×	×	②	③	○	○	○	○	○	○	○	④	
	店舗等の床面積が500m²を超え、1,500m²以下のもの		×	×	×	③	○	○	○	○	○	○	○	④	
	店舗等の床面積が1,500m²を超え、3,000m²以下のもの		×	×	×	×	○	○	○	○	○	○	○	④	
	店舗等の床面積が3,000m²を超え、10,000m²以下のもの		×	×	×	×	×	○	○	○	○	○	○	④	
	店舗等の床面積が10,000m²を超えるもの		×	×	×	×	×	×	×	○	○	○	×	×	
事務所等	事務所等の床面積が150m²以下のもの		×	×	×	▲	○	○	○	○	○	○	○	○	▲2階以下
	事務所等の床面積が150m²を超え、500m²以下のもの		×	×	×	▲	○	○	○	○	○	○	○	○	
	事務所等の床面積が500m²を超え、1,500m²以下のもの		×	×	×	▲	○	○	○	○	○	○	○	○	
	事務所等の床面積が1,500m²を超え、3,000m²以下のもの		×	×	×	×	○	○	○	○	○	○	○	○	
	事務所等の床面積が3,000m²を超えるもの		×	×	×	×	○	○	○	○	○	○	○	○	
ホテル、旅館			×	×	×	×	▲	○	○	○	○	○	×	×	▲3,000m²以下
遊戯施設・風俗施設	ボーリング場、スケート場、水泳場、ゴルフ練習場、バッティング練習場等		×	×	×	×	▲	○	○	○	○	○	○	×	▲3,000m²以下
	カラオケボックス等		×	×	×	×	×	▲	▲	○	○	○	▲	▲	▲10,000m²以下
	麻雀屋、パチンコ屋、射的場、馬券・車券発売所等		×	×	×	×	×	▲	▲	○	○	○	▲	×	▲10,000m²以下
	劇場、映画館、演芸場、観覧場		×	×	×	×	×	×	▲	○	○	○	×	×	▲客席200m²未満
	キャバレー、ダンスホール等、個室付浴場等		×	×	×	×	×	×	×	×	▲	○	×	×	▲個室付浴場等を除く。
公共施設・病院・学校等	幼稚園、小学校、中学校、高等学校		○	○	○	○	○	○	○	○	○	○	×	×	
	大学、高等専門学校、専修学校等		×	×	○	○	○	○	○	○	○	○	×	×	
	図書館等		○	○	○	○	○	○	○	○	○	○	○	×	
	巡査派出所、一定規模以下の郵便局等		○	○	○	○	○	○	○	○	○	○	○	○	
	神社、寺院、教会等		○	○	○	○	○	○	○	○	○	○	○	○	
	病院		×	×	○	○	○	○	○	○	○	○	×	×	
	公衆浴場、診療所、保育所等		○	○	○	○	○	○	○	○	○	○	○	○	
	老人ホーム、身体障害者福祉ホーム等		○	○	○	○	○	○	○	○	○	○	○	×	
	老人福祉センター、児童厚生施設等		▲	▲	○	○	○	○	○	○	○	○	○	○	▲600m²以下
	自動車教習所		×	×	×	×	▲	○	○	○	○	○	○	○	▲3,000m²以下
工場・倉庫等	単独車庫（附属車庫を除く）		×	×	▲	▲	▲	▲	○	○	○	○	○	○	▲300m²階以下2階以下
	建築物附属自動車車庫 ①②③については、建築物の延べ面積の1/2以下かつ備考欄に記載の制限		①	①	②	②	③	③	○	○	○	○	○	○	① 600m²以下1階以下 ② 3,000m²以下2階以下 ③ 2階以下
			※一団地の敷地内について別に制限あり。												
	倉庫業倉庫		×	×	×	×	×	×	○	○	○	○	○	○	
	畜舎（15m²を超えるもの）		×	×	×	×	▲	○	○	○	○	○	○	○	▲3,000m²以下
	パン屋、米屋、豆腐屋、菓子屋、洋服店、畳屋、建具屋、自転車店等で作業場の床面積が50m²以下		×	▲	▲	▲	○	○	○	○	○	○	○	○	原動機の制限あり。　▲2階以下
	危険性や環境を悪化させるおそれが非常に少ない工場		×	×	×	×	①	①	①	②	②	○	○	○	原動機・作業内容の制限あり。 作業場の床面 ① 50m²以下　② 150m²以下
	危険性や環境を悪化させるおそれが少ない工場		×	×	×	×	×	×	×	②	②	○	○	○	
	危険性や環境を悪化させるおそれがやや多い工場		×	×	×	×	×	×	×	×	×	○	○	○	
	危険性が大きい又は著しく環境を悪化させる恐れがある工場		×	×	×	×	×	×	×	×	×	×	○	○	
	自動車修理工場		×	×	×	×	①	①	②	③	③	○	○	○	作業場の床面積　① 50m²以下 ② 150m²以下　③ 300m²以下 原動機の制限あり。
	火薬、石油類、ガスなどの危険物の貯蔵・処理の量	量が非常に少ない施設	×	×	×	①	①	①	○	○	○	○	○	○	① 1,500m²以下　2階以下 ② 3,000m²以下
		量が少ない施設	×	×	×	×	×	×	②	○	○	○	○	○	
		量がやや多い施設	×	×	×	×	×	×	×	×	×	○	○	○	
		量が多い施設	×	×	×	×	×	×	×	×	×	×	○	○	
卸売市場、火葬場、と畜場、汚物処理場、ごみ焼却場等			都市計画区域内においては都市計画決定が必要												

(注) 本表は、改正後の建築基準法別表第二の概要であり、すべての制限について掲載したものではありません。

出典:「用途地域による建築物の用途制限の概要」（東京都都市整備局）

遠鏡型の規制方式となりがちである。

　建築基準法は**図表6.5**に示すように、第一種低層住居専用地域、第二種低層住居専用地域及び第一種中高層住居専用地域については立地用途明示型、その他の用途地域はすべて禁止用途明示型である。この場合、第二種中高層住居専用地域から準工業地域までが一つの望遠鏡（つまり段階的規制）、工業地域と工業専用地域とが別の望遠鏡となっており、大きく三つの規制パターンで構成されている。

　以上のことからもわかるように、現在の規制方式は法が予想しない新たな用途が出現した場合、第一種低層住居専用地域、第二種低層住居専用地域及び第一種中高層住居専用地域を除き、トラブルが起こる可能性を残したものとなっている。過去をふりかえってみると、ラブホテル、モーテル、ボーリング場、カラオケボックスなど多くのトラブル事例が見受けられる。これらの矛盾はゾーニング方式としての用途地域規制そのものに内在しているものであり、これを根本的に変えていくためには、詳細計画に基づく計画許可制度の導入をまたねばならない。しかし、経済社会が急激に発展するわが国において、しかも都市化の波がダイナミックに押し寄せる動きの激しい大都市（成長拡大期の都市）のようなところでは、地域ごとまた地区ごとに詳細計画の内容を固めることは容易ではないし、またそのような状況の下では、詳細計画の策定に対し住民の合意を取り付けることも難しい。

　そうした状況にあっても、行政は環境整備に対するきめ細かな住民の求めに応えていかねばならない。特別用途地区制度と地区計画制度は、そうした観点から用途地域制度を補完する制度として創設されたものである。

　次に、規制の内容であるが、建築基準法の用途規制は、伝統的に経験主義的な漸進主義をとっており、基本的には市街地建築物法時代の骨組みの上にのって、当面問題となった用途を取捨選択して積み上げる形で整理されたものであり、決して、将来像を基本においた規制目的から発して体系

的・演繹的に規制用途を導き出しているわけではない。

　なお、卸売市場、と畜場、ごみ処理場などの供給処理施設は、都市生活上必要不可欠の施設であるにもかかわらず、生活公害をもたらす恐れが大きいことなどから迷惑施設としてとらえられており、都市全体的観点から施設の位置を確定する必要があることから、当該施設の建築にあたっては別途の手続きが必要とされている。

　また、他の法律に基づく用途制限として、臨港地区、流通業務地区及び駐車場整備地区がある。臨港地区内の建築制限は港湾区域の管理運営を円滑に行うために設けられたもので、臨港地区内においては建築基準法に基づく用途地域等による用途制限が適用除外となり、別途、港湾法に基づく都道府県条例によって定められた制限内容に基づき建築制限されることになっている。また、流通業務地区内の建築制限は流通業務市街地の適正な整備を図るため設けられたもので、流通業務地区内においては建築基準法に基づく用途地域等による用途制限が適用除外となり、別途、流通業務市街地の整備に関する法律に基づき建築制限されることになっている。

　駐車場整備地区内の建築制限は、都市における駐車場の整備を公民が役割分担して進めていくために設けられたものである。建築物に付帯的に発生する駐車場に対しては、駐車場法第20条に基づく地方公共団体の条例により駐車場施設の附置が義務づけられているが、駐車場整備地区内またこれに準ずる地区内においては、一定規模以上の建築物を建築する場合、当該地区の位置付けと建築物の用途・規模等に応じ、一定の台数を収容できる駐車施設の附置を義務づけている。

5　制限内容

　図表6.5に掲げる建築用途の別に制限内容を具体的にみると、共同住宅を含む住宅全般（兼用住宅を除く）と老人ホームなどは、暮らしの基盤となる施設であることから、工業専用地域以外はどの用途地域においても

建築可能となっている。なぜ工業専用地域が建築禁止なのかというと、工業専用地としての利用を前提に公共施設整備がなされた土地の区域に、住宅の立地を認めると、いつしか地価負担力の大きい住宅が進出してきて工場を追い出す（いわゆる軒先貸して母屋を乗っ取られる）状況が現出しがちであるため、公害工場の立地も想定した工業専用地域については、公害対策のための投資を後追い的に抑制し工業地としての公共投資の有効性を保持するとともに、住宅立地に伴う公害の発生を未然に防止する観点から住宅等の立地を禁止している。

　店舗については、住宅地等における商業サービスのための施設として、基本的には需給関係に基づき住宅周りなどに配置されるものであるが、商業的利便性より住環境の維持が優先される低層低密度の住宅地（低層住居専用地域）においては、地域の生活環境を守る意味から地域コミュニティにおける生活の維持に必要な店舗のみの立地を認め、地域コミュニティに関係しない外部の不特定多数の人々をサービス対象とする規模・形態を有する店舗の建築を禁止している。また、工業専用地域においても、やはり地域の外部に存する不特定多数の人々をサービス対象とする物品販売店舗と飲食店について、建築を禁止している。

　事務所は、規模（延べ面積）・形態（階数）を別にすれば、用途的には住居専用地域を除き、どの用途地域においても建築が禁止される性格の施設ではない。ただ住居専用地域は良好な住居の環境を保護する必要から、第二種中高層住居専用地域において、さらにその中でも延べ面積 1,500 m^2 以下でかつ 2 階以下のもののみ建築を認めている。また、経済の拡大期に地価が高騰し都心及びその周辺の住宅地において事務所立地が進み、住宅地の環境を阻害したりそれら地域において住宅の立地が難しくなったため、混在型の住宅地である第一種住居地域についても、大規模（3,000 m^2 以上）な事務所の建築を制限することになった。その他の用途地域は規模・形態にかかわらず建築可能となっている。

ホテル・旅館など宿泊施設は、外部から不特定多数の者を吸引する施設であることから、商業系用途地域と混在型の用途地域である準工業地域、第一種住居地域、第二種住居地域、準住居地域（第一種住居地域は規模の制限がある）については建築可能としているが、住居専用地域と工業系用途地域（準工業地域を除く）については建築を禁止している。

　劇場や映画館またパチンコ屋やキャバレーなどの遊戯・風俗施設は、不特定多数のものをサービス対象とする施設であることから、商業地域では建築可能としているが、住居専用地域では建築を禁止しており、またその他の用途地域についても、環境の悪化に留意し建築用途に応じて立地を制限している。

　大学や専修学校等は、そもそも不特定多数のものをサービス対象とする施設であることから、低層低密度の住宅地（低層住居専用地域）においては、その環境を維持するため建築を禁止している。また、工業系の用途地域（準工業地域を除く）においては、大学や専修学校等の立地環境を保持する趣旨から建築を禁止している。

　小・中学校など一般の学校は、住宅と連携する施設であることから、基本的には住宅と併せて建築を容認していく性格のものであるが、その立地環境を保持する趣旨から、工業系の用途地域（準工業地域を除く）においては建築を禁止している。

　寺社や診療所等は、そもそも地域コミュニティ施設として存在しており、これらの施設は住宅や商業また工業の立地環境を阻害することはないので、どの用途地域においても建築可能としている。ただ似たような施設である病院については、店舗や事務所と同じような考え方をとっており、その規模・形態によってはサービス対象が地域の外部の不特定多数の人々となることから、これらの人々が地域に入り込み住環境を悪化させる恐れがあるので、低層住居専用地域では建築を禁止している。また、工業系の用途地域（準工業地域を除く）においては、病院の立地環境を保持する趣旨

から建築を禁止している。

　工場・倉庫については、住居の環境を保護するため住居専用地域（一部のものを除く）において建築が禁止されている。また、その他の用途地域においては、施設の種別に応じ防災面からの危険性や環境面からの問題発生の恐れなどに応じ、用途地域ごとに建築が制限されている。

6　制限の緩和

　これらの用途制限を例外なく一律に適用していくと、予想もしない用途が現れ社会変化に伴う地域の土地利用の求めに合わなかったり、または積極的な規制方法をとった場合に、規制が厳しすぎて社会的に不具合が生じる場合も出てくる。

　そこで、特定行政庁（都道府県知事または市区町村長）は、地域における規制の趣旨をふまえ支障がないと判断した場合には、公聴会を開催し、かつ建築審査会の同意を得たうえで、例外的に用途規制を解除し許可することができるようになっている（建基法第48条第13項）。

　ただ建築基準法においては、比較的緩く用途規制が行われている現状にあることから、上記のような例外許可の制度を運用する場面は少ないといえる。ただし、時には地域の状況が移り変わるような情勢下にあるが、時機を得て的確に用途地域指定の見直しができない場合も生じうるし、また当該地区には必要のない施設であっても、都市全体あるいは地域全体にとっては必要という施設もある。そうした観点から地域のまちづくりの目的・方法、地域の土地利用の現況と動向とを十分に勘案のうえ、例外許可制度の的確な運用が望まれる。

　したがって、必要な場合には尻込みすることなく、例外許可制度の積極的な運用を行っていくべきである。例外許可制度の運用が想定される場合の例としては、①規制計画において当初予想しない用途ではあるが、その地域に立地しても支障のないもの、②当初から施設計画の内容や状況によ

り例外許可の扱いを想定しているもの、③地域が担う機能や環境が変化しつつあり、当該用途・規模・形態の建築物が、その地域に立地しても将来的に支障のない場合などが考えられる。

4.2 特別用途地区

「特別用途地区」は、建築用途の規制という面から用途地域を補完するもので、特別の目的から特定の用途の建築物の利便の増進または環境の保護等を図るために定められる。

図表6.6　特別用途地区の種類と目的

名　　称	指　定　目　的
中高層階住居専用地区	大都市の中心部における住宅地の確保
商業専用地区	商業業務施設の集約的な立地の誘導
特別工業地区	地場産業の保護育成 公害防止 工業の利便の増進
文教地区	文教環境の保護
小売店舗地区	小売店舗の集積 近隣サービス店舗の集積
事務所地区	事務所の集積 官公庁の集積
厚生地区	医療、厚生施設の集積と、該当環境の保持
娯楽・レクリエーション地区	レクリエーション環境の維持、利便増進
観光地区	歓楽街の形成 文化・観光施設の維持、整備 別荘地・保養地の環境維持
特別業務地区	沿道土地利用の増進 流通業務施設の集積
研究開発地区	製品開発の研究のための試作品の製造を主たる目的とする工場、研究所等の集積を図る

出典：『ビル経営管理講座テキスト①「企画・立案」〈上巻〉』
（財日本ビルヂング経営センター）

従来は、特別用途地区の種類が都市計画法で限定されていたが、現在では区市町村の必要に応じ、独自の種類・内容をもった特別用途地区を指定することができるようになった。なお、参考までに**図表6.6**に現在活用されている主な特別用途地区の例を掲げておく。

　特別用途地区においては、地方公共団体が定める条例により、地区の特性や課題に応じて、基本となる用途地域の制限の強化または緩和（緩和の場合は国土交通大臣の承認が必要）を行うことができる。また、地区指定のため必要がある場合は、用途のほか、建築物の敷地、構造、設備についても必要な制限を条例で定めることができる（建基法第49条、第50条）。

[立体用途規制]

　都心部やその周辺部の商業・業務地や住宅地等を対象に、中高層階住居専用地区として立体用途規制を行い住宅の確保を図る場合がある。規制としては、中高階の用途を住宅等に限定することにより、この部分について事務所等の立地を制限する方法がとられる。

4.3　特定用途制限区域

　特定用途制限区域は、用途地域が定められていない土地の区域（市街化調整区域を除く）を対象に、良好な環境の形成または保持を図るため、地域特性に応じ合理的な土地利用が行われるよう、制限すべき特定の建築物その他の工作物の用途の概要を定める地域である。

　市街化区域及び市街化調整区域の区域区分の制度が、平成12（2000）年より原則として選択制に移行したのに伴い、従前、市街化調整区域に指定されていた区域が、今後、区域区分がなされない非線引きの白地地域（用途地域未指定の区域）となり、特段の土地利用規制が行われない地域となってしまう恐れが出てきている。また、現に存する非線引きの白地地域においても、昨今、大規模な店舗、工場やカラオケボックス等のレジャー施設、

また、パチンコ店やモーテル等の風俗関係施設等の立地が進み、その周辺の居住環境を維持していくうえで支障が生じている。特定用途制限区域は、このような状況を受け地域の整備に有効に対応していくため創設されたものである。
　用途制限の具体的な内容は、区域指定に当たりまとめられる都市計画サイドの意見に即し、建築基準法に基づく政令基準に従い地方公共団体の条例で定められる。

5 容積率の規制・誘導制度

5.1 容積率制限

1 目的

　容積率とは建築物の延べ面積の敷地面積に対する割合のことである。この容積率は建築敷地に建てることのできる建築物の大きさ、つまりその敷地の開発可能性を規定する。つまり経済的なもののとらえ方をするならば、「容積率はその土地の収益性にとって重要な意味をもっている」といって差し支えないだろう。

　どのような用途の建築物ができるか否かは建築主にとって大変重要な問題であるが、それと同様に「敷地にどのくらいの大きさの建築物が建てられるのか」、言い換えれば「どの程度の密度で土地を利用できるのか」、ということも大変重要なことである。

　しかし、容積率制に代表される密度規制の意義は、こうした事業者の私的関心事としての意味よりも、むしろ行政側において大きい。超高層ビルが林立し、昼でもなお暗いニューヨークのマンハッタン地区をみればわかるように、建築密度は市街地の環境水準を規定する基本的な要素の一つであるばかりでなく、鉄道、道路、公園、下水道、ごみ処理場などの各種公共施設の整備水準を規定する重要な指標ともなっている。建築物の利用密度、すなわち居住密度や就業密度、またそのことに対応して発生する人や物資の動きに応じて都市施設を適切に整備していかねば、円滑な都市活動や安全で快適な都市環境も実現しえないからである。

その昔、用途地域制度は都市施設整備を適切に進めるための道具としての役割を期待され導入されたといわれている。当時は、直接的な密度規制というものはなく木造建築が支配的で、高さを規制し用途地域を睨めばおのずと公共施設の整備需要がつかめた時代である。しかし、時代は進み経済活動が活発化し、財を蓄え鉄筋コンクリートや鉄骨造の建築物が普及してくると、地価の高騰とともに中心市街地においては広い範囲にわたって高密度化が進んだ。密度規制は、かつて建ぺい率と高さ制限の組合せで間接的に行われていた時期もあったが、土地の高度利用に向けての需要が大きくなると、頭を抑えられた建築物は地下深くへと伸び、階数を稼ぐため階高を低く押さえ、さらに敷地いっぱいに広がっていった。こうして居室における日照や採光また通風の確保が困難となり、室内衛生環境確保の面から大変危惧される状況を呈するようになった。一方、地震国であるわが国においても設計・施工の面において建築技術面での革新がみられ、建築物の高層化が可能となった。このことを受け直接的に密度を規制する道具として、昭和39（1964）年に容積地区制度が大都市の一部に導入された。この制度は昭和43（1968）年には用途地域に組み入れられ、昭和45（1970）年の建築基準法改正を経て全国的に一般化されていった。

2 制限内容

　密度規制の内容であるが、わが国においては現在、容積率規制として、図表6.7に示すように50％から1300％まで17種類の容積率メニューが用意されており、この中から選択して都市計画決定権者が地域を指定することになるが、建築基準法において用途地域の種別に応じ容積率メニューの選択には一定の制限が設けられている。

　また、実際に使える容積率は敷地が接する道路の幅員など、複雑な法制度の仕組みの中で決まってくるが、まずはその上限が都市計画によって用途地域を指定することにより一定の枠がはまるということである。といっ

て都市計画の決定権者である地方公共団体がこれを勝手に決めてしまうというものではない。

　容積率の指定にあたっては、用途地域ごとに指定する数値の枠が明示されており、都市計画決定権者はその数値メニューの中から適宜選択し、それぞれの地域に指定する仕組みとなっている。つまり都市計画決定権者として地域の実情に通じた地方公共団体の果たす役割は、国が用意した容積率メニューの中から当該都市の土地利用計画に即して、市街地を構成する各地区にふさわしい数値を選んで設定することにある。

　しかし、こうして指定された容積率がそのまま規制値となるということではなく、建築基準法に基づき前面道路の幅員などによっても、さらに規制を受ける場合がある。

　すなわち、前面道路の幅員が12m未満の場合は、前面道路の幅員に住居系の用途地域にあっては$\frac{4}{10}$（特定行政庁が都市計画審議会の議を経て指定する区域内は$\frac{6}{10}$）を、それ以外のものにあっては$\frac{6}{10}$（特定行政庁が都市計画審議会の議を経て指定する区域内は$\frac{4}{10}$また$\frac{8}{10}$）を、それぞれ乗じて得た数値以下とすることになっている。$\frac{4}{10}$、$\frac{6}{10}$の数値は、それぞれの用途地域の道路斜線勾配（1.25、1.5）を階高3mで除した値を、住居系等の区域は若干厳しく、それ以外は若干緩和した数値に整理したものである。

　さらに、昭和62（1987）年には建築基準法が改正され、前面道路幅員が6m以上12m未満の場合で、建築敷地が幅員15m以上の道路に延長70m以内で接続するときは、一定の算式により算定された数値をその道路幅員に加えることができるという、緩和措置も用意された。

　なお、容積率規制において、その対象となる建築物の、駐車場また駐輪場の部分は全床面積の$\frac{1}{5}$までは計算上除外できることになっている。また、住宅用途に供する地階で天井面から地盤面までの高さが1m以下の部分にある床は、住宅部分の全床面積の$\frac{1}{3}$までは計算上除外できることになっている。さらに、共同住宅については共同の廊下や階段部分は容積対象の

図表6.7　用途地域等に応じた容積率の限度一覧表

用途地域の区分	指定容積率による限度	前面道路の幅員W(m)が12m未満の場合の限度
第一種及び第二種低層住居専用地域	50%、60%、80%、100%、150%、200%のうちから都市計画で定める	$W \times \frac{4}{10}$
第一種及び第二種中高層住居専用地域並びに第一種、第二種及び準住居地域	100%、150%、200%、300%、400%、500%のうちから都市計画で定める	$W \times \frac{4}{10}$ 特定行政庁が指定した区域 $W \times \frac{6}{10}$
近隣商業地域、準工業地域	100%、150%、200%、300%、400%、500%のうちから都市計画で定める	$W \times \frac{6}{10}$ 特定行政庁が指定した区域 $W \times \frac{4}{10}$ または $W \times \frac{8}{10}$ 第一種、第二種及び準住居地域内の高層住居専用地区内で住宅比率$\frac{2}{3}$以上の建築物以外のものは $W \times \frac{4}{10}$
工業地域、工業専用地域	100%、150%、200%、300%、400%のうちから都市計画で定める	
商業地域	200%、300%、400%、500%、600%、700%、800%、900%、1000%、1100%、1200%、1300%のうちから都市計画で定める	
高層住居誘導地区	50%、80%、100%、200%、300%、400%のうちから都市計画で定める	
無指定区域	50%、80%、100%、200%、300%、400%のうちから特定行政庁が指定	

延べ面積に算入しないこととなっている。

5.2　容積の移転・活用

1　意義

建築容積の移転・活用についてであるが、このことが求められる社会的

背景としては、その根っ子に地権者からの土地の高度利用要求というものがある。この求めに対応し容積移転の制度が整備されているが、この制度を十全に機能させるためには、関係者がその制度活用にあたり容積率設定の考え方を十分認識するとともに、都市づくりの場面において行政が容積移転の手法を用いていかなる政策目標を達成しようとしているのか、ということが重要である。

　容積移転は単なる事業者の土地の高度利用要求に応えるだけのものではなく、都市づくり政策の具体的な展開として運用されてはじめてその意義が発揮され有効となる。有効というのは通常の状態に比べてより効果的という意味で、現状よりもよい状態に都市を改善していく、よりよい土地の利用をめざしていくということである。土地有効利用のあり方は都市のおかれた状況や、めざす都市づくりの目標とその方向によっても異なる。

　さて、容積移転という手法を活用して達成される行政目標についてであるが、これは一つではない。例えば、整備された都市基盤施設を有効利用するため土地の高度利用を進め都市活動を活発化させることも大事であろうし、また現に有する良好な都市環境を保持したり、また新たに魅力的な都市環境を整えていくためにも活用されてしかるべきであろう。

　前者は目標としての密度計画を実現していく立場からのものであり、後者は容積移転の制度運用を通じて広く政策的に都市づくりを進めていく立場からのものである。現実的にはこれらの目標はミックスされた形で運用されていくことになる。

2　容積移転の手法

　それでは次に容積の移転を実現する手法についてであるが、大きく区分すると以下に掲げる概念に基づき、これに対応する形で各種制度・手法の活用が図られている。

① 共同建築による一敷地化
　　→高度利用地区（市街地再開発事業、等価交換事業など）
② 協調的な建築による一団地化
　　→一団地の総合的設計、連担建築物設計制度
③ 容積再配分をめざした地区計画化
　　→容積適正配分型地区計画、特定街区
④ 容積移転をめざしたゾーニング化
　　→特例容積率適用地区

　以上の四つの容積移転のパターンは、①から②、②から③、③から④へとシフトするに従い、イメージ的には対象となるエリアは広がっていく。こうして容積移転の対象地域が広がっていけば、それに従い容積の移転手法を活用したプロジェクトの数も増えていこう。

　しかし、注意しなくてはならないのは、それと反比例するかのようにして、当該敷地に建つ建築物と周辺環境との間における受益と負担の一致性が薄れていくということである。すなわち、大きな建築物を建てる敷地の周辺にだけ環境面のしわ寄せが及んでいくことが考えられる。そこで制度運用にあたっては実態面から、市街地環境の確保という点に十分留意して対処する必要がある。

　それでは手法ごとに、その概要を紹介する。

ア 高度利用地区

　高度利用地区は地域地区の一つで、市街地における土地の合理的かつ健全な高度利用と都市機能の更新とを図ることを目的としている。都市計画には容積率の最高限度と最低限度、建ぺい率の最高限度、建築面積の最低限度、壁面の位置の制限を定めることになっている。

　高度利用地区は共同建築化のための事業手法である。市街地再開発事業

等の施行区域要件となっているので、これらの事業と併用される場合が多いが高度利用地区単独での適用も可能である。

　高度利用地区は、①公共施設の整備不足等により土地の効率的利用が阻まれている地区で都市施設整備にあわせ土地の健全な高度利用を図る必要のある地区、また②敷地細分化が進むなど土地利用の状況が著しく不健全な地区で都市環境の改善また災害の防止等の観点から土地の健全な高度利用を図る必要のある地区、さらには③都市機能の更新を図るべき地区で、土地の健全な高度利用を図る必要のある地区に指定される。

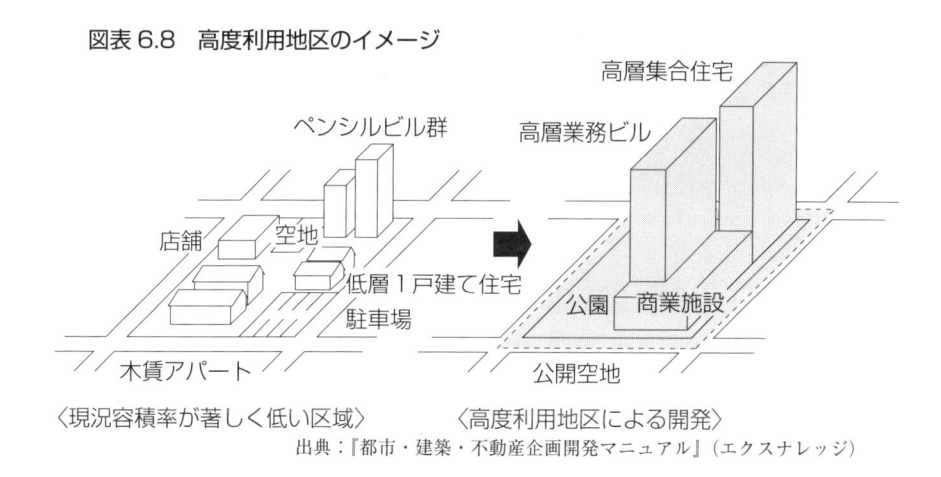

図表6.8　高度利用地区のイメージ

〈現況容積率が著しく低い区域〉　〈高度利用地区による開発〉

出典：『都市・建築・不動産企画開発マニュアル』（エクスナレッジ）

イ 一団地の総合的設計＆連担建築物設計制度

(1)　一団地の総合的設計制度

　「総合的設計」とは、一団の土地の区域内に2以上の構えをなす建築物を総合的設計によって建築する場合、建築基準法第86条の規定に基づき、特定行政庁が各建築物の位置及び構造が安全上、防火上及び衛生上支障がないと認めるものについて、本来は敷地単位に適用される接道規定や容積率、建ぺい率、道路・隣地斜線制限、第一種低層住居専用地域内等での外

壁の後退距離・高さなどの建築基準を、複数の建築物が建つ一団の土地全体を一つの敷地とみなして適用することにより規制を合理化（実質的に規制を緩和）することができる制度である。

図表6.9　一団地の総合的設計のイメージ

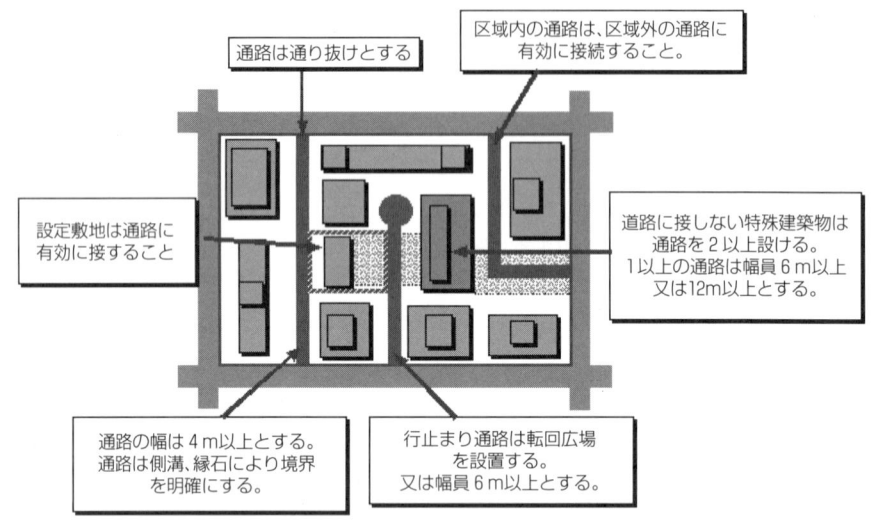

- 通路は通り抜けとする
- 区域内の通路は、区域外の通路に有効に接続すること。
- 設定敷地は通路に有効に接すること
- 道路に接しない特殊建築物は通路を2以上設ける。1以上の通路は幅員6m以上又は12m以上とする。
- 通路の幅は4m以上とする。通路は側溝、縁石により境界を明確にする。
- 行止まり通路は転回広場を設置する。又は幅員6m以上とする。

出典：「東京のまちづくり情報」
URL：http://www.linkclub.or.jp/~erisa-25/index.html

(2) 連担建築物設計制度

「連担建築物設計制度」は、平成10（1998）年の建築基準法の改正により、従来の一団地の総合的設計制度に加えて新たに創設された制度で、複数の敷地により構成された一団の土地の区域において、協調的な建築計画が策定された場合、既存建築物を含む複数の建築物を同一の敷地内にあるものとみなし、容積率等の建築基準を適用する制度である。特定行政庁がその位置及び構造が安全上、防火上及び衛生上支障がないと認める区域内の各建築物については、接道義務、容積率制限、建ぺい率制限、日影規制などが、同一敷地内にあるとみなして適用される。この制度により、複数

の敷地相互の間で容積の再配分が可能となり、奥まった敷地や既存の建築物が存在する敷地における未利用容積の活用が可能となり、市街地環境の整備改善にあわせ、土地の有効利用が促進されることになる。

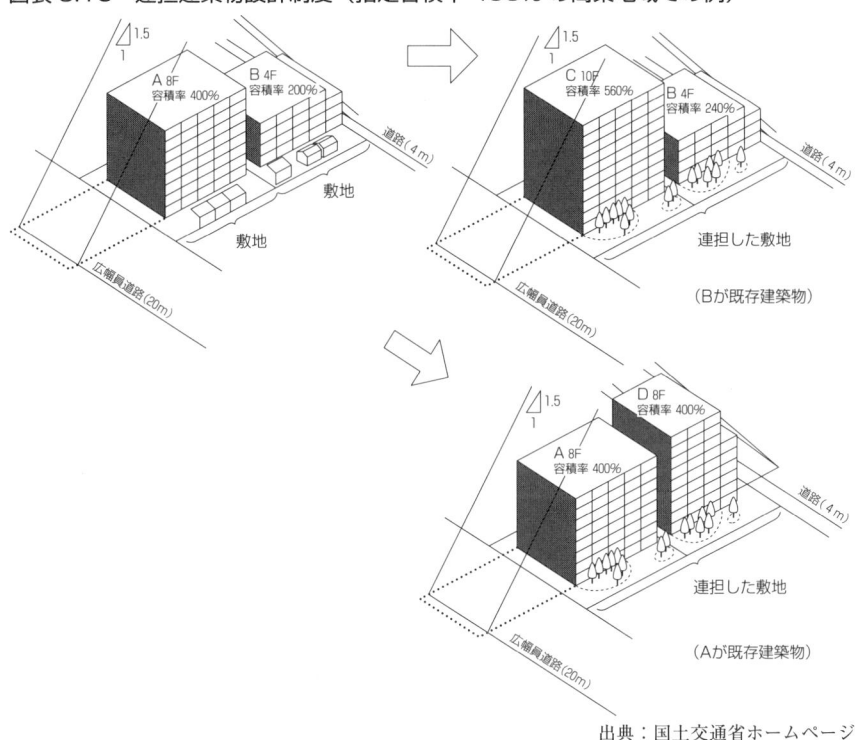

図表6.10　連担建築物設計制度（指定容積率400%の商業地域での例）

出典：国土交通省ホームページ

ウ　特定街区

　特定街区は地域地区の一つで、良好な環境と健全な形態を備えた建築物の建築や地区環境の向上に寄与する公衆が利用できる有効空地を確保することにより、都市機能に適応した街区を形成し市街地の整備改善を図ることを目的としている。

　都市計画としては容積率の最高限度、高さの最高限度、壁面の位置の制

限が定められる。特定街区の区域内においては、建築基準法集団規定のうち密度・形態に係る規制が適用除外される。このように一般基準とは異なる特別なルールが設定されるため、区域指定にあたっては地権者の同意が要件となる。

　特定街区は一般には周囲を一定の幅員の道路で囲まれた街区を対象としており、その運用基準には都市の整備課題に対応し有効空地の確保等の整備項目が明記されていて、提案された建築計画の内容の市街地整備への貢献度に応じて容積率ボーナスが与えられる仕組みになっている。なお、特定街区は道路を挟んで向かい合う複数の街区・敷地を一体的に計画することにより、容積を道路を挟んでやり取りすることが可能となっている。ただ一方の街区・敷地で通常よりも土地の高度利用を行うことになるので、都市計画決定にあたっては周辺環境への影響を十分にチェックすることになっている。

図表6.11　特定街区のイメージ（複数街区の場合）

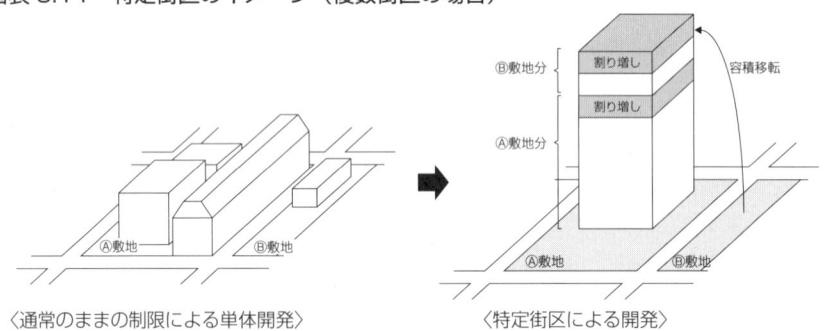

〈通常のままの制限による単体開発〉　　〈特定街区による開発〉

出典：『都市・建築・不動産企画開発マニュアル』（エクスナレッジ）

エ　特例容積率適用地区

(1)　制度の概要と取り組みの基本的考え方

　特例容積率適用地区とは、低層住居専用地域と工業専用地域を除く用途地域内にあって適正な配置・規模の公共施設を備えていることなどによ

り、飛び地での容積移転を含め都市計画で指定された容積率の限度からみて未利用となっている容積の活用を促進することを目的に、区域全体として土地の有効利用を図るべく都市計画でその区域が指定されたものをいう。都市計画で区域指定されると容積計画上は区域全体が一体の敷地としてとらえられ、一定の条件を満たす建築計画を対象に当該区域内において積極的に未利用容積の有効活用が図られることになる。

この制度の特徴は、これまでの容積移転の制度が連担する敷地間や道路を挟んで向かい合う敷地間での容積移転であったのに対し、容積の受け手と送り手との敷地相互が隣接しているいないを問わず、例え飛び地であっても、その対象としていること。また、容積を送り出す敷地は何回にも分け幾度でも容積の移転を行うことが可能としていることにある。これは土地所有者等の発意と合意を尊重し、特定行政庁の指定に基づいて容積移転を簡易、迅速に行おうとするものである。

この制度の適用される区域の要件としては、次の通りである。

① 第一種及び第二種中高層住居専用地域、第一種、第二種及び準住居地域、近隣商業地域、商業地域、準工業地域、工業地域内であること。

② 道路、公園、下水道等の公共施設が十分に整備された区域であること（容積率を限度一杯に利用するためには適正な配置・規模の公共施設が既に整備されており、高度利用を図っても都市インフラについては問題を生じないことが前提となる）。

③ 区域全体として土地の高度利用を促すため、未利用容積率の活用を図る必要があること（未利用の容積率を他の敷地に移転して容積を活用することの意義が都市計画上求められること。例えば、区域内に歴史的建造物があり社会的保存の要請が高く、当該敷地においては指定容積率を利用できない場合、これを他の敷地に移し替えて活用することが有効と考えられること）。

(2) 区域の指定

　特例容積率適用地区は地域地区に関する都市計画の一つとして定めることになる。すなわち、三大都市圏の既成市街地、近郊整備地帯等は都府県、政令市の区域は政令市、その他の区域は市町村が特例容積率適用地区を指定することになる。当該地区の指定にあたっては「区域」の他に、市街地環境を確保する観点から必要な場合、建築物の高さの最高限度をあわせて定めることが望ましいとされている。同じく狭小宅地における過密化の未然防止ということでは敷地面積の最低限度をあわせて定めることが望ましい。

(3) 特例容積率の限度の指定

　建築手続きとしては土地所有者等から特定行政庁に対し特例容積率の限度の指定についての申請を行うことになる。この時、特定行政庁は建築計画が次の要件を備えている場合、特例敷地のそれぞれに適用する特例容積率の限度を指定することになる。

① 各敷地において利用される容積の合計が基準容積率の範囲内にある。
② 特例容積率の限度が現に存在する建築物の容積率以上ある。
③ 特例容積率の限度が各特例敷地に建つ建築物の利用上の必要性、周囲の状況等を考慮して各敷地にふさわしい容積を備えた建築物が建築されることにより、各特例敷地の土地が適正かつ合理的な利用形態となるよう定められている。

　また、用途地域に基づく容積率の限度を超える場合は、建築される建築物が交通上、安全上、防火上また衛生上支障がないよう定められていることが求められる。

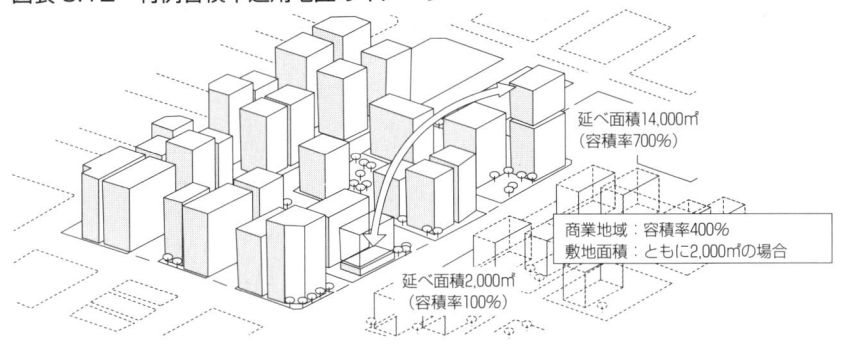

図表6.12　特例容積率適用地区のイメージ

延べ面積14,000㎡
（容積率700%）

商業地域：容積率400%
敷地面積：ともに2,000㎡の場合

延べ面積2,000㎡
（容積率100%）

出典：『ビル経営管理講座テキスト①「企画・立案」〈上巻〉』
（財）日本ビルヂング経営センター）

5.3　容積による誘導

1　誘導容積型地区計画

「誘導容積型地区計画（都計法第12条の6）」は、公共施設の整備が不十分な地区において、容積率の最高限度を公共施設整備後の目標容積率と、整備前の暫定容積率とに区分し指定するとともに、公共施設整備の進捗にあわせ目標容積率を使える仕組みとすることにより、適切な公共施設整備を伴った土地の有効利用を誘導することを目的としている。

　地区整備計画においては、地区施設及び容積率の最高限度（目標容積率、暫定容積率）が定められるとともに、容積率については条例によって制限されている場合、特定行政庁が交通上、安全上、防火上、衛生上支障がないとして認定した場合は、目標容積率を適用することができる（建基法第68条の4）。

　このタイプの地区計画は、土地区画整理事業などにより基盤整備が進められている地区において、公共施設の整備にあわせ適切な土地利用を誘導したりする場合や、未整備な幹線道路の沿道において、幹線道路や地区施

活動しやすい機能的な都市の整備　**217**

設を整備しつつ一体的に土地の有効利用を図る場合などに活用される。

　一般的には、公共施設が整備された後の容積率をあらかじめ見込み、その数値を内容とした用途地域（容積率）の変更にあわせ地区計画（目標容積率は用途地域変更後の容積率、暫定容積率は用途地域変更前の容積率）を策定し、公共施設が整備される前までは暫定容積率（変更前の用途地域に基づく容積率）を適用する方法で運用されている場合が多い。

　地区計画による容積の誘導手法としては、この他に容積適正配分型地区計画や用途別容積型地区計画、高度利用型地区計画や再開発等促進区を定める地区計画がある。

2　容積適正配分型地区計画

　「容積適正配分型地区計画（都計法第12条の7）」は、土地の有効・高度利用に耐える適正な配置及び規模の公共施設を備えた土地の区域において、それぞれの地区の特性に対応した形で、地区全体で容積の再配分を図り、当該地区がめざす良好な市街地環境の形成及び合理的な土地利用を実現することを目的とする。

　例えば、地区計画区域を区分し、保全すべき歴史的建造物や緑地等のある区域においては容積率を低く抑えて市街地環境の保全を図るとともに、他方で再開発や共同化などにより道路等の整備や住宅供給の促進など土地の高度利用を図る区域においては、指定容積率を上回る容積率を定めることなどが可能となる。

　都市計画に定める内容としては、地区整備計画に区分された区域ごとの容積率の最高限度、容積率の最低限度、敷地面積の最低限度、道路に面する壁面の位置の制限が定められ、このうち区分された区域ごとの容積率の最高限度以外の事項が条例により制限されている場合、用途地域で指定された容積率にかかわらず、地区計画で定められた容積率が適用される（建基法第68条の5）。

各区域の容積率の最高限度は、指定容積率の 0.5 倍以上 1.5 倍以下で定め、地区内において、区分された区域ごとに算出される容積の合計値は、指定容積率を適用した場合の容積の合計値を超えることはできないが、部分的には指定容積率を超える区域があっても許容されることとなる。

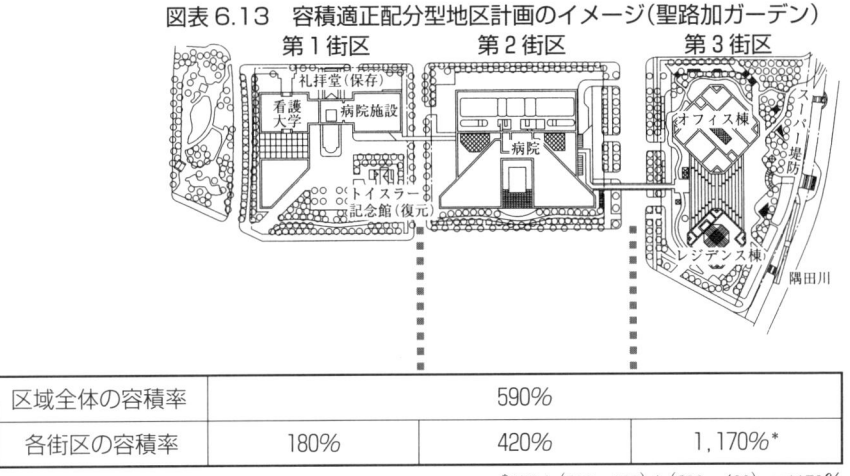

図表 6.13　容積適正配分型地区計画のイメージ（聖路加ガーデン）

区域全体の容積率	590%		
各街区の容積率	180%	420%	1,170%*

*590 + (590 − 180) + (590 − 420) = 1170%
出典：日経アーキテクチュア 1992 年 7 月 6 日号より抜粋・追記

3　用途別容積型地区計画

　「用途別容積型地区計画（都計法第 12 条の 9）」は、定住人口の確保をめざし、住宅に関わる容積率を緩和し住宅の立地誘導を図ることを目的としている。

　この地区計画においては、都市計画の中で住宅を含む建築物とそれ以外の建築物とに区分し、容積率の最高限度を定めることにより、住宅を含む建築物については、その割合等に応じて最大で指定容積率の 1.5 倍まで緩和が可能となる。

容積率の緩和は、①都市計画上も住宅と住宅以外の用途との併在調和が求められる第一種及び第二種住居地域、準住居地域、近隣商業地域、商業地域、準工業地域内にあること、②地区整備計画において住宅を含む建築物とそれ以外の建築物とに区分した容積率の最高限度、容積率の最低限度、敷地面積の最低限度、道路に面する壁面の位置の制限が定められていて、③このうち容積率の最高限度以外の事項について建築条例で制限が規定されている場合に受けることができる（建基法第68条の5の3）。

　人口の空洞化により定住人口が著しく減少した都心または都心周辺部等において、住宅供給の促進を図る場合や、住・商・工の用途が併存する地域で、用途の適正配分と都市機能の維持増進の観点から、住宅の立地誘導を図る必要がある場合、また木造アパート等が密集している区域で居住環境の向上と良質な住宅供給の促進を図る場合、などに活用される。

第2節 暮らしやすい安全安心のまちづくり

1 建築物と道路

　身近なまちづくりとして、安全で安心して暮らせる住まいの環境整備は重要である。住宅を一歩出ればそこには外部環境としての道路がある。道路は私たちが都市に接する"まち"を一番身近に感じる施設である。とりわけ住宅周りの細街路は日常生活においての通行の利便性だけでなく、向かい合う建物相互に一定の空間を確保し近隣環境を一定水準に保つとともに、電気・ガス・水道・下水道・通信など各種の公共サービス施設を収容する空間ともなっており、非常時には避難や消防・救助の動線となる、いわゆるライフラインとして都市生活上大切な基本となる施設である。そこでまず第一に、建築物と道路の関係についてふれることにする。

(道路の役割)

　建築物が多く集積する市街地において、道路は建築物との関係において多様な役割を果たしている。
　一つには、建築物を利用する上で必要不可欠な交通手段としての役割である。建築物の利用者は、建築物がその敷地を介して道路に接することにより、安全に外部との通行が可能になるし、また災害時には避難や消防活動等を円滑に行うことができる。このため、建築物の敷地は一定の幅員を有する道路に接しなければならないとされている。この道路への接道長さは通常2mであるが、特殊建築物、無窓建築物、延べ面積1,000 m^2 を超

える大規模建築物等、2mの接道では規制の目的を達しがたいものについては、地方の実状に応じ、条例でさらに制限を付加できることになっている。

　二つには、道路に接して建つ建築物に対し一定の日照、採光、通風等を確保するとともに、道路の反対側に建つ建築物への延焼の防止を図る役割である。道路は公衆に対し共通の開放空間であり沿道に建つ建築物に対し、一定の市街地環境水準を保っている。このため道路内においては建築が制限されるとともに、道路を挟んで向かいあう建築物相互の間は、道路の幅員に応じて建築物の高さが制限されている。

　三つには、都市活動を円滑に機能させるための供給処理施設の収容空間としての役割である。道路は、交通を処理するとともに、建築物内で行われる諸活動を支えるために供給される電気、ガス、水道等の架空線や地下埋設物を路面の上下に収容している。このことからもわかるように道路の幅員は、沿道の建築物内で行われる活動量と相関関係があり、間接的ではあるが建築物の大きさを規定している。このため道路幅員による容積率制限により建築物の延べ面積が制限されている。

　最後に、市街地の景観とか環境を整える役割である。道路内建築制限や道路斜線制限は、結果として建築制限いっぱいに建つ建築物により、それなりに揃った街並が形成されていく。また、道路境界線と同じような効果を発揮する壁面線は、住宅地の環境を向上させるため道路に面した側に一定の幅をもった前庭を連続させたり、商店街の雑踏をさばくため、建築物の壁面を後退させ前面の敷地部分を通行人に提供する必要がある場合などに指定される。壁面線が指定されると、建築物の壁またはこれに代わる柱、高さ2mを超える門または塀は、壁面線を超えて建築できなくなり、道路内建築制限と同様の効果が発生する。

　このような役割を果たす道路であるが、道路は、いやもっと広く「道」は歴史的に見ていかなる流れの中で整備されてきたのか、ここでいったん

道路整備の沿革について整理し、そのうえで建築基準法上の道路について紹介することにする。

1.1 道路整備の沿革

1 道について

ア 道と道路

　歩く動物としての人間が誕生した時、同時に道も生まれたものと考えられている。その昔、人は野山や海浜に水や食料を求め彷徨ったことであろう。そして繰り返し人が歩いたところがいつしか踏み固められ「道」を形づくっていったと考えられる。

　私たちに最も身近な公共施設は何かといえば、それは「道路」である。しかし、多くの人々は家の前の道路を一般には「道」と呼んでいる。それは道路というよりも道といった方が、親しみがもて一般には通りがいいからであろう。それはどうしてだろうか？　多分、道路にはどこか人工的な構築物としてのイメージがあるが、道には自然発生的な人間くさい雰囲気が漂うからではないか。この違いは重要である。

　「道」と「道路」それは明らかに、その生い立ちや性格を異にしている。一番の違いは、道は自然発生的なものであるが、道路は明確な目的をもって人為的につくられたものという違いがある。すなわち道路は社会システムを構成する共同の装置として必要とされているもので、制度的にも一定の組織が一定の規範をもって維持管理していくものといえるだろう。

　ただ、ここでは道路を含めたもう少し広い概念で道をとらえることにしよう。いちがいに道といってもそのイメージのとらえ方は人により様々である。また、道の存在について人は普段それほど意識しているわけではない。通常は、何の疑念ももたず、その存在についてことさら不思議にも思わず、ただ当たり前のこととして受け入れているというのが実状であろう。

しかし、あって当たり前に思っているこの道が、もしなかったら存在しなかったらどうであろうか。きっと我々の生活は一変してしまうことだろう。いや一変どころではない、生活できない状態に陥ってしまう。そうした視点から改めて現実の市街に目を向け、道を人工的な構築物としての「道路」としてとらえなおしてみると、また様々なものがみえてくる。

　都心の商業業務地に目を転じてみると、幅員20m、30mを超える道路が整備されている。そして多くの大規模な事務所が、これらの道に接して建っていることがわかる。また、大規模なマンションの敷地が接する道路も、それなりの幅員を有している。一方、一般的な戸建住宅地に目を転じてみると、住宅等が接する道路の幅員は4mの確保さえままならず、一間半（2.7m）、狭いものになると1間（1.8m）もないような、道路とはいえないまさに道に接しているものもある。なかには路面の舗装さえされていないものすらある。

　このように市街の道路といっても、その状況は地域により千差万別である。よく目を凝らしてみてみると、幅員が違うだけでなく歩車の分離や舗装のあるなし、また目には見えないが道路敷地の所有関係なども、これまた様々である。

　しかし、この道路がないと、またこの道路に一定程度接していないと、建築物が合法的には建てられないことを知っている人は一体どのくらいいるであろうか？

イ 東京の道の整備

　今では当たり前のように思われている道路の舗装、しかし、東京都区部においても昭和30年代までは家の前の通りといえば砂利敷き、ものによっては土のままといった状況にあった。アスファルト舗装はもちろんされていなかったし、排水溝には木製のドブ板がかかっていた。大勢の人が住む環状六号線と環状七号線の間に位置する、いわゆる木賃ベルト地帯、この

一帯はオリンピックの開催を契機に下水道が整備されることになり、このとき多少のセットバックとあわせ住宅周りの道は、ようやく舗装されることになった。それ以前は砂利敷きでアスファルト舗装に比べれば大変歩きづらかった。

しかし、それでもこれ以前の土が剥き出しであった頃の道よりはましであった。土が剥き出しの道だと晴れた日には土ぼこりが舞い洗濯物を汚すし、雨の日には水溜りができ泥濘（ぬかるみ）となって滑ったり、表面が削り取られ凸凹となったりで、歩行や自転車等の通行に大いに支障となった。砂利敷きとなり、そうした状況は解消されたが、砂利は子供たちの遊び道具となり、石投げに使われ近所の窓ガラスが割られたりする危険があった。

その後わが国は経済の高度成長期を経て、公道はもちろんのこと私道もおおむね舗装されていく。また、文化的な生活を送るにはアスファルト舗装だけでなく、水道や電気また下水道や都市ガスといったライフライン、そして街灯などの設置が必要となる。新しい市街地の開発にあたっては、最初からこうした道路設備の完備が求められた。そこで新市街地においては自動車時代に対応すべく、道路も既成市街地の狭隘なものとは異なり、6mほどの幅員をもった区画街路が碁盤の目のように整然と整備されていった。

その一方、昔ながらの市街においては急速な市街化によって、農道が街路に名だけ変わったものも多く、幅員4mもない道が地域に広く分布していた。建築行政の現場においては今日もなお住宅周りを中心に、道路幅員4mの確保に向け悪戦苦闘する日々が続いている。既成市街地の実態をよくみると、道路は幅員4mどころか一間半（2.7m）あるかないかの狭い道が多く、行政はこれをなんとか4mに広げようと建替え時期をとらえては、建物を道路中心から2mセットバックさせる方法で、住宅周りの道の整備に取り組んでいる。予測ではこれらの道の整備には30～50

年はかかるとみられており、とても気の長い話となっている。

ウ 道の創生とその役割

　さて、そもそもの話であるが、道はいったいいつどのようにしてできたのであろうか、また何でできたのであろうか。私たちは普段そのことをあまり意識して考えることはないが、ここでは改めて考えてみることにする。

　遠い昔、広い原っぱや雑木が生い茂る林の中に人は住んでいたことだろう。住まいの周りには緑や空地が広がっていたため人は何処を通ってもよく、昔はそれほど道の必要性を意識してはいなかったのではないかと思われる。ただ住まいを出て何か用を足さなければならないとき、人はその用事を円滑に成し遂げるため、何らかの形で通る道のルートを選択したことだろう。その結果として人は次第にほぼ同じところを通るようになり、そこはいつしか踏み固められだんだんと道らしくなっていったと思われる。

　さて、この道を行く人々の用事であるが、考えられるのは狩猟や田畑の耕作に向けた移動、親しい仲間や友人とのコミュニケーションや情報交換、また、物資搬送などが考えられる。さらに、地域に侵入する外部の敵などと戦うためとか、逆に外部への軍事侵攻のためのルートとしても活用されたことであろう。人は狩猟や農耕など生活の糧を得るためのルートとして、また人々との交流や物資の搬送ルートとして、道を便利に活用してきたようである。

　遠い昔の道のあり方としては、安全で便利に通行できることに力点があったはずである。時は流れ人々が集落にそして都市に集住するようになると、今度は近接して暮らす住人同士、互いの関係を一定に保つ必要が生じ、間の取り方が重要となってくる。誰と誰とがどう結び付きどのような空間関係のもとに、どのように暮らしていくのかということが、つまり道を介していかに人と人とが、また家と家とが結び合うのかということが、重要な関心事となっていった。

また、人が大勢集まって暮らすとなると、集会の場や広い溜まり場なども必要となる。人々は必要に応じ広場や共同の建築施設を設け、それらを住宅との関係のもとに道のネットワークで結んでいった。

エ 長距離国道と首都の街路

　時代は進み道の存在意義が大きくクローズアップされる時代がやってくる。それは大王の時代である。この時代、王は他国との戦い、領土征服に明け暮れていた。この時代は軍事目的達成のための手段として、道の役割に対し大いに関心が高まった時代である。大軍をいち早く移動させることが軍事上重要な戦略となると、他国に通じる長距離ルートや広幅員の道が開発されていく。また、征服したあとは占領地の統治のためにも道の維持が重要となる。

　そうして支配地が広がっていき中心都市に多くの人々が集まり定住するようになると、都市は統治形態に合った計画的に整備された道路を欲するようになる。政治都市としての都の建設はまさにそれであった。長安に代表されるように、都は道路によって碁盤の目状に区画割された市街構成を基本とし、北端に王の鎮座する宮殿を、また南には都への出入り口としての門等を配した。ここにおいて道は自然発生的な「道」にとって代わり、ある意図をもって計画的に整備された都市施設としての「道路」へと進化を遂げる。

　為政者が自身の権威づけに建設する都市は、その力を誇示する作品であるとともに、整然とした一定の秩序をもった道路パターンは秩序維持のために必要になった。時代が進むと威厳の確立と秩序の維持だけでなく、都市防火における避難・消防上の必要から市街に建つ建築物に対し、これ以上高くしてはいけないとか、使う材料はこれこれにせよといったように、為政者から一定の方向が示されるようになる。やがて道路には目印としての道標が設置されるとともに、防火や美観の観点から街路樹や給・排水施

設も整備されるようになる。また、軍事や警備上の都合から都市の入り口には凱旋門とか関所や木戸などのゲートが設けられる。

　都市が経済成長に伴い発展、やがてその平面的な拡大に限界がみえてくると、今度は建物が上へと伸びはじめる。このことはコミュニティの共同施設、また都市施設である道路空間の開放性が阻害されていくことを意味する。建築物の高層化に伴い周囲には圧迫感が生じ、道路空間がもともと有していた環境装置としての役割（日照、採光、通風など）を損なう状況がみられるようになっていく。また、道路が狭いところに大きな建築物ができると、災害時の避難や救助にも支障をきたすことになる。そこで道路と宅地・建物との関係を一定に保とうと、ルールづくりが始まる。それは今日でいう道路斜線制限であったり、絶対高さ制限や容積率制限であったり、また敷地の接道規定であったりなどする。

　一方、道路の環境を人が歩行する上でもまた物を輸送する上でもよりよくしていこうと、街路樹を植えたり街路灯を設置したり、歩車の分離を図ったり舗装したり、また要所要所にストリート・ファニチュアを設置したり等々、道路空間の質の向上に向けたいろいろな努力が払われていく。このようにして今日まで進化・発展を続けてきた道路であるが、ここで改めて道の歴史について、そのアウトラインを押さえておこう。

2　道づくりの歴史

ア　世界の道の歴史

　BC 4000 年以前、インダス川流域には人類最古の都市「モヘンジョダロ」があった。そしてこのまちの中央には南北に幅員 9 m の大路が配置されていた。この道をはさんでその東と西には市街が形成されており、この市街地内には 5 m、4 m、3 m の幅をもつ煉瓦で舗装された道路が走っていた。また、上・下水道も完備されていたという。

　記録に残る最古の道は、BC 3000〜2000 年にかけ、ヨーロッパ商人が定

期的な通商のために使用した「琥珀の道」である。

　また、BC 300年頃になると、ローマ帝国の隆盛に伴い「世界中の道はローマに通じる」とまでいわれた「ローマン道路」が建設された。この道路は軍事用で、石塊、煉瓦、石灰モルタルで舗装されていた。当時、「道路を制するものは国を制し、水を制するものは民を制す」といわれた。

　BC 312年になると、今日も残る世界で最も古い道といわれる「アッピア街道」が建設された。この道路はローマ人が広大な領地を軍事的・経済的に支配するため、占領地の住民を労働力として活用し建設した軍事用の高速道路で、戦車や物資輸送の馬車が高速移動できるよう、硬く平らな玄武岩を敷き詰めてつくられた。そしてその延長は200 kmにまで及んだ。

　BC 300～200年になると、中国において交通施設の整備が進み、幅員5 mの駱駝馳道がつくられた。また、BC 50年になると、あの有名な「シルクロード」が建設された。

　そしてAD 1300年頃になると、馬車交通の需要が増大しフランスやイギリスでは、二輪や四輪の馬車に対応し割栗石・砕石でできた堅牢な道路が整備された。1663年になると、イギリスにおいて民間企業が公共用道路の維持管理を行い、通行料を徴収できる特権を認める法案が採択される。いわゆる今日いうところの指定管理者制度である。

　やがて産業革命を経て近代に入ると、鉄道の整備に重点が移りエネルギーも木炭から石炭へと代わる。そして1825年にはイギリスのストックトン～ダーリントン間を、世界で初めて蒸気機関車が走った。この時代、物資の輸送には鉄道が最も能率的であった。1886年になると、ドイツではダイムラー社がガソリン・エンジン車を試作した。また、1920年代になると、ドイツは世界初の高速自動車道「アウトバーン」の建設に着手する。一方、イタリアにおいても1924年に、ムッソリーニが軍事用に高速道路を80 km建設する。1933年にはドイツでもヒットラーが出て軍事用道路として速度制限のないアウトバーンを国内に張り巡らせていった。ア

メリカにおいては 20 世紀特にその後半は、社会のモータリーゼーション化が急激に進み自動車交通が普及、その道路延長はけた違いに伸びていった。

イ 日本の道の歴史

わが国における道路づくりについてふれた書物を探すと、日本書紀の中に古代の道路について記述した個所がある。それは神武の東征に関連した部分で、「人並み行くを得ず」と言う記述がある。これは当時の道路が、人が並んで行進することができないほど、狭かったことを述べている。

同じく日本書紀において、推古天皇に関する記事に「難波より京（飛鳥）に至る大道を置く」という記述もある。

わが国において最も早く開かれた街道は、BC 549 年の山陽道である。その後、これに続き BC 213 年に東海道と南海道が開かれた。また、AD 646 年の大化の改新時、その詔に中央（大和、和泉、山城、摂津、河内）と地方を結ぶ駅路の整備についての記述があり、その中に駅路には 30 里（16 km）ごとに駅が設けられ、輸送機関として駅夫と駅馬が置かれていたことを記している。駅路は京を中心に放射状に設けられ、山陽道（大路）、東海道（中路）、東山道（中路）、山陰道（小路）、北陸道（小路）、西海道（小路）、南海道（小路）の七路線を「七道駅路」と呼び重点的に整備したとある。いわゆる「五畿七道」の制である。これらの道は地方を統治するための道で、都から全国へと伸び全国から都を目指す人々も使った。当時の道は広いものでもせいぜい幅員 2 m 程度であった。

大化の改新以降、中央と地方との間に人の往来と物資の移動が増大してきたため、全国的に道路網の整備が進んでいった。すなわち、AD 701 年には大宝令において、道路法制度が規定され道路整備のための制度や規制措置が定められた。この当時の道路の規格をみると、「大路、中路、小路」の三種類である。

時代が中世に移ると、鎌倉期には東国に鎌倉幕府が開かれたこともあり、

京と鎌倉を結ぶ道である東海道が最も重要視されるようになる。そして東国においては関東各地と武士の都・鎌倉とを結ぶ鎌倉街道があちらこちらにつくられていく。これは「いざ鎌倉へと　はせ参じる道」であり、御家人たちが自分たちの利益のために建設した政庁である鎌倉が危機に陥った時に駆けつけるための道であった。これらの道は鎌倉を中心に放射状に整備され、鎌倉時代は沿道に旅人の宿泊や荷物運搬の宿駅が設置されていた。

室町期に入ると、稲の品種改良が進み肥料の発達や農具の普及もあり、牛馬を用いた耕作が一般化すると農業生産力が向上し、結果、余剰生産力ができ商工業が発達、商品流通も活発化し、街道の往来は激しくなっていった。

近世に移ると、戦国期の交通は徒歩と馬になり、各地の大名は国防のため領内の道路整備に努めることになる。織田信長は道路整備の方針（主要な道路は3m幅とし、橋を架け一里塚を築き、路肩には街路樹を配置）を制度化したが、この考え方は江戸幕府にも引き継がれた。

江戸期に入ると、全国的に道路網の整備が行われる。代表的なものが、幕府直轄の五街道（東海道、中山道、日光街道、奥州街道、甲州街道）とその脇街道（五街道につながるその他の街道のうち主要なもの）である。そして日本橋は日本の道路の基点とされた。

江戸期において物資輸送は水運が主であったため、陸地には水路網が形成され、海路・廻船航路と絡めて全国的に流通路が整備されていった。蛇足だが江戸時代は左側通行であった。それは武士が左に刀を差しており、この刀が互いに触れあわないようにしたためである。なお、南方と交易を行っていた平戸や長崎では、石畳の舗装道路がつくられていた。

近代に移ると、明治・大正期は政府が近代化のシンボルとして鉄道の整備に力を入れたことと、鉄道が物資輸送や軍隊輸送に多大な効果を発揮したため、全国的に鉄道網の整備が進んだ。一方、道路も近代化を図るため、明治19年に道路築造基準が示され、木塊、シートアスファルト、アスファ

ルト・コンクリートを用いた整備が始まった。大正8年には道路法が施行され翌年、道路改良計画がスタートする。第二次世界大戦後には、物量豊かな米軍の資機材を用い道路整備が再スタートする。戦争に敗れた日本は先進諸国に比し道路整備状況が大分遅れていたので、昭和33(1958)年に道路整備緊急措置法を制定し、道路整備五カ年計画をスタートさせる。その成果として、昭和38(1963)年には名神高速道路、昭和43(1968)年には東名高速道路、また大都市地域においても昭和37(1962)年には首都高速道路、そして各種の都市計画道路も東京などで順次、放射線と環状線の整備が進められた。

3 道路の定義と区分

　人為的につくりあげた構築物としての道を「道路」という。しかし、道路と一概にいっても、その種別・形態は多様である。国土を縦貫する基幹道路もあれば、都市計画として整備される市街地の主要街路、港湾地域の臨港道路等々、多々ある。また人や車が通行する一般道路のほか自動車専用道路や歩行者専用道路等々、利用対象を限定した種別の異なる道路がある。また、都市内に目を転じてみると、その役割・性格により幹線街路、補助幹線街路、区画街路等々に区分けされる。

　この他にも私道というものがあり、私道は宅地へのアクセスを確保するため小規模な開発に伴い整備されるもの、既成市街地において既に建築物が建ち並んでいる中で現に存在し使われているものであり、私道は不特定の人も利用するが主として地域の特定の利用者のために整備されるものが多い。これらの道路は建築基準法第42条1項第5号に基づく位置指定道路や第42条第2項に基づく道路が多い。これらの道路の維持管理は土地の所有者等によって行われることになるが、市町村と協議し登記簿に地目上「公衆用道路」として位置づけられれば、税の賦課は免除される。通り抜けできない袋路状のものでも郵便や宅急便、新聞配達、物売りなどが自

由に利用でき、公衆の利用を妨げないものは「公衆用道路」として扱われる場合が多い。なお、市町村に寄付して受け入れられれば当然に市町村道となり、維持管理は市町村において行われる。

さらに、道路は何を根拠につくられたのか、その法的位置づけによっても区分けされる。道路法、土地区画整理法、新都市基盤整備法に基づいて築造される道路もあれば、都市計画法に基づき都市施設として整備される都市計画道路また地区計画に基づき地区施設として整備される道路もある。また開発許可に基づいて整備される開発道路もある。この他、建築基準法によって、その位置が指定され整備される道路や幅員4m未満の道で段階的に4mに拡幅整備される二項道路（建基法第42条第2項）、また建築基準法上の道路がない場合に道路状のものを整備し、道路に準じるものとして取り扱う建築基準法第43条ただし書き適用による「道」などがある。

さて、それではそれらの道路を総括し、物理的な側面から「道路」とは何かと定義すると、「道路」は一定の線形と幅員を有し表層、基層また路盤などの舗装体と、それらを支える路床からなる、最も基本的な交通施設といえる。道路の分類としては、道路法による道路ということでは、①国道（一般国道、高速自動車国道）、②都道府県道、③市町村道がある。道路法による道路は、さらに道路構造令に基づき道路の規模により第一種から第四種まで、計画交通量により第一級から第五級までに分類される。また、車種による分類として自動車専用道路、自転車専用道路、歩行者専用道路等に分かれる。道路法以外の道路としては、①道路運送法による自動車道、②土地改良法等による農道、③森林法等による林道、④港湾法による臨港道路、⑤建築基準法等による道路がある。このうち建築基準法による道路等としては、道路（原則、都市計画区域及び準都市計画区域内に限って適用される）と、道（都市計画区域等の内外を問わず適用される）と、通路（一般には敷地内の歩行経路をいう）とに分かれる。なお、道路、道、通路の幅

を「幅員（法敷は含まない）」といい、建築物内の廊下や階段等は単に「幅」という。

1.2 建築基準法における道路

1 道路の定義

道路とは、幅員4m（特定行政庁が都市計画地方審議会の議を経て指定する区域内は「6m」）以上で、次のものをいう。

① 道路法による道路
　→道路法に基づき、路線の指定または認定を受けたもので、かつ、道路形態が整っていて事実上通行ができるもの。必ずしも供用が開始されている必要はない。

② 都市計画法、土地区画整理法、旧住宅地造成事業に関する法律または都市再開発法による道路
　→開発許可とか区画整理また再開発などの事業によって築造された道路。これらの法律に基づく道路は、大半が道路法に基づき路線の指定または認定を受けるが、中には公有地を道路としているが、道路の指定または認定を受けていない私道もある。

③ 建築基準法第3章の規定が適用されるに至った際、現に存在する道
　→一般的には適用日は昭和25（1950）年11月23日で、その後、都市計画区域等が指定されたところは、その指定日において、当該区域内にある幅員4m以上の道すべてをいい、公道・私道の別を問わない。

④ 道路法、都市計画法、土地区画整理法または都市再開発法による新設または変更の事業計画のある道路で、2年以内にその事業が執行される予定のものとして特定行政庁が指定したもの
　→事業計画のある道路とは、これらの法律に基づき事業認可を受け

た事業計画に位置づけられている道路のことである。また、道路としてみるということは、当該土地の区域内には建築制限が適用されるということであり、また建築敷地からは除外されるということでもある。

⑤　特定行政庁から位置の指定を受けた私道

→土地を建築敷地として利用するため建築基準法施行令144条の4の基準に適合して築造する道で、特定行政庁の指定を受けたもの。私道のことである。

⑥　建築基準法第42条第2項に基づく道路整備

→建築基準法の集団規定が適用されるに至った際、現に建築物が建ち並んでいる幅員4m（6m道路の区域は6m）未満の道で、特定行政庁が指定したもの。現在、狭隘道路拡幅整備事業として取り組まれている道路。

⑦　同第43条ただし書きに基づく道の整備

2　敷地等と道路との関係

さて、公共性の高い道路であるが、まちづくりにおいてはどのように位置づけられ、どのように取り扱われているのであろうか。道路は建築基準法上、原則、建築物の敷地とはなりえないとされており、例外的に道路の地下や上空等に部分的に建物を設置する場合はあるが、通常は道路と位置づけられた途端に、そこは建築敷地から除外され、そこには交通を妨げるようなものはできなくなる。つまり建築物のように土地を覆い人の通行を妨げるようなものは排除されることになるということである。なぜかというと、日常的な通行と非常時の避難・救助のため、道路は人などが通行できなくてはならないからである。したがって、通行上も支障なく防災上も問題のない場合は、道路の地下や上空への建造物の設置は一定の場合に認められることになる。

また、稠密な市街の場合、沿道に軒を連ねて建ち並ぶ建物の環境は、道路によって維持されているといっても過言ではない。市街において道路は、その周囲に建つ建物に対し日照、採光、通風またプライバシーの確保や圧迫感の抑制、さらには眺望の確保など沿道の建物敷地に対し様々な便益を提供している。このように道路は本来は人や車の通行、物の輸送のために用いられてきたが、市街においてはこれに加え非常時の避難・消防・救助活動にも用いられるし、沿道の建物敷地に対しては建築規制とも絡んで道路空間としての開放性を維持することにより、一定の地区環境の維持に寄与している。

　さて、そうした観点から建築基準法は道路と建築物との関係において、建築物の敷地は一定の幅員の道路に一定の長さ（2 m）以上接しなければならないことになっている。ただし、建築物の周囲に広い空地がある場合など、安全上支障がない場合はこの限りでない。この場合の道路には、自動車専用道路、高架道路など自動車が沿道に出入りできない道路は除かれる。

　また、地方公共団体は、避難または通行の安全を確保するため、建築物の用途または規模の特殊性に応じ、条例で、特殊建築物、階数が3以上の建築物、一定の窓その他の開口部を有しない居室を有する建築物、または延べ面積が1,000 m^{2}を超える建築物の敷地が接しなければならない道路の幅員、敷地の接道長さなど、敷地と道路との関係について制限することができることになっている。

3　道路内建築制限

　建築物または敷地を造成するための擁壁は、道路内にまたは道路に突きだして建築したり、築造したりすることはできない。ただし、例外として次に掲げる建築物については除外している。

　① 　地盤面下に設ける建築物

② 公衆便所、巡査派出所その他これらに類する公益上必要な建築物で通行上支障のないもの
③ 地区計画または再開発等促進区を定める地区計画の区域内で、自動車のみの交通の用に供する道路または特定高架道路等の上空、または路面下に設ける建築物のうち、当該地区計画等の内容に適合し、かつ、政令で定める基準に適合するもので、特定行政庁が安全上、防火上及び衛生上支障がないと認めるもの
④ 公共用歩廊その他政令で定める建築物で、特定行政庁が安全上、防火上及び衛生上他の建築物の利便を妨げ、その他周囲の環境を害する恐れがないと認めて許可したもの

道路内建築制限の事例としては、駅前などにおいてビルを建設するとき、道路の上空をまたいで駅とビルとをペデストリアン・デッキで結ぶものがある。また、都心部など交通が輻輳する場所では、道路を挟んで向かい合う建築物相互を結ぶ渡り廊下を建設する場合がある。このデッキや渡り廊下は道路内建築制限に抵触するので許可をとる必要がある。許可をとるには路上協議会（警察、消防、道路、建築の各行政庁により構成）での協議を経なければならず、交通、防火、安全、衛生面において支障がない場合に許可される。

4　壁面線による建築制限

ア　趣旨

特定行政庁は、街区内における建築物の位置を整え、その環境の向上を図る必要があると認める場合は、建築審査会の同意を得て、壁面線を指定することができる（建基法第46条）。

壁面線は、道路による市街地空間の確保のほか、建築物と道路境界線との間などにさらに空間を確保し、道路等と一体となり連続した空間を確保

することにより、良好な環境や景観の維持、形成を図ろうとするものである。

なお、平成12年の建築基準法改正により、壁面の位置の指定等がある場合には、特定行政庁が建ぺい率を緩和できることになった。

イ 指定の効果

壁面線の指定により、①道路に面した敷地部分に前庭が確保される、②歩行者空間が拡大される、③建築物の位置が整い環境の向上に役立つ等の効果が発生する。

なお、この壁面線の指定は、指定に伴い敷地の利用に重大な制限を与えることになるので、特定行政庁は事前に利害関係者の参加を求めて公聴会を開くとともに、建築審査会の同意を得て行うこととしている。

また、壁面線を指定した場合には、特定行政庁は速やかにその旨を公告する必要がある。

ウ 建築制限

この壁面線が指定されると、①建築物の壁または柱、②高さ2mをこえる門または塀は壁面線を越えて建築できないことになる（建基法第47条）。

ただし、①地盤面下の部分、②特定行政庁が建築審査会の同意を得て許可した歩廊の柱の類については、これを超えて建築することができる（同条）。

なお、特定街区、高度利用地区、地区計画等の区域内においても同様の規定がある（建基法第60条第2項、第59条第2項、第68条の2に基づく施行令第136条の2の5第1項第5号）。

5　外壁の後退距離による建築制限

　第一種または第二種の低層住居専用地域内においては、低層住宅地としての良好な居住環境を維持、保全していくため、当該地域に関する都市計画において外壁の後退距離の限度(1.5 m または 1 m)が定められたときは、建築物の外壁またはこれに代わる柱の面は、これを超えて建築することはできない（建基法第54条）。

2 防災都市づくり

　阪神・淡路大震災を契機として、あらためて都市における防災対策の重要性が認識されることになった。

　平成7（1995）年12月に建築物の耐震改修の促進に関する法律が施行されたのにつづき、平成18年には、その内容が一部改正され国土交通大臣による基本方針の策定及び地方公共団体による耐震改修促進計画の策定などを柱とする法改正が行われるなどして、様々に施策が展開されてきている。

　地方公共団体においても、それぞれの立場で防災に関する施策の見直しが行われており、例えば、東京都においては、平成7（1995）年度に地域防災計画の修正を行い、その後も必要に応じて修正を加え、地震に強い都市づくりの一層の推進を図るため、「防災都市づくり推進計画」を策定することとしている。

　「防災都市づくり推進計画」は、震災を予防するとともに、震災時の被害拡大を防ぐため、建築物や都市施設等の耐震性や耐火性の確保に加え、都市構造の改善に関する諸施策を推進することを目的として定める計画である。この計画は、防災都市づくりに関する施策の指針や整備地域等を定めた「基本計画（マスタープラン）」と基本計画に基づく具体的な取り組みを明らかにした「整備計画プログラム」で構成されている。基本計画は、防災都市づくりの推進に向け施策展開の基本的方向を示すもので、整備計画は基本計画で明らかにした考え方に基づき、各事業主体が防災都市づくりにかかわる事業を総合的、重点的に展開していくための指針となるものである。

平成15（2003）年には、事業の進ちょく状況や地域危険度調査の結果等をふまえ、「防災都市づくり推進計画（基本計画）」の改定が行われた。改定の内容は次のとおりである。

① 危険度が高い地域で集中的に事業を実施し、早期に安全性を確保するため防災対策を実施する整備地域を約9,200 haから約6,500 haへ絞り込むとともに、整備地域のなかから重点整備地域約2,400 ha（11地区）を選定し、街路事業等の基盤整備型事業、建物の共同化や沿道の不燃化を進める修復型事業等を重点化して実施するなど、整備目標を明確化している。

② 重点整備地域のうち整備が進んでいない地区において事業手法を見直し、複数の事業案を提示したり、火災延焼の状況をわかりやすく伝える「延焼シミュレーション手法」の活用により、合意形成を進めることとしている。

③ 整備地域については、燃えにくい建物へと建替えを促進するため東京都建築安全条例による防火規制や、共同建替えを進める街区再編まちづくり制度等を積極的に導入することとしている。

この基本計画につづき平成16年には、具体的な取り組みを明らかにした「防災都市づくり推進計画（整備プログラム）」が策定された。

2.1 木造住宅密集地域の整備と沿道の不燃化

東京の市街地は、大正年間に関東大震災（1923年）による大きな被害を受けながらも、都心・下町地区は震災復興土地区画整理事業を施行することにより復興。その後、市街地は拡大につぐ拡大を遂げていくが一部の地域で耕地整理、区画整理等による計画的な市街地の整備が行われただけで、ほとんどの地域は都市基盤施設が十分に整備されないままに市街化が進んでいった。

その後、第二次世界大戦により都市は再び壊滅的な被害を受け、戦災復興のための土地区画整理事業が施行され市街地整備が進められていったが、これは新宿、渋谷等の主要ターミナル駅周辺に限られ、山手線外周部をはじめとする当時の郊外部については、道路や土地の区画など都市基盤の整備が十分ではなかった。戦後の復興期から高度経済成長期にかけては、経済活動の活発化に伴い東京圏への人口・産業の集中が著しく、急激な人口増加とそれに伴う膨大な住宅需要が発生、これをうけ市街地の拡大及び高密化が進み、山手線外周部等において大量の民間木造賃貸共同住宅（いわゆる木賃アパート）が建設・供給されていった。これらの地域では、無秩序な都市化によって都市基盤施設が十分整備されないままに、宅地の細分化、建築物の高密化、農地の宅地化等が起こり、今日に至ってもなお防災上大きな問題を抱えることとなる。

　7,000戸以上が焼失した阪神・淡路大震災の被害を教訓に、老朽建物等の倒壊や大規模な市街地火災の危険性が指摘されており、木造住宅密集地域の防災性向上に向け、なお一層の整備推進が必要となっている。

　木造住宅密集地域の整備においては、延焼遮断帯である幹線道路の整備と密集した木造市街地の建替え促進、耐震化、不燃化が重要である。しかし、木造住宅密集地域は、老朽化した木造建築物が多く、更新時期を迎えているが、居住者自身の高齢化や土地権利関係の複雑さ、狭小敷地などの問題があるほか、道路そのものが少ないうえに狭隘道路や行き止まり道路が多く、接道条件を満たせないなどの理由によって、建替えが進みにくい状況にある。延焼遮断帯としての幹線道路沿道の整備についても同様の理由で思うように整備が進まない状況にある。

　このことから、道路事業とあわせて沿道のまちづくりを一体として進める、沿道一体型道路整備事業が創設された。道路事業の立ち上げ期における関係者間の調整やまちづくり計画の策定を支援するとともに、重点的な事業の実施、道路の整備に合わせた沿道の効率的な土地利用の促進が求め

られている。木造密集地域においては、建物の共同化などによる幹線道路沿道の不燃化の促進による、延焼遮断帯の形成と幹線道路に囲まれた住宅密集地域の建替え促進と細街路の拡幅（いわゆるガワとアンコの整備）によるまちとしての防災機能の向上を図っていくことが、今後とも重要である。

2.2　防火規制

1　防火地域・準防火地域

　防火地域制度は、わが国における都市計画制度発足の当初から存在している（当初は防火地区と称していた）制度である。この制度は防火性能の高い建築物等の建築の促進をめざし、街路、河川、鉄道、広場等の都市施設と一体的に計画（配置、指定等）することで、火災の延焼拡大を抑制し、経済的にまた効果的に不燃都市の建設を図ろうとするものである。

　一般的に、防火地域は建築物が密集する市街地の中心部や幹線道路沿いに指定され、準防火地域は防火地域の周辺の住宅地に指定される場合が多い。

ア　都市計画

　防火地域及び準防火地域は、用途地域等とともに都市計画「地域地区」の一種である。防火地域及び準防火地域は、市町村（東京の特別区の存する区域にあっては「区」）が都市計画の決定主体となり、図表6.14に定める基準に基づき都市計画の案が策定され、都市計画決定という手続きを経て定められる。都市計画に定める事項は、①地域地区の種類、②位置及び③区域である。

図表6.14　防火地域の計画基準

第1　防火地域 ア、集団的に指定する場合の対象区域 　①　都市の重要施設が集合し土地の利用度や建築密度が高く、かつ、当該地区の経済力からみて特に助成措置等を講じなくとも耐火建築物を建築しうる区域である 　②　数街区を一団地として計画しうる規模を有する。 イ、路線的に指定する場合の対象区域 　①　集団的に防火地域を指定することが経済的に困難な密集市街地の区域である。 　②　幅員11mを超えるような幹線街路の沿道で商業・業務施設及び官公庁施設等の重要施設が集団的に立地する土地利用度の高い地区で幹線街路の境界線から両側に一定の奥行をもった範囲に計画する。 　③　防火上有効な広幅員の河川、鉄道、広場等との連携に留意する。
第2　準防火地域 防火地域に隣接して広がる地域など、比較的密集した市街地に指定する。
第3　その他 　①　他の地域地区と一体的に計画する。 　②　都市計画施設との整合に留意する。 　③　市街地の建築密度、建築物の用途・階数・構造の現況及び地価に留意する。 　④　当該都市の恒常風や消防水利の整備状況など消防対応能力に留意する。

✓ 建築制限

　都市計画が決定され告示されると、建築基準法第五節「防火地域」に定める規定がはたらき、防火地域及び準防火地域内において建築行為を行う場合は、**図表6.15**に示すように建築物の階数、延べ面積に応じて構造制限を受けることになる。

　また、屋根については耐火構造でないものについては、不燃材料で造るかまたはふかねばならなくなる。さらに、外壁の開口部で延焼のおそれのある部分については、耐火構造または準耐火構造のものを除き、建築基準法施行令第109条に定める構造の防火戸（甲種防火戸、乙種防火戸など）その他の防火設備を設けなければならなくなる。

図表6.15　防火地域及び準防火地域内の構造制限

種別　　　延べ面積 階数	防火地域		準防火地域		
	100m²超	100m²以下	500m²以上	500超 1500m²以下	1500m²超
4以上	耐火建築物	耐火建築物 または 準耐火建築物	耐火建築物		
3			（※）	耐火建築物 または 準耐火建築物	
2以下			木造建築物でも可		

（※）耐火建築物、準耐火建築物または技術基準に適合する木造建築物

2　東京の新しい防火地域（東京都建築安全条例）

　東京都において、新しい防火規制が施行されたので、参考までにその内容を紹介する（図表6.16）。

　これまで、木造建築物の建替えにあたっては、その40％が木造建築で再建されてきた。東京都区内においては、6,500 haと大変広い範囲に木造住宅密集地域が存在している。この木造住宅密集地域においては、これまで様々な防火対策が実施されてきている。昭和40年代には過密住宅地区更新事業（通称・転がし事業）、50年代には木造賃貸住宅地区総合整備事業と住環境整備事業といった具合である。時代の進展とともにその手法等は充実されてきたが、事業としての実績は当初に期待されたほどあがらなかった。また、同時期に併行して建築費の一部を補助する不燃化促進事業の制度もできた。さらに、地区内の狭隘な道路の拡幅をめざし、街の実態にあわせた細街路整備事業等の制度創設が各自治体で行われてきた。

　本来、建築物の構造は、都市計画で定められた防火地域及び準防火地域内では、建築基準法第61～62条により原則として耐火構造、準耐火構造（小規模なものは除く）にする必要がある。しかし、現実の市街地では零細敷地において木造建築の再生産が繰り返されている。こうした状況を根本的に変えていくことは容易ではない。特に、広範囲に広がる準防火地域

においては、木造建築（防火構造）が可能であるため、防火性能の低い建築物が再生産され防火上問題が多い。

このため、準防火地域のうち防火上の対応が必要な地区については、木造建築物を禁止し、すべての建築物を準耐火建築物以上とする規制の導入の必要性がいわれてきた。

こうした状況を背景に、防火地域と準防火地域の中間となる「新たな防火規制」が東京都建築安全条例に第7条の3として創設された。これに伴い「新たな防火規制」の対象区域となった一定の準防火地域においては、原則として、すべての建築物は準耐火建築物以上にしなければならないことになった。また、延べ面積500㎡を超える建築物は階数、用途にかかわらず、すべて耐火建築物にしなければならない(図表6.16)。その一方、この「新たな防火規制」の対象となった区域においては、建ぺい率が80％にまで引き上げられるとともに、道路斜線制限の高さ勾配も$\frac{1.25}{1}$から$\frac{1.5}{1}$に緩和することができることになった。これらの緩和措置は小規模敷地における木造建築物を、不燃構造の建物へと建替え誘導していくことを容易にするための措置である。

図表6.16　東京都の新たな防火規制の概要（延べ面積等に応じた建築の構造）

（従来からの防火規制）	2階建以下または500㎡以下	500㎡を超えるものまたは3階建以上	1,500㎡を超えるものまたは4階建以上
準防火地域	木造・木造防火構造	準耐火構造	耐火構造

（新たな防火規制）	500㎡以下	500㎡を超えるものまたは4階建以上
知事の指定する地域	準耐火構造	耐火構造

2.3　建築物の耐震性向上

　平成7（1995）年1月の阪神・淡路大震災では、地震により6,400人余の尊い命が奪われた。このうち地震による直接的な死者数は約5,500人であり、さらにこのうちの約9割の約4,800人が住宅・建築物の倒壊等による圧死等であった。地震による人的・経済的被害を軽減するためには、住宅・建築物の耐震化などの地震防災対策の充実が不可欠である。

　東京都を事例にとると、平成15年時点で、住宅470万戸のうち耐震性が不十分であると推定されるものは約25%に当たる115万戸、非住宅では約340万棟のうち約35%に当たる約120万棟の耐震性が不十分であると推計されている。また、平成16（2004）年度末における耐震改修の実績は、住宅470万戸のうち約1万戸、特定建築物（耐震改修促進法において改修の努力義務がかかる3階建、かつ延べ床面積1,000 m^2 以上の劇場、店舗、ホテル、学校、病院等の多数者利用の建築物で、昭和56（1981）年以前に建築されたもの）17万3,000棟のうち約1万2,000棟にとどまっている。このため、東京都では、建築物の耐震改修の促進に関する法律に基づき、区市等と連携し耐震診断や改修に対し、助成制度や減税措置を講じるとともに建築物の耐震改修計画の認定を行っている。

　認定を受けた計画に係る建築物については、①既存不適格建築物の制限の緩和、②耐火建築物に係る制限の緩和、③建築確認の手続きの特例など建築基準法の規定の緩和・特例措置があり、これらにより耐震改修を誘導している。

2.4　防災街区整備地区計画

　「防災街区整備地区計画（都計法第12条の4第1項第2号）」は、平成9（1997）年「密集市街地における防災街区の整備の促進に関する法律」（略称・密集法）第32条の制定に伴い、新たに地区計画等の一種別として都

市計画に位置づけられた。

　この地区計画制度は、阪神・淡路大震災の教訓をふまえ、緊急の対応が求められる密集市街地の防災性の向上を図るために創設された制度の一つで、密集市街地内において防災街区として一体的かつ総合的に整備する必要がある区域について、道路等の公共施設の整備とその沿道への耐火建築物の誘導等により、地区レベルの延焼防止と避難のための特定防災機能を確保するとともに、土地の合理的かつ健全な利用を図ることを目的としている。

　都市計画には、区域の整備に関する方針、地区施設及び建築物等に関する事項等からなる防災街区整備地区計画のほか、特定防災機能の確保に必要な公共施設（地区防災施設）の区域（地区防災施設と建築物等が一体となった特定地区防災施設の場合は、区域及び当該建築物等に関する特定建築物地区整備計画）を定めることになっている。

　建築行為等の制限は、基本的には一般の地区計画と同様の仕組みでなされる。

　都市計画区域の整備、開発または保全の方針の中に位置づけられた防災再開発促進地区の中で、防災街区整備地区計画が定められた場合には、区市町村は、地区計画実現のために必要となる土地の権利の円滑な移転を促進するため、防災街区整備権利移転等促進計画を作成することができる。

　また、道路基盤の脆弱な密集市街地の状況をふまえ、建築基準法の道路ではない特定地区防災施設として位置づけられた道が予定道路として指定された場合、特定行政庁の許可により、建築物の敷地の接する道路とできる特例が設けられている。

　なお、木造住宅密集市街地における現実的な防災まちづくりプランとして、防災街区整備地区計画（街並み誘導型）を活用した建築ルールの変更による自然な形での建築更新を規制誘導する修復型の漸進的なまちづくり展開のイメージを、図表6.17に明示したので参考にされたい。

　これにあわせ助成措置を運用すると、さらに効果的な施策となる。

図表6.17 修復型の漸進的なまちづくりの展開

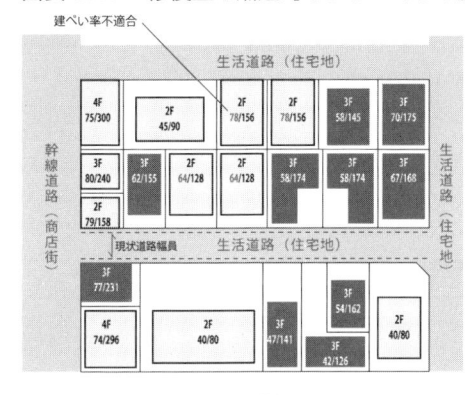

現　状

建ぺい率／容積率制限＝（幹線道路沿道）80／300
　　　　　　　　　　　（その他）60／160 [用途地域としては200]

- S56以前建築　➡　[耐震改修済]
- S56以後建築

建築面積＝建物の外形面積
容積＝建築面積×階数
ただし、
　・1階車庫を想定した3階建ては、建築面積×2.5
　・共同住宅はレンタブル比（0.8）を乗じる
（参考）
○耐震化・不燃化促進事業（補助金）
○狭あい道路拡幅整備事業（補助金）
○固定資産税の減免措置

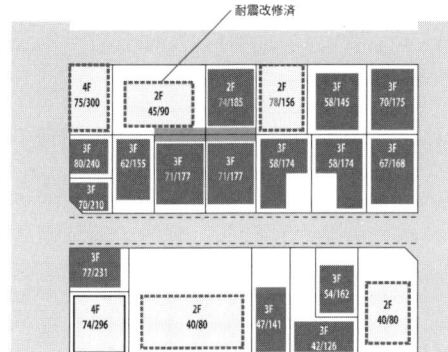

10年後

防災街区整備地区計画（街並み誘導型）による規制誘導

○建ぺい率・容積率の緩和
　建ぺい率／容積率＝（幹線道路沿道）80／300
　　　　　　　　　（その他）80／200
○構造制限　準耐火構造以上（大規模建築物は耐火構造）
○道路境界からの後退距離
　（幹線道路沿道）20cm
　（その他）20～50cm（現道から70～100cm程度）
○隣地境界からの後退距離（背面境界）75cm（その他）20cm
○高さの最高限度10m（大規模敷地は13m、4階建）
○色彩・意匠の制限
　・落ち着いた色調（茶、ベージュ、グレー系など）
　・生活道路沿いは勾配屋根
○壁面後退区域緑化
○大規模建築物（敷地面積300㎡以上）の荷さばきスペースの附置義務

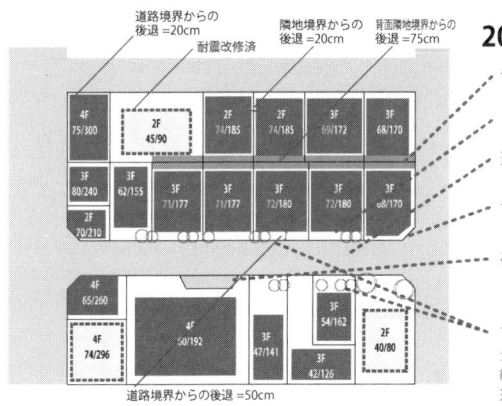

20～30年後

- 背面側の通風、採光、避難動線の確保
- ファサードの基調の統一
- 道路空間の確保
- すみきり（自動車の転回が円滑に）
- 荷さばきスペースの確保（引越、宅急便、ゴミ清掃など）
- セットバック部分への植栽
- 土地の有効活用（建ぺい率・前面道路幅員による容積率制限緩和、道路斜線制限適用除外）による建替えの促進、狭あい道路と違反建築の解消

暮らしやすい安全安心のまちづくり

3 公害の防止

3.1 環境影響事前評価制度

　環境影響事前評価（環境アセスメント）制度は、事業の実施に際し環境への影響を事前に調査・予測及び評価するとともに、その結果を公表し関係者の意見を聴き、環境の保全に向け事業者として十分な配慮を行う制度である。

　経済成長に伴う人口・産業の集中により、都市施設の整備や住宅団地の建設また市街地再開発の進展により、環境の変化が急激また大規模に進むと、いわゆる公害問題が発生したり自然の破壊が進行し、地域の環境が悪化していく。こうした事態に的確に対処し事業施行に伴う悪影響を未然に防ぐため、環境影響評価法が制定され施行されている。各地方公共団体においても、地域特性に応じ環境悪化を未然に防止するため、地域の実情をふまえ地域独自の基準を設け対応を図っている。

　対象となる事業は図表6.18に示す通りで、調査・予測及び評価すべき項目は事業の性格・内容などに応じ異なっており、必ず実施する項目と事業内容や地域状況に応じ、その必要性を判断して対応する項目とに区分される（スクリーニング）。また、調査・予測及び評価を行う項目とその手法についても、あらかじめ情報を公開し意見を求めて対応する仕組みも用意されている（スコーピング）。

　また、東京都においては大規模なものまた広域的複合的な開発計画（30 ha以上）について、事業展開の早い段階から環境アセスメントを実施する、「計画段階アセスメント」の制度がある。この制度は事業の計画策定の初

期段階において、環境評価の面から複数計画案を比較検討するものである。

　環境アセスメントの実施手順としては、事業者が環境に及ぼす影響について予測評価項目ごとに、現況調査→影響予測→対策措置→評価という、アセスメントのプロセスを順を追って行うことになっている。予測・評価の項目は生活環境、自然環境だけでなく社会環境等も含め広範囲に行うこ

図表6.18　環境影響事前評価制度の対象事業

対象事業の種類	要件（内容・規模）の概要	
	第1種事業（必ず環境影響評価を行う事業）	第2種事業（環境影響評価の必要性を個別に判断する事業）
道路	高速自動車国道：すべて 首都高速道路など：4車線以上のもの 一般国道：4車線・10km以上 大規模林道：幅員6.5m以上・20km以上	一般国道：4車線・7.5～10km 大規模林道：幅員6.5m以上・15～20km
河川	ダム：貯水面積　100ha以上 堰：湛水面積　100ha以上 放水路・湖沼開発：土地改変面積100ha以上	ダム：貯水面積　75～100ha 堰：湛水面積　75～100 放水路・湖沼開発：土地改変面積75～100ha
鉄道	新幹線鉄道：すべて 鉄道・軌道：長さ10km以上	鉄道・軌道：長さ7.5～10km
飛行場	滑走路長2,500m以上	滑走路長1,875～2,500m
発電所	火力発電所：出力150,000kw以上 水力発電所：出力30,000kw以上 地熱発電所：出力10,000kw以上 原子力発電所：すべて	火力発電所：出力112,500～150,000kw 水力発電所：出力22,500～30,000kw 地熱発電所：出力7,500～10,000kw
廃棄物最終処分場	面積30ha以上	面積25～30ha
埋立干拓	面積50ha超	面積40～50ha
土地区画整理事業	面積100ha以上	面積75～100ha
新住宅市街地開発事業	面積100ha以上	面積75～100ha
工業団地造成事業	面積100ha以上	面積75～100ha
新都市基盤整備事業	面積100ha以上	面積75～100ha
流通業務団地	面積100ha以上	面積75～100ha
宅地の造成の事業	環境事業団：面積100ha以上 都市基盤整備公団：面積100ha以上 地域振興整備公団：面積100ha以上	環境事業団：面積75～100ha 都市基盤整備公団：面積75～100ha 地域振興整備公団：面積75～100ha
港湾計画（※）	埋立・堀込み面積の合計300ha以上	

（※）港湾計画については、港湾環境影響評価の対象となる。

とになっている。予測評価の項目はメニューの中から必要なものを選定して行うことになるが、選定しない項目についてはその理由を明らかにすることになっている。調査・予測し評価した結果をまとめた評価書案は知事に提出し、関係者に縦覧したのち説明会を行う。その後、意見書等の提出を待って、事業者は対応法について見解書をまとめる。見解書は公告・縦覧されたのち提出された意見をふまえ評価書が作成される。この評価書は事業の許認可権者に送られるとともに、必要があるとされた場合には事業者に対し配慮要請がなされる。東京都などでは事業を実施した後に事後調査（工事中、完成後）を行うことを求めており、この事後調査計画書の受理を待って工事着手できることになっている。

[都市計画手続きとの関係（都市計画の特例）]

環境に影響を与える可能性がある都市計画を定めるにあたっては、事業の実施に伴う環境への影響について調査、予測及び評価を行い、その概要を当該事業に係る都市計画を定める理由として、計画書中に付記することになっている。しかし、この段階では事業者がまだ決まっていない場合が多いので、そうした場合は都市計画決定権者が事業者に代わり、環境アセスメントの手続きを行うこととしている。

3.2　沿道地区計画

「沿道地区計画（都計法第12条の4第1項第3号、沿道法第9条）」の目的は、幹線道路の沿道区域を対象に、建築物等に関する制限などをきめ細かに定め、道路交通騒音により生ずる障害の防止と、沿道地域にふさわしい合理的な土地利用を図ることにある（図表6.20）。

沿道地区計画は、都道府県知事が指定した沿道整備道路の沿道について指定することができる。

都市計画の構成は、基本的には一般型の地区計画と同様であるが、沿道

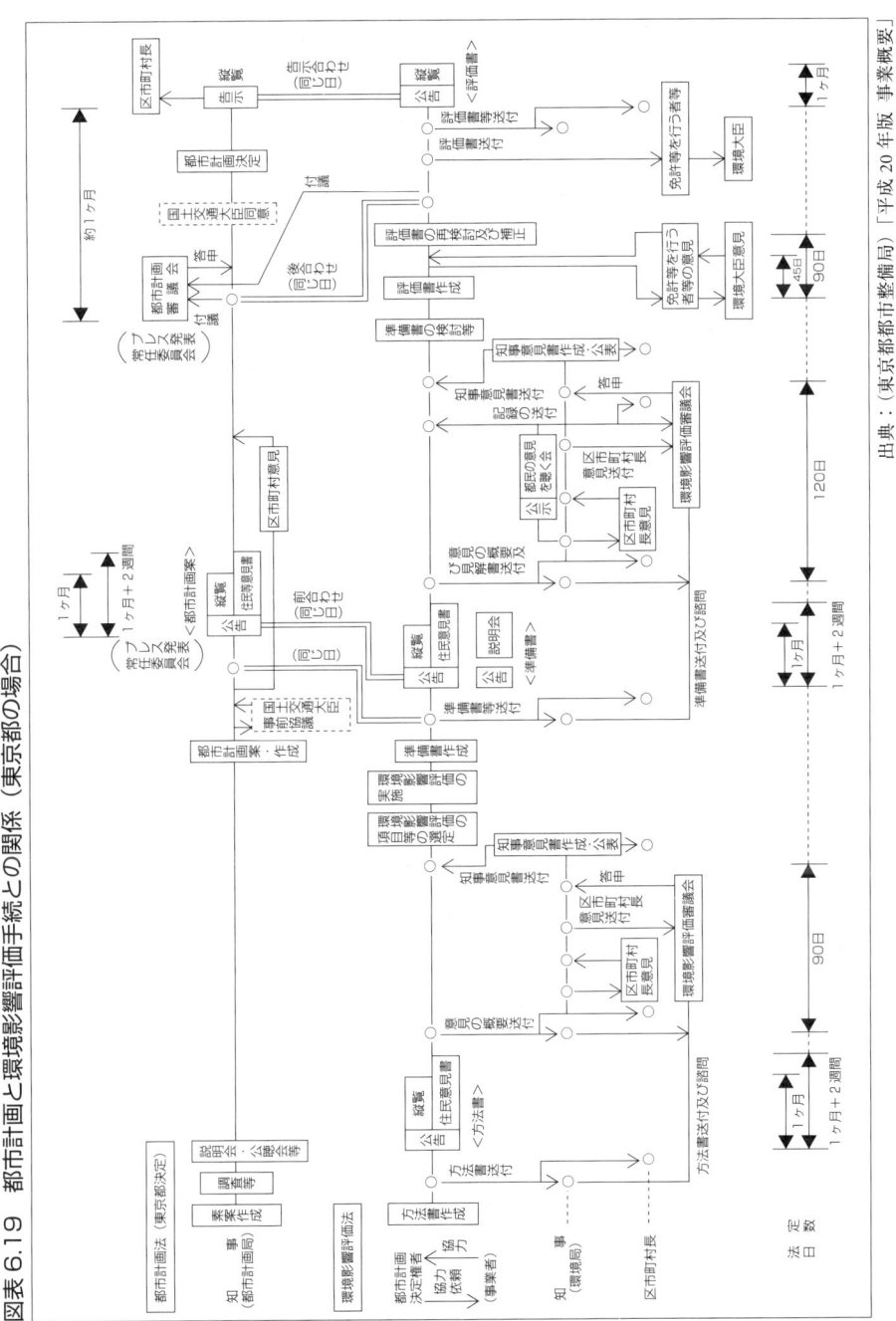

図表 6.19　都市計画と環境影響評価手続との関係（東京都の場合）

出典：（東京都都市整備局）「平成 20 年版 事業概要」

暮らしやすい安全安心のまちづくり　253

図表6.20　沿道地区計画のイメージ

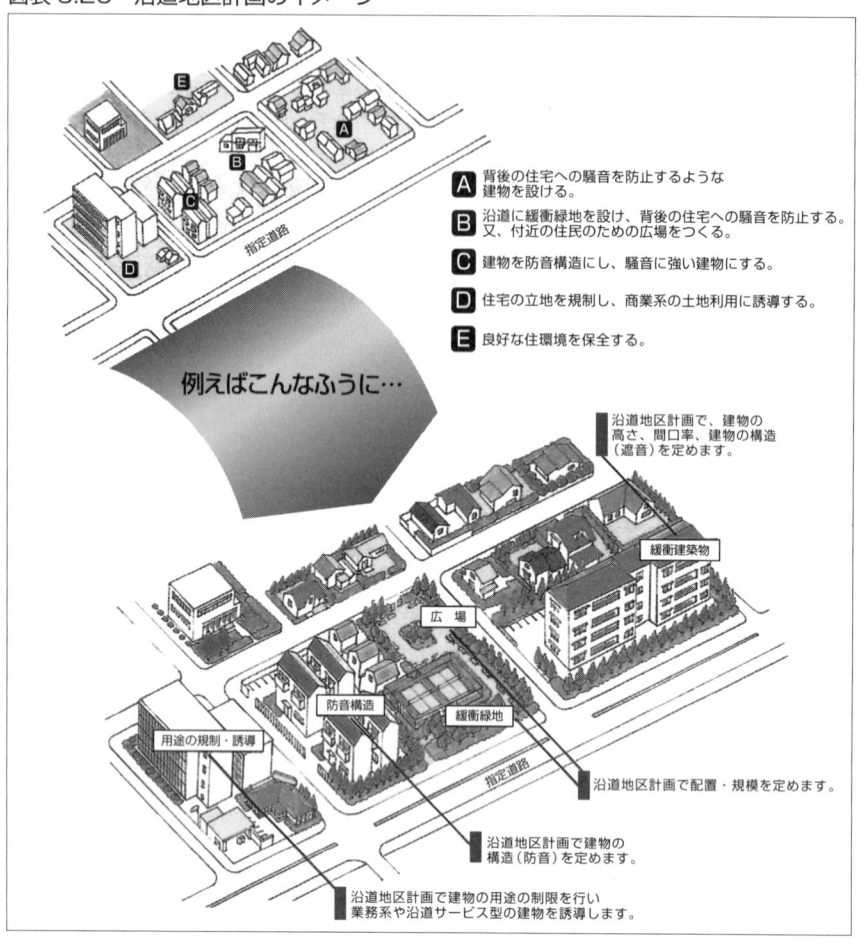

A　背後の住宅への騒音を防止するような建物を設ける。
B　沿道に緩衝緑地を設け、背後の住宅への騒音を防止する。又、付近の住民のための広場をつくる。
C　建物を防音構造にし、騒音に強い建物にする。
D　住宅の立地を規制し、商業系の土地利用に誘導する。
E　良好な住環境を保全する。

例えばこんなふうに…

沿道地区計画で、建物の高さ、間口率、建物の構造（遮音）を定めます。

緩衝建築物
広場
防音構造
緩衝緑地
用途の規制・誘導
指定道路

沿道地区計画で配置・規模を定めます。
沿道地区計画で建物の構造（防音）を定めます。
沿道地区計画で建物の用途の制限を行い業務系や沿道サービス型の建物を誘導します。

の騒音対策として、建築物等に関する規定事項の中に間口率、高さの最低限度、防音上及び遮音上の構造制限を定めることとされており、緑地その他の緩衝空地についてもあわせて定めることができる。また、区域内においては容積適正配分型地区計画と同様に、各区域ごとの容積率の総計の範囲内で、容積の適正配分を行うこともできることになっている。また、建築行為等の制限は、一般の地区計画と基本的には同様の仕組みでなされる。

沿道地区計画が定められた区域においては、区市町村による沿道整備権利移転等促進計画の策定、緩衝空地等の土地買入れに対する国の無利子資金貸付、道路管理者による緩衝建築物に対する補助、防音工事助成などを行うことができる。

4 福祉のまちづくり

　本格的な高齢化社会を迎えて、都市の市街地や建築物の敷地及び室内において、高齢者や身体障害者等の円滑な移動を確保することが、以前にもまして求められてきている。また、バリアフリーの考え方を包含し発展させた考え方として、年齢、性別、国籍、個人の能力にかかわらず、多くの人々が利用可能なようにユニバーサルデザインということで、東京都においては、建築物だけでなく道路、公園及び駅舎等の施設相互を、ネットワークとして有効に連続させるまちづくりが展開されている。

1 福祉のまちづくりの経緯

　東京都では、昭和63年に知事の諮問機関である「福祉のまちづくり東京懇談会」や都民の意見を取り入れて「東京における福祉のまちづくり整備指針」を策定し、平成2年には福祉のまちづくりの総合的かつ効果的な推進を図るため、整備指針に基づく「東京都福祉のまちづくり推進計画」を策定した。平成5年には、東京都建築安全条例に「障害者及び高齢者に配慮を要する特殊建築物」についての規定を設け、平成7年には東京都福祉のまちづくり条例を制定した。

　国においては、高齢者、身体障害者等が円滑に利用できる特定建築物の建築の促進に関する法律（ハートビル法）が平成6年に制定され、平成7年には「高齢社会対策基本法」、平成12年に「高齢者、身体障害者等の公共交通機関を利用した移動の円滑化の促進に関する法律（交通バリアフリー法）」が制定されるなど、国においてもバリアフリーについて各種施策が展開されてきた。平成14年に改正されると、これを受け平成15年に東京

都は「高齢者、身体障害者等が利用しやすい建築物の整備に関する条例」（通称・ハートビル条例）を制定した。

なお、平成18年6月にハートビル法、交通バリアフリー法を統合し、施策の拡充を図ったバリアフリー（新）法（高齢者、身体障害者等の移動等の円滑化の促進に関する法律）が公布された。これに伴い、東京都のハートビル条例は新たに建築物バリアフリー条例に改正された。

平成21年4月を迎えると、都はこれまで指導・助言行為として実施してきた福祉のまちづくり条例と建築物バリアフリー条例との関係を整理すべく、その内容を見直し両条例の整合を図った。すなわち、福祉のまちづくり条例の内容を二分し、整備水準A（努力義務）と整備水準B（遵守義務）とに区分、整備水準Aはバリアフリー新法やこれを受けた建築物バリアフリー条例を上回る水準とし、整備基準適合証の交付の際に適合を求めていくこととした。また、整備水準Bはバリアフリー新法及び建築物バリアフリー条例の整備基準と内容的に同水準とし、これについては一部項目（観覧席、客席、公共通路）を除き、先のバリアフリー関係の法律や条例に基づく申請行為により、福祉のまちづくり条例による届け出をしたものとみなすことで運用することになった。

2　バリアフリー法等の活用

平成14年のハートビル法の改正において、同法で義務化された規定を、地方公共団体がその地域の自然的社会的条件の特殊性により、条例で拡充・強化（特別特定建築物の追加、対象規模の引き下げ、利用円滑化基準の付加）できることが加えられた。これは、ハートビル法で定めた規定が全国一律の基準として、強制力を伴う義務規定へと移行したことに伴い、地域の実状をふまえたきめ細かな取り組みを地方公共団体の条例により可能とするためのものである。

東京都では、バリアフリー法に基づく条例の制定にあたって、都はこれ

までの取り組みを引き継ぐとともに、さらなるバリアフリー化の推進を図ることを目的とし、バリアフリー法に定める対象用途への追加、対象規模の引き下げ、義務化された基準の強化を行っている。主な内容としては以下のようなものがある。

① 法の定める病院、ホテル等に加えて、共同住宅等も対象とする。
② 法に定める規模より小さな建築物も対象とする。
　〔例〕百貨店：床面積 2,000 m² 以上→500 m² 以上
③ より使いやすくするために、出入口・廊下等の幅を広くするとともに、子育て支援施設の整備等も対象とする。

また、病院、劇場、百貨店など、不特定多数の人が利用する建築物（特定建築物）については、建築物の出入口、廊下、階段、エレベーター、トイレなど（特定施設）を、バリアフリー新法に基づく「利用円滑化誘導基準」に適合させた場合、都知事や区・市長の認定を受けることで、容積率や税制上の特例措置を受けることができる制度が創設された。

3 容積率の特例措置

ア バリアフリー新法関係（バリアフリー新法第24条）

利用円滑化誘導基準を満たすとして、行政庁が計画認定した建築物は、特定施設にかかる床面積のうち付加された部分の床面積（例：廊下、階段等の面積増加）を、容積率規制の対象とする延べ面積には算入しないとする措置である。ただし、その限度は基準となる容積率の1割以内とされている。

イ 建築基準法関係（建基法第52条第14項第1号）

建築物のバリアフリー化に寄与する施設を有するもので、バリアフリー化に伴い建築計画上負荷が著しく大きくなるものに対する容積率の緩和の措置である。ただし、その限度は基準容積率の 0.25 倍以内とされている。

〔例〕 療養病棟を有する病院を建替える場合
　　　既存の共同住宅等にエレベーターを設置する場合

図表6.21　特定建築物と特別特定建築物

特定建築物	特別特定建築物
多数の者が利用する政令で定める建築物又はその部分（下記のもの。下線は平成14年7月の改正により追加されたもの） ①<u>学校</u> ②病院、診療所 ③劇場、観覧場、映画館、演芸場 ④集会場、公会堂 ⑤展示場 ⑥卸売市場又は百貨店、マーケットその他物品販売店 ⑦ホテル、旅館 ⑧<u>事務所</u> ⑨<u>共同住宅、寄宿舎、下宿</u> ⑩<u>老人ホーム、保育所、身体障害者福祉ホームその他これらに類するもの</u> ⑪老人福祉センター、児童厚生施設、身体障害者福祉センターその他これらに類するもの ⑫体育館、水泳場、ボーリング場<u>その他これらに類する運動施設、遊技場</u> ⑬博物館、美術館、図書館 ⑭公衆浴場 ⑮飲食店又は<u>キャバレー、料理店、ナイトクラブ、ダンスホールその他これらに類するもの</u> ⑯郵便局又は理髪店、クリーニング取次店、質屋、貸衣装屋、銀行その他これらに類するサービス業店舗 ⑰<u>自動車教習所又は学習塾、華道教室、囲碁教室その他これらに類するもの</u> ⑱工場 ⑲車両の停車場、船舶・航空機の発着場を構成する建築物で旅客の乗降・待合いの用に供するもの ⑳<u>自動車の停留施設・駐車施設</u> ㉑公衆便所 ・利用円滑化基準への努力義務 ・利用円滑化誘導基準を満たす建築物は認定を受けることができる	不特定かつ多数の者が利用し、又は主として高齢者、身体障害者等が利用する特定建築物で、高齢者、身体障害者等が円滑に利用できるようにすることが特に必要な建築物（下記のもの） ①盲学校、聾学校、養護学校 ②病院、診療所 ③劇場、観覧場、映画館、演芸場 ④集会場、公会堂 ⑤展示場 ⑥百貨店、マーケットその他物品販売店 ⑦ホテル、旅館 ⑧保健所、税務署その他不特定かつ多数の者が利用する官公署 ⑨老人ホーム、身体障害者福祉ホームその他これらに類するもの（主として高齢者、身体障害者等が利用することに限る） ⑩老人福祉センター、児童厚生施設、身体障害者福祉センターその他これらに類するもの ⑪体育館（一般公共の用に供されるものに限る）、水泳場（一般公共の用に供されるものに限る）、ボーリング場、遊技場 ⑫博物館、美術館、図書館 ⑬公衆浴場 ⑭飲食店 ⑮郵便局、理髪店、クリーニング取次店、質屋、貸衣装屋、銀行その他これらに類するサービス業店舗 ⑯車両の停車場、船舶・航空機の発着場を構成する建築物で旅客の乗降・待合いの用に供するもの ⑰自動車の停留施設・駐車施設（一般公共の用に供されるものに限る） ⑱公衆便所 ・2000m²以上は、利用円滑化基準を義務づけ

出典：『都市・建築・不動産企画開発マニュアル』（エクスナレッジ）

第3節 快適で美しい環境・景観の形成

1 オープンスペース（空地）の確保

1 建築敷地内の空地の役割

　都市環境の水準を決める一つの大きな要素として、オープンスペースの確保があげられる。都市におけるオープンスペースの整備においては、公園や道路等の公共空地の果たす役割が大きいが、土地の高度利用が進む市街地においては、この公共空地とともに建築敷地内に確保される空地の果たす役割も大きい。高地価安定で財政難の今日、建築敷地内にいかに空地を確保し、市街地環境の向上へとつなげられるか、ということが大きな課題となっている。

　建築敷地内の空地は、単なるスペースとしての役割のほか、日照や採光・通風を確保するための環境衛生スペース、騒音、悪臭またはプライバシー侵害など生活公害を抑制するための緩衝スペース、火災による延焼防止のためのスペース、洗濯場や物干し場など生活活動スペース、植栽のスペース、さらには駐車・駐輪や荷捌きのためのスペースなど、多種多様な役割、機能をもっている。

　しかし、わが国においては、これらの空地に対し機能別に基準を設け確保していくことはしておらず、設計の自由度の範疇にとどめ、一般的には一括して単に地上空地を確保するというにとどまっている。

2 空地確保の方法

次に、空地確保の方法であるが、敷地面積に対する建築面積の割合を一定範囲内に抑える建ぺい率方式と、敷地境界から建築物の外壁までの距離を一定以上確保させる外壁後退方式の二つがある。

(1) 建ぺい率による空地確保

建ぺい率方式は設計の自由度は高くなるが、どこに空地があるのやら素人目にはわかりにくく違反の是正もしにくい。また、敷地が小さくなると、規制基準は満たしていても確保された空地は隙間的な中途半端な残地で実態上は死地と化し、有効な規制方法とはいえない面をもっている。

(2) 外壁の後退、壁面線による空地確保

外壁後退方式は一種の庭確保の制限とみることもでき、そこに住む人が所有する敷地の規模や形状、所得水準等にバラツキが少なく、しかも地価水準もそう高くなく安定しているなど、地域の実情と規制内容との関係が的確なら大変わかりやすい規制方式で、オープンスペース確保の面からも有効な方法である（図表6.22）が、これらの条件が整っていない場合には、設計の自由度を縛り大変窮屈な規制となり、違反建築物が乱立する恐れがでてくる。

図表6.22　外壁の後退による歩行者空間の拡充

出典：「副都心整備計画」
（東京都都市整備局）

わが国の場合、特に、大都市においては計画開発された住宅地を除くと、土地保有の状況や所得水準の面において内容の異なる様々な階層の人々が混在して住んでいる

快適で美しい環境・景観の形成 | **261**

のが実態で、敷地の規模別に規制内容を変えるならともかく、一律に彼らの土地に同じ内容の規制を及ぼすことは困難である。

そのため、わが国の空地規制は、一般的には建ぺい率方式をとっており、外壁後退の制限は第一種低層住居専用地域または第二種低層住居専用地域内の一部の地区において条件が整った場合についてのみ、建ぺい率制限に加えて採用することができる仕組みになっている。

図表6.23　建ぺい率の限度一覧表

用途地域＼条件	①原則	条件による緩和 ②防火地域内耐火建築物	③特定行政庁指定の角地等	②＋③
第一種及び第二種低層住居専用地域、第一種及び第二種中高層住居専用地域並びに工業専用地域	30%、40%、50%、60%のうちから都市計画で定める	①＋10%	①＋10%	①＋20%
第一種、第二種及び準住居地域並びに準工業地域	50%、60%、80%のうちから都市計画で定める	①＋10% ①が80%なら制限なし	①＋10%	①＋20% ①が80%なら制限なし
近隣商業地域	60%、80%のうちから都市計画で定める	①＋10% ①が80%なら制限なし	①＋10%	①＋20% ①が80%なら制限なし
商業地域	80%	制限なし	90%	制限なし
工業地域	50%、60%のうちから都市計画で定める	①＋10%	①＋10%	①＋20%
無指定区域	30%、40%、50%、60%、70%のうちから特定行政庁が定める	①＋10%	①＋10%	①＋20%

3 建ぺい率規制の内容

次に、規制の内容（図表 6.23）であるが、比較的地価水準が低く、良好な居住環境を形成していたり屋外での作業スペースを必要とする住居系や工業系の専用地域については、建ぺい率は 30〜80％ まで 10％ 刻みで 6 種類の建ぺい率メニューが用意されており、都市計画等でこれらの中から選択する仕組みになっている。

逆に、地価が高く居住の場としての環境の快適性より都市活動の利便性が要求される商業地域など混在型の用途地域については、50〜80％ までの比較的緩い制限がかけられている。こうした地域は建ぺい率制限との絡みで併せて防火地域の指定が企図されており、防火地域制限等により耐震不燃の堅い建築物が建ち並んでいけば、土地も高度に利用されるし遮音性

図表 6.24 敷地内のオープンスペース

能もよく、また地域の防災性能も向上する。

　最後に、新たな空地の確保策であるが、近年、大都市の既成市街地は地価水準が高いため、公園整備や道路の拡幅がなかなか進まない状況となっている。そこで特定街区、総合設計などの都市開発手法を活用する一定規模以上の建築計画においては、建築敷地内に公園、広場、歩道の機能を果たす新たなオープンスペースとして、公開空地の創出（図表6.24）を誘導する動きが活発化している。これは新しい都市空地の在り方を示すものとして高く評価されており、特に密度の高い土地利用が求められる商業・業務地においては、とりわけ有効な方法と考えられる。

　また、昨今、一部自治体においては条例や要綱に基づく行政指導として、公開空地の確保とその一部緑化を求めるケースも増えている。これは空地の量だけでなくその質にまでふみこみ、市街地環境の向上にむけ建築活動をきめ細かく誘導していこうとするものである。

2 都市緑化と建築

1 緑化の意義

　都市に住み都市で活動する市民の間で、緑を求める欲求が高まっている。都市の緑化は、都市のヒートアイランド現象を緩和し、CO_2 などの排出量の抑制にも貢献、また環境負荷の低減を図り、あわせて身近な自然の回復に貢献するなど、環境と共生しながら美しい都市づくりにも資する重要な施策である。

　かつて緑に代表される自然は、都市開発により新しいビルや道路にかわるなど、近代都市づくりにおいては駆逐すべき対象であった。西洋的感覚でとらえると、工業化段階においては緑や自然は野蛮なもの・未開なものとみなされ、開発の対象とはなっても、多くの場合その存在自体に価値が見い出されることはなかった。日本においてもほんの少し前までは、欧化政策がとられ、例え都市であっても身の回りにまだ沢山の緑があったこともあり、自然を駆逐することが近代化、工業化であり都市化であるとされていた。

　しかし今日、日本社会は近代化目標を達成し社会が成熟するその一方で、将来の方向性を見失うようになると、近代化の負の部分が目につくようになってきた。車社会や土地高度利用が進展することで、都市のアスファルト化・ビル化、そしてそれに伴うヒートアイランド化により、生活環境の質が低下し自然環境との共生が大きな課題となっている。都市、特に人工空間化の進む大都市の中心部において緑は希少性を持っており、いまや緑はヒートアイランド化の抑制だけでなく、自然そのものの回復になくては

ならないもの、また都市美の形成にも必要不可欠なものとみられ、多くの人々の期待が集まっている。日本において自然の代表としての緑の確保は、自然への回帰、故郷志向などというセンチメンタリズムではなく、いまや人間の生存を左右し都市の持続的な発展にかかわる重要なテーマとなってきているといえよう。また、成熟し落ち着きを取り戻した社会においては、都市の景観形成も主要な課題で、美しい都市づくりに向け緑の果たす役割は大きい。いくら建築物や土木構造物のデザインをよくしても、まちを総体としてみた場合、景観形成の上から緑の果たす調和作用、それが有する修復・形成力にはかなわない。

図表6.25　緑の役割と機能

機　　能	役　　割
災害から生命と財産を守る安全・防災機能	雨水涵養、土砂流失抑制、延焼遮断
健康的な環境を維持したり調整する環境保全機能	大気の浄化、防風、気候調整、生物種の多様性維持
美しい景観を形成する機能	街並みの形成（並木道、街路樹）、修景（シンボル樹木、生垣）
教育・余暇活動としての機能	環境学習・レクリエーション、心身のリフレッシュ
生産機能	生産緑地として農業生産
精神衛生の安定化機能	安らぎ、潤い、プライバシーの確保

2　都市緑化の沿革

　日本社会もようやく多くの人々が成熟を実感できる段階に入ってきた。そうした状況を反映し都市の不動産開発にも変化が生じている。かつて開発と保全が鋭く対立した高度成長期、豊かな緑地の残る郊外部などでは丘陵地を削り擁壁を築造、碁盤の目状に道路を入れるなどして進む住宅地開

発に、人々は眉をひそめた。「環境保全」の概念は今や緑と生態系だけでなく、日照阻害や風害、圧迫感や眺望阻害など広い範囲に拡がりをみせている。かつて日照や採光・通風の確保、大気汚染・水質汚濁の防止など、公衆衛生の観点からとらえられた環境問題も、公害の防止を経て現在では広く環境保全という概念でとらえられるようになり、それに伴い行政の守備範囲も広がっている。そしていまでは「環境省」という、独立した国家機関として一つの省を組織するまでになった。

　経済の高度成長期、都市は市街地（特に住宅地、工業地）の拡大化に伴い、わが国の原風景である緑の地を侵食する形で都市開発が進められた。こうして自然や緑地が都市中心部から次第に後退するのに伴い、人々は日常生活において緑との接触の機会が減っていった。それでもまだ高度成長期の頃までは、住宅敷地内には庭があったり、道路との境に生垣が配置されていたため、まちの潤いはなんとか保たれていた。やがて地価が高騰、土地所有者が代替わりするごとにミニ開発が進展し庭がなくなっていった。さらに、防犯面から生垣のブロック塀化が進むと、市民と緑とのふれあいの機会はいつのまにか大幅に減ってしまった。また、東京オリンピックを境に道路のアスファルト化や下水道の整備が進み、道路の排水能力と歩行の利便性は一段と向上したが、道路（小道、野辺の道）から土や草花が消えていった。このような状況の変化をふまえ行政施策として緑の確保が課題となり、都市近郊に緑地保全地区が指定されたり、開発のコントロールに向け自然の保全と回復に関する条例が施行された。

　近代化の推進ということで、都市計画分野においても欧米型の都市づくりの影響を受けたわが国は、都市整備にあたり長いこと自然と対峙し、これを克服することを是とする対応がとられてきた。しかし、自然克服型の都市づくりは、自然との調和・共生を旨とする伝統的なわが国の多くの民の思想や行動様式にはあわなかったのではなかろうか。経済発展を遂げ物満ち足りた社会が現出したわが国では、その矛盾が一挙に吹き出してきて

いる。

3 緑化施策

ア 施策の種別

① 公園緑地などの都市施設の整備
② 公有地の緑化（特に接道部）
③ 土地利用規制
　→風致地区、緑地保全地区、緑化地域などによる建築行為の制御
④ 開発規制
　→開発基準として、一定規模以上の開発行為は公園緑地を区域の3％確保するよう定める
⑤ 建築指導
　→大規模建築物等の建築にあたり緑化指導を行う
⑥ 都市開発誘導
　→特定街区のボーナス容積率の空地メニューの一つとして緑地部分の有効度を高く算定。また都市開発諸制

図表6.26　接道部の緑化

図表6.27　屋上緑化（アークヒルズ）

提供：森ビル

度を活用したボーナス容積率のメニューの一つに屋上緑化を位置付ける

イ 建築緑化の制度

(1) 風致地区

「風致地区」は、都市内の自然景勝地、公園、河川などの沿岸、緑豊かな低密度住宅地などを対象に、都市の風致を維持するために都市計画として定める。

地区内における建築、宅地の造成、木竹の伐採等の行為に対する制限の内容は、都市計画法により政令に定める基準に従い地方公共団体の条例で定める（都計法第58条）。建築物については、高さ、建ぺい率、外壁の後退距離などが規制される。風致地区内において建築行為等を行う場合は、原則として都道府県知事の許可を受けなければならない。

(2) 緑地保全地域及び特別緑地保全地区

「緑地保全地域」は、無秩序な市街化の防止、公害・災害の防止、地域住民の健全な生活環境の確保のため、緑地の保全を図る区域である。また、「特別緑地保全地区」は、都市計画区域内の緑地のうち特に保全する意義が高い区域について定められる。

緑地保全地域内（ただし、特別緑地保全地区、地区計画等緑地保全条例により制限を受けている区域を除く）で、次の行為（建築行為等という）を行う場合は、都道府県知事に届け出る必要がある（都市緑地法第8条第1項）。また、特別緑地保全地区内で次の行為を行う場合は、都道府県知事の許可が必要となる（都市緑地法第14条第1項）。

① 建築物その他の工作物の新築、改築、増築
② 宅地の造成、土地の開墾、土石の採取、鉱物の掘採、その他の土地の形質の変更

③　木竹の伐採、水面の埋立または干拓など

　緑地保全のため必要がある場合、都道府県知事は緑地保全計画（都道府県が策定）に定める基準に従い、行為の禁止、制限、その他必要な措置を命じることができる。

(3)　緑化地域
　緑は、ヒートアイランド現象の抑制、生物多様性の確保など環境問題への対応、また潤いのある都市景観の形成、市民に対する安らぎや憩いの場の提供など、良好な都市環境を形成する上で重要な役割を果たしている。しかし、中心市街地等においては都市公園の整備や街路の緑化など公的空間における緑の確保には限りがあり、市街地の大半を占める建築敷地内の緑化を積極的に推進する必要が高まっている。
　そこで用途地域のうち良好な都市環境の形成に必要な緑地が不足し、建築敷地内において緑化を推進する必要がある区域については、市町村が都市計画に緑化地域を定めるとともに、敷地が大規模な建築物に対し緑地率の最低限度を定め規制を行うものである。

(ア)　都市計画としての緑化地域（都市緑地法第34条）
　都市計画に定める事項は①地域地区の種類、位置、区域、名称のほか、技術的事項として②建築物の緑化率の最低限度を定める。
(イ)　緑化率を定める基準　（都市緑地法第34条第3項）
　都市計画としての緑化率は、次に規定する数値の範囲内で定める。

図表 6.28　緑化地域における緑化率

一般の区域	高層住居誘導地区 高度利用地区 都市再生特別地区
「$\frac{2.5}{10}$（25％）以下」または 「$1-($建ぺい率$+\frac{1}{10})$」のうち 小さい方の値	「$1-($建ぺい率の最高限度$+\frac{1}{10})$」

(ウ)　建築制限について（都市緑地法第 35 条）

① 建築物の新築または増築（従前の床面積の 1.2 倍を超えるもの）を行うものは、敷地面積が 1,000m^2（緑化が特に必要な場合、市町村は条例で 300〜1,000m^2 の範囲内で別に規模を定める）以上の場合、都市計画に定める規模以上の敷地内緑化を行わなければならない。

② 高度利用地区（壁面の位置の制限が定められているもの）、特定街区、都市再生特別地区、景観地区（壁面の位置の制限が定められているもの）は、都市計画に定められた数値以上、かつ [$\frac{2.5}{10}$（25％）]、また、[$1-$（上記、高度利用地区等に係る都市計画の壁面の位置の制限に適合し建築できる土地面積の敷地面積に対する割合の最高限度）$-\frac{1}{10}$] のうち小さいほうの値を超えない範囲内で、市町村長が定める緑化率の最低限度以上の敷地内緑化を行わなければならない。

③ 地区整備計画、防災街区整備地区整備計画、沿道地区整備計画、集落地区整備計画において、現に存する樹林地、草地等で良好な居住環境を確保するため必要なものの保全に関する事項が定められて

図表 6.29　敷地内緑化の事例

いる区域について、条例（地区計画等緑地保全条例）で、その内容が規定された場合、建築行為等を行うときは、市町村の許可を受けなければならない。

留意点
① 緑化率とは、緑化施設の面積の敷地面積に対する割合をいう。
② 緑化施設とは、植栽、花壇その他、緑化のための施設及び敷地内の保全された樹木並びにこれらに附属して設けられる園路、土留その他の施設（当該建築物の空地、屋上その他の屋外に設けられるものに限る）をいう。ただし、壁面緑化、樹木、植栽等と一体になってある沼、池、川などに類する自然的環境の創出や動植物の生息・生育空間としての機能が期待できるもの（植栽等と一体となった小広場を含む）も、全体の$\frac{1}{4}$以内なら対象となる緑化施設に含めることができる。なお、アトリウム等の屋内空間は対象とならない。

(4) 東京都自然保護条例

敷地面積1,000m²以上（公共施設は250m²以上）の建築物の新築等にあたっては、屋上のうちで管理上必要な面積を除く緑化可能面積の2割（都市開発諸制度は3割）を緑化しなければならない。

事例 品川インターシティ＆グランドコモンズ

旧国鉄貨物ヤード跡地を活用したオフィス中心の開発（1984～2004年）。区域面積は約14.8 ha、1992年に決定した再開発地区計画の都市計画に基づき再開発が実施された。

【施設概要】
公共空地約2 ha（長さ400 m幅45 m）、東西に壁面後退7.5 m、南北

に公園を配する、品川セントラルガーデン（2004年）を有する。また、周囲をペデストリアンデッキでネットワークして東西自由通路につなげ、地下には車路のネットワークを構築している。

【建築計画】

位　置	東京都港区港南2-16
敷地面積	35,564＋52,766m^2
延べ面積	337,119＋584,356m^2

図表6.30　セントラルガーデン

写真提供：品川インターシティマネジメント㈱

図表6.31　品川の開発区域

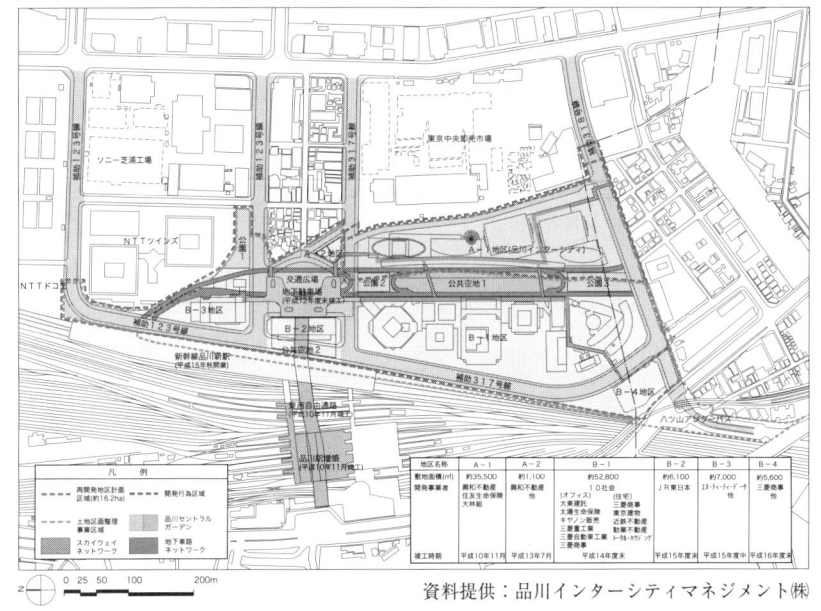

資料提供：品川インターシティマネジメント㈱

事例 広尾ガーデンヒルズ

　日本赤十字社用地の一部を有効活用した住宅地開発（1983～87年）。区域面積は約6.6 ha、第二種中高層住居専用地域であり、一団地認定の手法を利用している。

　いわゆる億ションであり、常に住戸数の2割程度のウェイティング・リスト登録者がいるほどの人気物件となっている。

【建築計画】

位　　置	東京都渋谷区広尾4丁目
敷地面積	57,447m²
階　　数	地上8～11階
住戸数	15棟1,181戸

図表6.32　広尾ガーデンヒルズの街並み

図表6.33　広尾ガーデンヒルズの配置

写真提供：㈱DGコミュニケーションズ

3 建築物の高さ制限

1 目的、種別・概要

　市街地環境の水準を決める上で、地上部における空地の確保と並んで重要なものに、外部空間の開放性の問題がある。ここでいう外部空間の開放性には、視覚的な開放感（眺望の確保、圧迫感からの開放）のほかに、日照や採光、通風、そしてプライバシーの確保、また、延焼の防止や騒音の抑制など防災や環境面からの空間の開放性が含まれている。
　一般的に市街地空間の開放性にかかる課題としては、二つ考えられる。一つは、市街地に建つ建築物群が全体として街にどれだけの開放空間を与えているかということ。また、もう一つは、個々の敷地に建つ隣接する建物同士が、相互にどの程度の開放性を確保しているかである。前者は、主として建ぺい率制限とリンクした建築物の絶対高さ制限によって、また、後者は、主として各種の斜線制限や天空率制限によって、それぞれ確保されることが期待されている。

2 絶対高さ制限

　市街地空間の絶対的な開放性を求めるとなると、建築物に対し絶対高さ制限を行う必要がある。建築物の高さ制限は建築密度とも関係しており、市街地を構成する各地区を高度地区制度を活用して、低層地区、中層地区、高層地区などと定めてしまえば、建ぺい率制限や壁面の位置の制度とリンクし市街地空間の開放度を規定することができる。
　しかし、わが国の都市の多くは一般的に、そうした低・中・高の階層分

化が明確には認められない場合が多く、低層、中層、高層という市街地区分を、一般的なものとして容認するところまでは至っていない。わが国の場合、ヨーロッパの都市のように中層の市街地が連担するような状況は、大都市の一部の地区を除けば認められず、通常の場合、市街地は低層建築物に中高層建築物が入り混じってできている。ただ市街地周辺や郊外の住宅地においては低層の住宅地が広く分布している場合が多い。

　そこでわが国においては、この低層住宅地のみを低層地区と観念し、第一種低層住居専用地域または第二種低層住居専用地域を指定し、高さ10mないし12mの絶対高さ制限を設けている。しかし、その他の用途地域については一般的には絶対高さ制限を定めず、容積率制限、建ぺい率制限、斜線制限等によって間接的に外部空間の開放性を確保する仕組みがとられている。

　しかし、階層分化が明確な都市や一部の地区については、そうした規制が可能なように、高度地区制度を活用して、建築物の絶対高さを制限する途を残している。横浜市などでは、都市空間の確保と市街地環境整備の観点から、高度地区制度を活用し以前から絶対高さ制限を実施している。

　また、昨今は都市の成熟化に伴い居住環境の維持や街並み景観の保持・形成が強く求められるようになり、各地で絶対高さ制限の導入が増えてきている。

3　斜線制限と天空率制限

　次に、建築物相互の間の開放性を確保する方式であるが、この方式としては斜線制限方式（図表6.34）と天空率制限方式（図表6.35）の二つがある。斜線制限については三種類のメニューが用意されている。まずは道路斜線制限であるが、これは道路を挟んで向かい合う建築物相互間の開放性のルールである。これは建築物相互間における採光、通風の確保と延焼の防止、また、圧迫感をやわらげるための規制であるが、間接的には道路

の環境を一定程度守る働きもしている。

　また、道路斜線制限は用途地域、容積率によって規制の斜線勾配が異なっており（図表6.34）、具体的な数値としては、住居系で低容積率の用途地域は斜線勾配 1.25 と、その他の用途地域（中高層住居専用地域容積率 400%・500%、住居地域で特定行政庁が指定するものを含む）は斜線勾配 1.5 と、より厳しい制限となっている。次に、斜線勾配 1.25 と 1.5 の根拠であるが、この数値は市街地建築物法時代からのもので、当時の市街の実態をふまえて設定したものである。当時の道路の最小幅員（9尺）を前提とすると、道路際で4m程度で平屋が建てられる値である。また、帝都復興計画における道路の最小幅員（6m）を前提とすると、道路際に2階建が建てられる値ということである。建築基準法の時代になって道路の最小幅員は4mと規定されることになったが、この場合も住居系以外の用途地域においては、道路際に2階建が建てられる程度の値ということで、今日もなお継承されている。

　次に、隣地斜線制限である（図表6.34）。この隣地斜線制限は絶対高さ制限が廃止され、容積率制へ移行するときに隣地相互間の開放性を確保するためのルールとして新たに創設されたものである。これは隣地に接して建つ建築物相互の間において、一定の高さ（第一種低層住居専用地域または第二種低層住居専用地域を除く住居系用途地域は 20 m、その他の用途地域（中高層住居専用地域容積率 400%・500%、住居地域で特定行政庁が指定したものを含む）は 31 m）以上の空間を対象に、建築物相互間の開放性を確保するものである。斜線勾配は住居系の用途地域は 1.25、その他の用途地域（中高層住居専用地域容積率 400%・500%、住居地域で特定行政庁が指定したものを含む）は 2.5 と異なっている。なお、この 20 m、31 m という数値は、市街地建築物法時代の絶対高さ制限の値（住居地域 65 尺、その他の地域 100 尺）であり、尺貫法がメートル法に変わっても基本的には継承されており、容積率制への移行に際しても隣地斜線制限の立ち上がり高さとして残され

た。

　最後に、北側斜線制限である（図表6.34）。これは北側の敷地と南側の敷地に建つ建築物相互間の空間の開放ルールであり、北側敷地に建つ建築物の日照と採光、プライバシーの確保を主眼に、南側敷地に建つ建築物の北側部分を斜線方式により建築制限することで、南側敷地に建つ建築物の北側部分に一定の開放空間を確保しようとするものである。北側斜線制限は、第一種低層住居専用地域、第二種低層住居専用地域、第一種中高層住居専用地域または第二種中高層住居専用地域を対象とする規制であり、低層住居専用地域と中高層住居専用地域との間の差は、南側敷地の北側における敷地境界線上において、立ち上がり高さ（低層住居専用地域は5 m、中高層住居専用地域は10 m）が異なる点である。

　この制限は、零細な敷地が連担する住宅市街地を前提としており、しかも建築物を建築する場合にも厳しい制限とならないよう配慮しているので、比較的水準の高い住宅地や低層と中高層の住宅が混在する住宅地においては、実態面から必ずしも当該地区の環境を維持していくうえで決して十分な制限になっているとはいえない。このような場合には、地域の実状に応じ高度地区制度を活用するなどして、法で定める水準を上回るよう制限することが望ましい。この場合、地域の緯度によっても異なるが、日照の確保という観点からは、例えば東京を例にあげれば0.6程度の斜線勾配が求められる。

　また、第一種低層住居専用地域、第二種低層住居専用地域、第一種中高層住居専用地域または第二種中高層住居専用地域以外の地域であっても、現に住宅が多数存在している地域においては、一定の日照等の確保が現実的には求められてくるので、そうした地域にあっては住民の要望に応じ、高度地区制度を活用して北側斜線制限を強化する必要が出てくる。

　なお、斜線制限全体についていえることであるが、これらの制限は良好な都市景観の形成や土地の合理的な高度利用に少なからず影響を与えるの

で、高度地区の活用にあたっては、総合的な都市政策の一環として対応を図る必要があること、また、運用にあたっても一律に対処するのではなく、地区ごとに環境整備の目標・水準を設定し、これに照らして柔軟に対応していくことが望まれる。

なお、道路斜線制限と隣地斜線制限については、セットバック（外壁の後退）距離に応じた緩和措置、用途地域と容積率に対応した図表6.36(は)欄に掲げる前面道路との離隔距離を超えることでの適用除外措置が、また道路斜線制限、隣地斜線制限及び北側斜線制限については、計画建築物の天空率が斜線制限適合建築物の天空率以上確保されている場合には天空率方式による適用除外措置がある（図表6.35）。

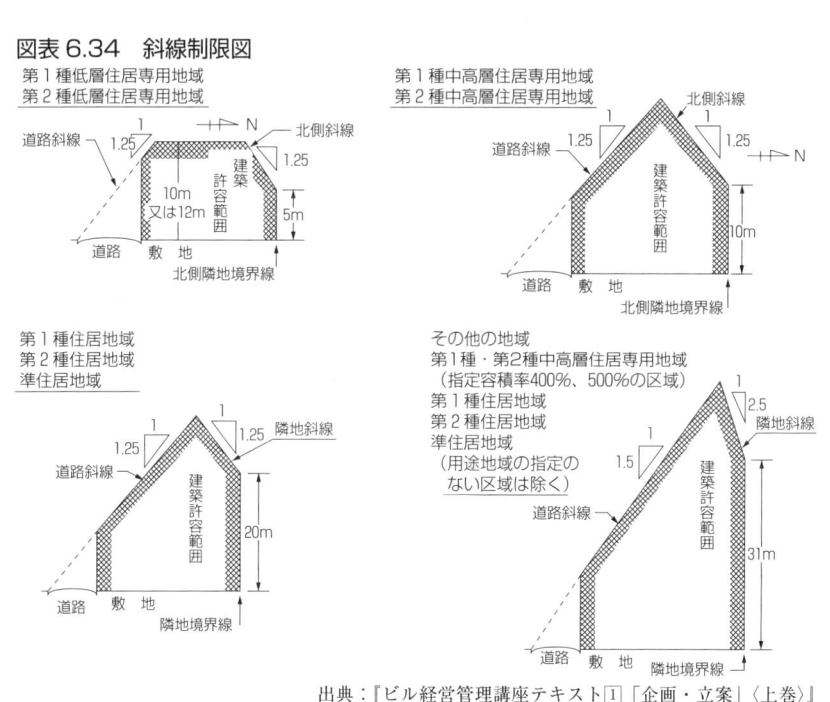

図表6.34　斜線制限図

出典：『ビル経営管理講座テキスト①「企画・立案」〈上巻〉』
（財）日本ビルヂング経営センター）

図表6.35　天空率方式による制限図

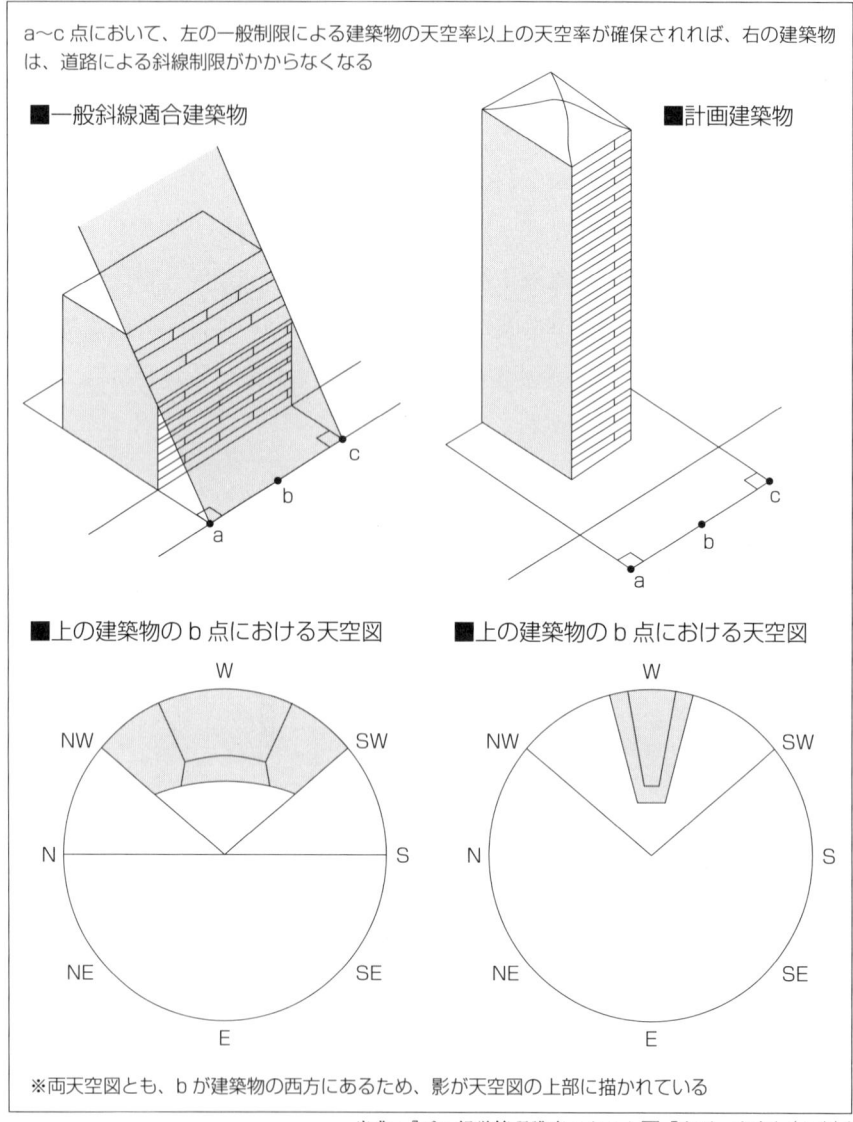

a～c点において、左の一般制限による建築物の天空率以上の天空率が確保されれば、右の建築物は、道路による斜線制限がかからなくなる

■一般斜線適合建築物　　　　　　　　　　　　■計画建築物

■上の建築物のb点における天空図　　　■上の建築物のb点における天空図

※両天空図とも、bが建築物の西方にあるため、影が天空図の上部に描かれている

出典:『ビル経営管理講座テキスト[1]「企画・立案」〈上巻〉』
(財)日本ビルヂング経営センター)

280　建築まちづくり制度

図表 6.36　前面道路との関係における建築物の各部分の高さ制限

(い)	(ろ)	(は)	(に)
建築物がある地域、地区または区域	建基法第52条第1項、第2項、第6項、第8項による容積率	距離	数値
住居系の用途地域	200%以下 200%〜300%以下 300%〜400%以下 400%超える	20m 25m 30m 35m	1.25
商業系の用途地域	400%以下 400%〜600%以下 600%〜800%以下 800%〜1000%以下 1000%〜1100%以下 1100%〜1200%以下 1200%超える	20m 25m 30m 35m 40m 45m 50m	1.5
工業系の用途地域	200%以下 200%〜300%以下 300%〜400%以下 400%超える	20m 25m 30m 35m	1.5
高層住居誘導地区、住宅床が延べ面積の$\frac{2}{3}$以上		35m	1.5
用途地域未指定区域	200%以下 200%〜300%以下 300%超える	20m 25m 30m	1.5

注：中高層住居専用地域[*1]で指定容積率が400%以上の区域または住居地域[*2]のうちで特定行政庁が都道府県都市計画審議会の議を経て指定する区域内においては、(は)欄の「25m」とあるのは「20m」、「30m」とあるのは「25m」、「35m」とあるのは「30m」と、また(に)の欄の「1.25」とあるのは「1.5」とする。

*1　第一種中高層住居専用地域及び第二種中高層住居専用地域
*2　第一種住居地域、第二種住居地域及び準住居地域

図表6.37　斜線による高さ制限一覧表

制限項目＼用途地域	低層住居専用地域[*1]	中高層住居専用地域[*2]	住居地域[*3]	その他の用途地域	用途地域未指定区域
道路斜線勾配	1.25/1	1.25/1 1.5/1 (1)	1.5/1	1.5/1または 1.25/1
隣地斜線勾配	適用なし	20m+1.25/1 31m2.5/1 （注1）	31m+2.5/1 （注2）	20m+1.25/1 31m+2.5/1
北側斜線勾配	5m+1.25/1	10m+1.25/1	──	──	──

（注1）　中高層住居専用地域で指定容積率が400％以上の地域と住居地域内で特定行政庁が都道府県都市計画審議会の議を経て指定する区域内においては、この数値。

（注2）　中高層住居専用地域で指定容積率が300％以下の地域を除く区域で、特定行政庁が都道府県都市計画審議会の議を経て指定する区域内においては制限を適用除外する。

[*1]　第一種低層住居専用地域及び第二種低層住居専用地域
[*2]　第一種中高層住居専用地域及び第二種中高層住居専用地域
[*3]　第一種住居地域、第二種住居地域及び準住居地域

4　日影規制

　日照確保の問題はマンションが出現し始めた、昭和40年代の半ば頃から騒がれはじめた。そうした状況をふまえ昭和45（1970）年の建築基準法改正において相隣関係に配慮した規定が設けられた。先にふれた第一種低層住居専用地域、第二種低層住居専用地域、第一種中高層住居専用地域または第二種中高層住居専用地域における北側斜線制限がそれである。

　しかし、この制限を日照の確保という点でとらえると、第一種低層住居専用地域と第二種低層住居専用地域については、南北間の建築物相互の間の距離を4mとすると、冬季に北側の敷地に建つ建築物の2階部分に少し陽がさす程度のものであり、また、第一種中高層住居専用地域と第二種中高層住居専用地域については、建築物相互間の距離を10mとすると、北側の敷地に建つ建築物の4階部分に少し陽がさす程度の日照であり、先に記したように住宅の密集した既成市街地においては、これでは日照の確保は十分といえない。最低限の基準としてはこれでよいのかもしれないが、

住民の立場からするとこれでは不十分ということで、さらなる日照の確保を狙い東京都などにおいては高度地区制度を活用し、この北側斜線制限をさらに厳しくしている。だが、それでもなお住民にとって日照の確保は十分でなかった。

　中高層のマンション建設が進む昭和40年代後半（1970年代）を迎えると、各地で建築主と近隣住民との間の建築紛争が頻発するようになる。行政もこうした事態をほうっておけず、大都市の自治体を中心に指導要綱を設け、建築紛争の予防と調整に向け行政指導を行うこととなった。しかし、行政指導では限界があった。そこで昭和51（1976）年に建築基準法が改正され、客観性のある法定基準として日影規制の制度が導入されるところとなった。

　この日影規制は、住宅地における居住環境を保護するため、一定の地域に建築される中高層建築物によってもたらされる日影を一定の範囲内におさめることにより、地域における日照の確保を図ろうとするものである。

　この制度創設にあたって留意された点は、①各地域の環境の目標・水準は用途地域とリンクされるべきものであること、②低層住宅による日影や敷地境界線付近（敷地境界線から5mの範囲内）の日影の問題は、私法上の相隣関係の問題として処理することが適当であるため、公法である建築基準法上の規制の対象とはしないこと、③客観性や公平の観点からみると、日照を直接確保する方式をとると、現状に左右され適当でないので、建築物の建築に伴い生ずる日影を規制の対象とする日影規制方式とすること、④日影を考慮する時間は、日照条件の最も悪くなる冬至日の真太陽時における午前8時から午後4時まで（道の区域にあっては午前9時から午後3時まで）の間とすること、⑤日影を考慮する水平面は、第一種低層住居専用地域または第二種低層住居専用地域が1階の窓の中心の高さ（平均地盤面からの高さ1.5m）、第一種中高層住居専用地域または第二種中高層住居専用地域が2階の窓の中心の高さ（平均地盤面からの高さ4m）とすること（そ

の後、3階の窓の中心の高さ（平均地盤面からの高さ6.5m）が追加された）、
⑥日影の規制時間は、地域特性や住民の意向に応じるため、同じ用途地域内であっても数種類の規制メニューを用意し、規制に幅をもたせることとした、ことなどである（図表6.38、6.39）。

なお、日影の規制時間を敷地境界線から5〜10mの区域と、10mを超える区域とに分けたのは、地域の目標とする日照時間を適切に確保するためである。すなわち、5〜10mの区域内では、設定された地域の目標日照時間を得るため、当該建築物以外の樹木や塀などの影響等を1時間程度とみて、それを織り込んで当該建築物の発する標準的な日影時間の許容値（日影規制対象時間帯＜通常8時間＞－目標日照時間－1）を設定している。また、10mを超える区域については、同様に目標値から当該建築物に隣接する建築物との間の複合日影を考慮し、それらの影響を当該建築物によって生じる日影の2倍とみて、当建築物が発する標準的な日影時間の許容値（日影規制対象時間帯＜通常8時間＞－目標日照時間)÷2）を設定している。

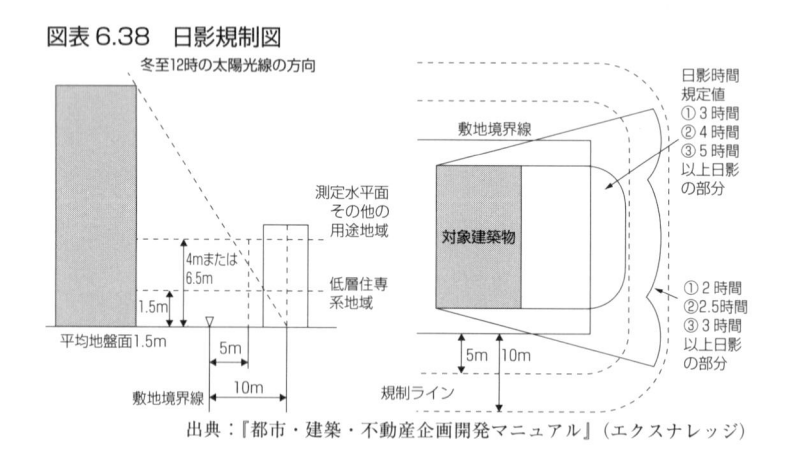

図表6.38　日影規制図

出典：『都市・建築・不動産企画開発マニュアル』（エクスナレッジ）

図表 6.39　日影規制による日影時間の制限

い	ろ	は	に		
対象区域 (下記のうち地方公共団体の条例で指定する区域)	制限の対象建築物 (地盤面からの高さまたは地上階数)	日影の測定水平面 (平均地盤面からの高さ)	規制される日影時間		
			規制値の種別	敷地境界線からの距離	
				5〜10m以内の範囲	10mを超える範囲
低層住居専用地域	軒高7m超 または 地上3階以上	1.5m	(1)A	3(2)時間	2(1.5)時間
			(2)B	4(3)時間	2.5(2)時間
			(3)C	5(4)時間	3(2.5)時間
中高層住居専用地域	高さ10m超	4mまたは6.5m	(1)a	3(2)時間	2(1.5)時間
			(2)b	4(3)時間	2.5(2)時間
			(3)c	5(4)時間	3(2.5)時間
住居、近隣商業、準工業地域	高さ10m超	4mまたは6.5m	(2)b	4(3)時間	2.5(2)時間
			(3)c	5(4)時間	3(2.5)時間
用途地域無指定区域	軒高7m超 または 地上3階以上	1.5m	(1)A、(2)B、(3)Cによる		
	高さ10m超	4m	(1)a、(2)b、(3)cによる		

注：規制値の種別（規制値）は地方公共団体の条例で定める。
　（　）内の規制時間は北海道の場合を示す。
　低層住居専用地域を除く日影の測定水平面（4mまたは6.5m）は地方公共団体の条例で定める。

4 街並み景観の形成

　国際的な都市間競争の拡大、少子高齢化や単身世帯化の進展等々、経済のグローバル化や人口減少社会化という社会環境の変化を受け、いま都市が急速に変わろうとしている。その変化が求めるものは活力と魅力の向上である。東京を中心とした日本の大都市がかつてのように拡大していかない成熟型社会にあって、都市の持続的な発展を図っていくためには、都市の担い手である企業や住民がより利用しやすく暮らしやすいまち、また気軽に社会参画できるバリアフリーの都市構造や、定住者だけでなく都市の内外から人々が訪れ交流する活力ある魅力的な都市環境をつくっていかなければならない。

　いま東京では遅ればせながら環状道路の整備（山手通り、明治通りの拡幅、首都高速中央環状線、外郭環状道路等）や鉄道建設（地下鉄副都心線）など、東京オリンピック以来という骨格的な都市基盤の整備が進められている。その一方で、大規模地震の切迫性が叫ばれながらも、木造住宅地など密集地域の整備はなかなか進んでいない。そんな現状の都市にあって、建築からのまちづくりという観点から見逃せない、時代の一つの潮流となりそうな動きが出ている。それは、国立マンション問題等を一つの契機として法制化された景観法を受け、各地で景観条例や景観計画の見直しを行い、都市の街並みや景観の整備を加速していこうとする動きである。

　かつて物が不足した時代には大量供給が求められ、一定の品質をもった標準品としての規格化された住宅やビル開発が社会ニーズとして主流をなしてきた。例えば、碁盤の目状に区画整理された郊外住宅地に建つプレファブ住宅に、2DKのプロトタイプの公団住宅、そして所選ばず立地するハ

モニカ型の学校施設等々。

　しかし、近代産業社会が成熟し多くの人々が物的豊かさを享受するようになると、今度は精神的なもの、文化的なものが価値をもつ時代に変わってきた。物としても標準品や規格品でない個性的で優れたデザインのものなど、プラスアルファの価値を有するものが求められるようになってきている。こうした時代状況を受け建築においても、地域の特性をふまえた文化的なものなど質的な面において何か魅力的なもの、すなわち、付加価値が備わっていないと、将来にわたり建物の価値を維持していくことが次第に困難になってきている。

　それでは人々を引き付けてやまない付加価値とは何か、今日の人々が求めている社会ニーズは何かと考えてみると、成熟した価値多元化社会にあっては答えは一様ではなく、様々な答えが考えられる。今の世の中で欲するものを拾い上げてみると、防災とか防犯など安全・安心につながるもの、子育てや高齢者支援など高福祉につながるもの、そして省資源・省エネルギー、緑化や街並み景観など、環境・景観への配慮等々多々あげられるが、時代のトレンドとして大きな課題となってきているのは、街並み景観の問題である。しかし、これは一建築物を建設管理するだけでは実現不能である。地域的広がりやまちづくりとしての継続的な取り組みの中で、はじめて可能となるものである。

1　景観条例と景観計画

　地域の景観をみると、自然地形や植生など風土的な要素が骨格的な景観を規定するとともに、同質的な特性を有する広がりのある地域が特徴ある界隈景観をつくったり、特定の建造物などがスポット的に個性あるまちかど景観や都市のランドマークをつくり、都市の全体の景観を構成している。そこでこれらの要素が複雑に絡んで形成されている大都市の区域内で開発等を行う場合は、地域景観に特段の配慮を行うことが大切となる。大都市

を構成する自治体においては、あらかじめ景観形成の方向を明示するとともに、事業者においてはその方向に沿った行動を求めていくことが重要となる。特に、大規模な開発行為などは周辺の景観形成に大きく影響が及ぶので、そうした場合は地域景観の形成・創造に向けた主体的な行動が求められる。また、公共性の高い事案についてはあらかじめ理念・方針等を定め、これを公表して市民の意見を求めるとともに、これら意見に配慮した対応が求められる。また、都市を構成する主要な通りや河川などにおいては、その周辺の土地利用と連携して景観づくりを行うと効果が大きいので、そうした方向での対応が求められる。そのような考え方・視点の下に、東京都を例にとってみると、次のような取り組みを行っている。

ア 景観法を活用した取り組み

(1) 届出勧告・変更命令制度を活用した景観の形成

(ア) 景観基本軸の形成

東京全体からみて地域における地勢や地形、交通施設の配置状況などから、東京都全体の景観構造において主要な骨格をなしている地域については、景観づくりの方針と基準を定め、これに基づき開発や建築を指導、必要に応じ変更命令を行うなどして目標の実現を図っていくとしている。

〔例〕臨海、隅田川、神田川、玉川上水、国分寺崖線、丘陵地の各景観基本軸

(イ) 景観形成特別地区

共通の景観特性を持つ一定の広がりを有する地域、良好な都市景観の形成を推進するため特に重点的に取り組む必要のある以下の地区について、建築物等の景観誘導と屋外広告物の規制を行うため、方針、基準を定めている。

① 文化財庭園等 11 地区

　優れた庭園風景を都民や観光客に提供している文化財等の庭園について、今後は景観重要公共施設の指定を検討するとともに、庭園の魅力をさらに向上させるため、庭園内部とその背景（外周線からおおむね 100～300 m）を含め建築物の外壁の色彩や隣棟間隔、また屋外広告物の表示などについて規制・誘導し眺望を保全するなどして、歴史的文化的景観を次の時代に伝承していくとしている。

〔例〕浜離宮恩賜庭園、旧芝離宮恩賜庭園、新宿御苑、小石川後楽園、六義園、旧岩崎邸庭園、旧安田庭園、向島百花園、清澄庭園、旧古川庭園、殿ヶ谷戸庭園

② 水辺 1 地区

　観光施策等と連携し水辺空間の魅力の向上を図るべく、移動しながら景色の変化を楽しめるようするとともに、訪問者にとって印象的で魅力的な景観の形成を進めることとしている（臨海地域は高さ 15 m、また延べ面積 3,000m^2 以上、隅田川は高さ 15 m、また延べ面積 1,000m^2 以上が届出対象）。

図表 6.40　名勝六義園

写真提供：㈶東京都公園協会

(ｳ)　その他の一般地域

周辺景観に特に大きな影響を与える行為に対し、事業地周辺の自然、歴史、文化及び地域性などについて配慮を求めることとしている（区部は高さ60 m、また延べ面積30,000m^{2}以上が届出対象）。

(2)　景観重要建造物

地域の景観づくりの核となる景観上重要な建造物を指定し、その保存に向け支援を行うことで当該建造物の維持、保全及び継承を図り、地域における個性ある景観づくりを進めていくとしている。

イ　景観重要公共施設

景観を構成する重要な要素である道路、河川、公園などは、周辺の土地利用と調和した形で整備することで良好な景観を効果的に形成することが可能である。このため地域の景観形成にふさわしく公共施設を整備する一方、これにあわせ周辺の土地利用を適切に誘導していくとしている。

〔例〕行幸通り、青山通り、日比谷公園、上野公園、隅田川、多摩川など

ウ　都市づくりと連携した景観施策の展開

建築活動が活発な都市における景観づくりは、受身の対応だと悪化はどうにか防げても、時代の求める景観づくりを進めていくことは難しい。そこで大規模な都市開発や公共施設の整備の動きをとらえ、むしろ積極的に公と民の両面から、こうした都市づくりの動きを良好な都市景観の形成に向け誘導していくことが重要となる。

(1)　都市開発諸制度などの活用

あらかじめガイドラインを策定し、これに基づき都市開発諸制度を適切に運用するなどして、積極的にめざす都市景観の形成へと誘導していく。

(ア) 大規模建築物等の建築等に係る事前協議制度

特定街区、高度利用地区、都市再生特別地区、再開発等促進区を定める地区計画、総合設計、市街地再開発事業、PFI事業、鉄道駅構内等開発計画などを対象としている。

(イ) 大規模建築物等の景観形成指針

① 首都のビスタの保持

眺望地点と景観誘導区域を対象としている。

〔例〕国会議事堂、迎賓館、絵画館、東京駅

② 文化財庭園等

対象となる庭園等の、外周線からおおむね1kmの区域を対象としている。

〔例〕浜離宮恩賜庭園、旧芝離宮恩賜庭園、清澄庭園、新宿御苑

③ 水辺（臨海部）

(2) 公共施設の整備による都市空間の質の向上

鉄道や道路、公園、河川の整備など公共事業の実施を通じて優れた魅力的な景観形成を図る。また、幹線道路の整備にあわせ沿道景観の形成を刺激するなどして、都市の景観形成をリードする。

エ 歴史的建造物の保存等による景観形成

(1) 都選定歴史的建造物

歴史的価値をもつもの、またランドマークとして親しまれているものなどを選定し、都民に広く明示するとともに、価値の保全に向け必要な支援を行うことで歴史的建造物の保存を図る。

(2) 歴史的景観の形成

　歴史的景観の形成に向け指針を策定するとともに、この指針に基づき歴史的景観を育て都市における風格ある魅力的な景観の形成を進めていくこととしており、この場合、観光まちづくりと連携し、その相互作用により景観効果の拡大を図っていくこととなる。

オ 東京のしゃれた街並みづくり推進条例

　地域の意欲的なまちづくりの取り組みを促進し、東京に個性豊かで魅力ある街並みを増やしていくことを目的としている。具体的には、街並み景観重点地区を指定、デザイナーの支援を受け景観ガイドラインを作成し、自主的に一体的な街並みづくりを進めるとともに、地域特性を活かし街並み景観づくりや公開空地等の活用した地域の賑わいの向上を図るといった、魅力あるまちづくり活動を行う団体を登録し、その活動を促進することにより東京の魅力の向上を図るなどの施策を展開している。現在、指定されている重点地区は10地区、登録団体は15団体ある。ここではガイドラインを策定し、まちづくり活動を展開している中から、東京ミッドタウンの事例を紹介する。

事例　東京ミッドタウン

　昭和63（1988）年の政府機関等の移転に関する閣議決定を受け、跡地のまちづくりについて地元区をはじめ都と国の行政関係者の協議の結果、緑のオープンスペースは区立檜町公園を含め一体的に再整備することとし、平成13（2001）年4月に東京都において基盤整備を内容とする用途地域変更レベルの内容で、再開発地区計画が都市計画決定告示された。これを受け跡地の一般競争入札が行われ、落札した三井不動産㈱を中心とする企業グループ6社はコンソーシアムを組み、地

図表6.41　東京ミッドタウン

写真提供：東京ミッドタウンマネジメント㈱

区イメージを一新して付加価値づけを行うべく、国際コンペによりマスターアーキテクトとして、アメリカのSOMを選定した。平成16（2004）年3月には都の「しゃれたまちづくり条例」に基づき街並み景観重点地区の指定を受けるとともに、まちのマネジメント組織（東京ミッドタウンマネジメント㈱）も置かれた。工事は平成19（2007）年1月に竣工し、3月にはまち開きの運びとなった。東京ミッドタウンは、働く、住まう、遊ぶ、憩うなどの都市機能が整った複合都市であり、これらの多彩な機能の相乗効果と広大な緑のオープンスペースとがあいまって、新しい価値を創出しやすいクリエイティブな環境づくりを行っている。

【都市計画】

計画名	赤坂九丁目地区計画（旧再開発地区計画）
位置	東京都港区赤坂六丁目及び九丁目、六本木四丁目
区域面積	約10.2ha
公共空地	約2ha（既存公園1.4ha含む）
計画内容	区画道路、地下歩行者通路の整備
容積率の最高限度	670%

【建築概要】

敷地面積	68,900m^2
用途	事務所、ホテル、店舗、共同住宅（517戸）、ホール、美術館
延べ面積	563,800m^2
階数	地上54階、地下5階
高さ	248m

2 景観地区

ア 概要

　景観地区は市街地の良好な景観の形成を図ることを目的に、都市計画区域または準都市計画区域内の土地の区域について市町村が都市計画として定める。ここでいう市街地の景観とは地区の様々な構成要素が関連しあって醸し出される景観をその対象としている。良好な景観の形成とは、人工的要素や自然的要素が一体となって地区の景観上の特徴を維持または増進させること、あるいは新たに良好な景観を創出することをいう。

　旧来の美観地区が市街地に既に存在する建築物群によって形成されている美観の保持を目的としていたのに対し、景観地区は現に存するものだけでなく、これから良好な景観を形成しようとするものも含めており、建築物のみならず工作物や自然的環境もその対象としている。より積極的に良好な景観の形成を誘導していく趣旨から、建築物の形態や意匠に係る事項のうち数字で規定できる事項（建築物の高さの最高限度または最低限度、壁

面の位置の制限、建築物の敷地面積の最低限度）については建築確認（建築基準法）の対象に、またそうでない色彩やデザインなど裁量性が求められる事項については、工作物とともに計画認定制度（景観法、景観地区工作物制限条例）によって担保していこうとしている。

なお、工作物の高さ等についての制限と開発行為や土地の形質の変更、木竹の伐採、植栽、廃棄物等の物件の堆積などの行為規制については、市町村の条例（景観法、景観地区工作物制限条例、景観地区開発行為等規制条例）に基づいて届出制または許可制によって担保することになっている。

事例　一之江境川親水公園沿線景観地区

【目　的】
　親水公園を軸に水と緑豊かな低層建築物を中心とした空の感じられる街並み景観の創出

図表6.42　一之江境川親水公園

写真提供：美し国づくり協会

【位　　置】
　東京都江戸川区一之江、二之江、松江、船堀の関係各地内

【面　　積】
　約 18.7 ha

【制限内容】
　建築物の外観（外壁、屋根、建具等）の色彩の周辺環境との調和
- 色彩と彩度に基準設定（各立面の1割未満ならこの限りでない）
- 建築物の高さを地域状況に応じ制限
- 壁面の位置の制限は 0.5 m 以上
- 敷地面積の最低限度は 100m^2 以上

イ 準景観地区

　準景観地区（景観法第74条第1項）は、都市計画区域または準都市計画区域外において景観計画区域が指定され、そのうち相当数の建築物の建築により現に良好な景観が形成されている区域について、市町村がその景観を保全するため都市計画として定める地区である。準景観地区は区域の案を2週間公衆の縦覧に供したのち、意見書の提出を経て都道府県知事と協議し、その同意を得て指定する。市町村は建築物、工作物および開発行為について、良好な景観を保全するため条例により必要な規制を実施することができる。ただし、建築物の規制については建築基準法第68条の9第2項に基づく条例により行う。また、開発行為についても景観法に基づく条例により必要な規制を実施できる。

図表6.43　景観地区内における規制の仕組みと手続きフロー

建築物の建築		工作物の設置	開発行為等その他の行為
高さ・壁面の位置等	意匠・色彩	意匠・色彩 高さ等	土地の形質変更・木竹の伐採
都市計画の決定		条例の制定	条例の制定
↓	↓	↓	↓
建築確認	計画認定	計画認定	許可
↓	↓	↓	↓
行為着手	行為着手	行為着手	行為着手
↓	↓	↓	↓
完了検査	完了検査	完了検査	完了検査

出典：『都市・建築・不動産企画開発マニュアル』（エクスナレッジ）

(ア) 建築物は、都市計画に定められた建築物の「高さ、壁面の位置、敷地面積に係る制限」について、建築確認（建基法第68条）を受けるとともに、建築物の「形態・意匠に係る制限」については、計画認定（景観法第63条）を受けることとしている。

① 建築物の各部分の高さに関する制限の緩和（建基法第68条第5項）

景観地区に係る都市計画に、高さの最高限度、壁面の位置の制限（これに併せて工作物制限条例で壁面後退区域内の工作物設置制限が定められているもの）、敷地面積の最低限度が定められた場合、景観地区の都市計画に適合し、かつ、敷地内に有効な空地が確保されているもので、特定行政庁が交通上、安全上、防火上、衛生上支障なしとして認定すれば、建築基準法第56条の高さ制限を適用除外することができる。

② 建築物の形態・意匠の制限の適用除外

他の法令等により現状保存のための規制がなされている景観重要建造物、国宝、重要文化財等の建築物（景観法第69条第1項第1～4号）については制限を適用しないこととなっている。景観形成に支障を及ぼす恐れが少ない建築物は、市町村が個別に判断し条例に位置づけることで制限の適用を除外することができる（景観法第69条

第 1 項第 5 号)。

(イ) 工作物は、都市計画に定められた「形態・意匠の制限」、「高さ等の制限」について計画認定(景観法第 72 条、景観地区工作物制限条例)を受けることになる。

(ウ) 開発行為等は、条例に基づき許可(景観法第 73 条、景観地区開発行為等規制条例)を受けることになる。

3 地区計画による修復型の景観まちづくり

ア 原宿表参道における景観まちづくり

表参道のゆるやかなケヤキ並木の坂道を活かし、高級ブティック店など

図表 6.44　原宿交差点から表参道駅方向を望む

が軒を並べる原宿のまちは、心に豊かさを感じる魅力的で快適な散歩型のショッピング・ストリートである。原宿の表参道といえば美しいケヤキ並木と程よい歩道幅、そして沿道の高級ブティック店等が醸す上質な雰囲気が訪れる人々を魅了しており、地価上昇率もうなぎのぼりで今や東京で人気NO.1の街となっている。そこにアークヒルズや六本木ヒルズの開発でおなじみの森ビルが、世界的建築家の安藤忠雄氏と組んで同潤会アパートの跡地開発として表参道ヒルズを建設した。このまちではケヤキ並木という景観資源を活かし、地元商店街がTMO（Town Management Organization）的に、まちの清掃やイベントの実施などソフトを絡ませ、協働の街並み景観づくりに取り組んでいる。

原宿表参道の地区計画の制限は、高さ30m以下で、地階除く階数は8以下、また、建築物の形態・意匠・色彩は都市景観に、そして1階はディスプレイに配慮することとしている。

イ 街並み誘導型地区計画

「街並み誘導型地区計画（都計法第12条の10）」は、壁面の位置の制限及び高さの最高限度等を定めることにより、地区特性に応じた高さ、配列及び形態を備えた建築物を整備し、街並みの整った市街地の形成を誘導することを目的とする。

都市計画において容積率の最高限度、敷地面積の最低限度、道路に面する壁面の位置の制限、高さの最高限度、壁面後退部分における工作物の設置制限が定められるとともに、このうち一定の事項について条例に基づく制限がなされている場合で、特定行政庁が支障がないと認定したものについては、前面道路幅員による容積率制限及び道路斜線制限等が適用されなくなる（建基法第68条の5の4、第68条の5の5）。

建築基準法の一般的な形態規制が斜線制限や天空率規制に応じ相対的に規定されるのに比べ、街並み誘導型地区計画においては建築限界を鳥籠式

に枠をはめ絶対的に建築制限する方式をとっている。このため街並みの形成にとっては好都合となる。この地区計画制限は都心部等において、容積率の緩和相当部分を住宅用途に限定するなどにより、建て替えを促進しながら定住人口の確保を図る場合、商店街で建て替えが相当程度行われる地域において、街並みの整った機能的で魅力ある商店街の形成を図る場合、住工混在の既成市街地において、地場産業等の工業の利便の維持・増進と居住環境の向上を併せて図る必要がある場合などに活用できる。また、既成市街地の幹線道路等に面しない街区内部においては、道路が狭小なため前面道路幅員による容積率制限や道路斜線制限等のために土地利用が制限され、建て替えが進まないといった問題を抱えている地域において、本制度の活用が期待される（図表6.45）。

4 眺望景観の保持

　眺望景観の保持のための施策について、東京都を例にとると、都民に親しまれている建造物のうち、象徴的なものとして国会議事堂、迎賓館、絵画館等を対象に、景観条例に基づきそのビスタを確保するべく眺望点を定め、その地点からビューコン規制を行っている（図表6.44）。この施策を行うに至ったその端緒は、国会議事堂裏における超高層建築物の乱立にある。同じような状況は京都宇治の平等院などにおいてもみられる。こうした状況をふまえ、東京のシンボリックな景観を維持していこうとの趣旨から、背景景観に対し行政指導が行われることになった。これは国会議事堂のほか神宮外苑の銀杏並木につづくアイストップとしての絵画館など、後世に継承すべき魅力的な都市の景観を保持していくため、その背景となる景観の乱れを抑制するためのものである。

　かつて堤康次郎がプロデュースした学園都市・国立、そのメインストリートとしての大学通りにおいては高層マンションが建ち、市民に親しまれている桜並木の美しい景観を乱しながら、自らはマンションの窓からそ

図表 6.45　街並み誘導型のイメージ図

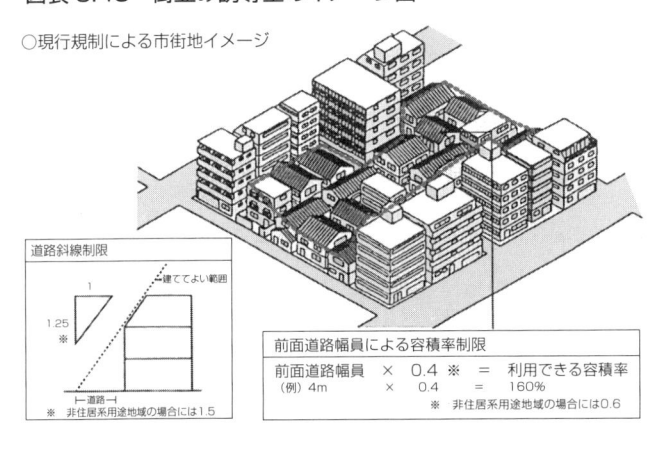

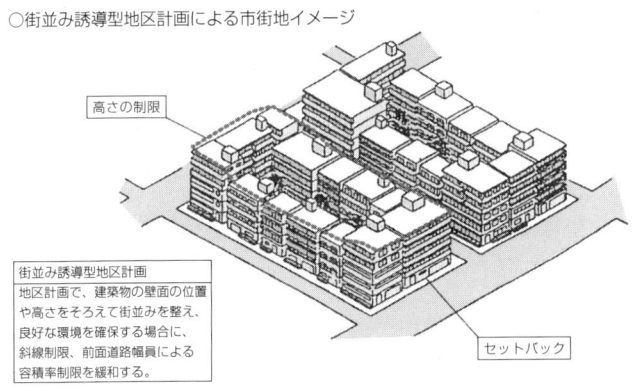

○現行規制による市街地イメージ

道路斜線制限

前面道路幅員による容積率制限
前面道路幅員　×　0.4 ※　＝　利用できる容積率
（例）4m　　　×　0.4　　＝　160%
※　非住居系用途地域の場合には0.6

※　非住居系用途地域の場合には1.5

○街並み誘導型地区計画による市街地イメージ

高さの制限

街並み誘導型地区計画
地区計画で、建築物の壁面の位置や高さをそろえて街並みを整え、良好な環境を確保する場合に、斜線制限、前面道路幅員による容積率制限を緩和する。

セットバック

の景色を独り占めしようとする、外部経済（価値）の内部化、皆の財産（都市資産）を個人化する行為に対し地元住民は怒った。この国立のマンション建設に端を発した景観訴訟は全国の注目を浴び、国会議事堂周辺の超高層ビル建設問題、宇治平等院背後の高層マンション建設問題へと飛び火する。民主政治のシンボル・殿堂としての国会議事堂、これを取り囲む形で進む私的なビル開発が新聞紙上に取り上げられたこともあり、にわかに対応が図られることになった。具体的には、景観重要建造物等がリストアッ

プされ絞りこまれて、特に重要な建造物に対し指導が行われることになった。

その一つに、大正期に国民の浄財を集めて建設された、明治神宮外苑の銀杏並木の軸線上に位置する、アイストップともいえる絵画館とその真後ろに総合設計制度を活用したマンションの建替計画（高さ 100 m 超）が持ち上がる。この計画がたまたま新宿区の高度地区絶対高さ制限原案（当該地は 30 m 制限、大規模敷地で環境に配慮したものでも 45 m 以内）の公表時期ともぶつかり、都区の行政、区議会、マンション住民等をも巻き込んですったもんだを繰り広げた。

たまたまマンション建設地に隣接する新宿御苑が日本に三つしかない国民公園、しかも風致を重視した公園ということもあり、行政当局は実質的に居住環境を悪化させないことを確認した上で日影規制の許可という伝家の宝刀を抜き、（事業者側は建築物をタワー化することで日影規制をクリアーしようとしていた）のっぽビル建設からべったりとした建築物への形態変更を助言し、高さ 42.8 m で決着する。この例にみるように価値が多元化し複雑に絡み合う都市においては、建築基準法など現行法に適合した建築計画であっても、すんなり建築できる状況ではなくなってきている。また、その地に現在は特別なルールはなくとも、街並みや景観に留意して計画を進めていくことが大事な時代となってきていることに十分留意して対応を図る必要がある。なお、新宿御苑はその後、景観計画に基づき景観形成特別地区（文化財庭園タイプ）に指定された。

5 歴史的景観の保全

かつてビル開発といえば、機能低下した効率の悪い古くて小さなビルを取り壊し、時代にマッチした新しい近代的な大規模高層ビルに建て替えることとされてきた。経済成長期で量の拡大に重点がおかれていた時代であったともいえる。このたび復元工事が進む三菱一号館も、そうした事情

図表 6.46　眺望地点と誘導区域

保全対象建築物	（い）：眺望地点	（ろ）：誘導区域		
		A区域	B区域	C区域
国会議事堂	北緯35度40分24秒 東経139度45分9秒 （内堀通りと六本木通りが交差する国会前交差点付近）	国会議事堂頂部からおおむね1kmの範囲	国会議事堂頂部からおおむね1km〜2kmの範囲	国会議事堂頂部からおおむね2km〜4kmの範囲
迎賓館（赤坂離宮）	北緯35度40分49秒 東経139度43分56秒 （若葉東公園北側入口付近）	迎賓館頂部からおおむね1kmの範囲	迎賓館頂部からおおむね1km〜2kmの範囲	迎賓館頂部からおおむね2km〜4kmの範囲
明治神宮聖徳記念絵画館	北緯35度40分7秒 東経139度43分27秒 （青山通りと都道414号が交差する青山通り交差点付近）	明治神宮聖徳記念絵画館頂部からおおむね1kmの範囲	明治神宮聖徳記念絵画館頂部からおおむね1km〜2kmの範囲	明治神宮聖徳記念絵画館頂部からおおむね2km〜4kmの範囲

出典：「（仮称）東京都景観計画【素案】」（東京都都市整備局）

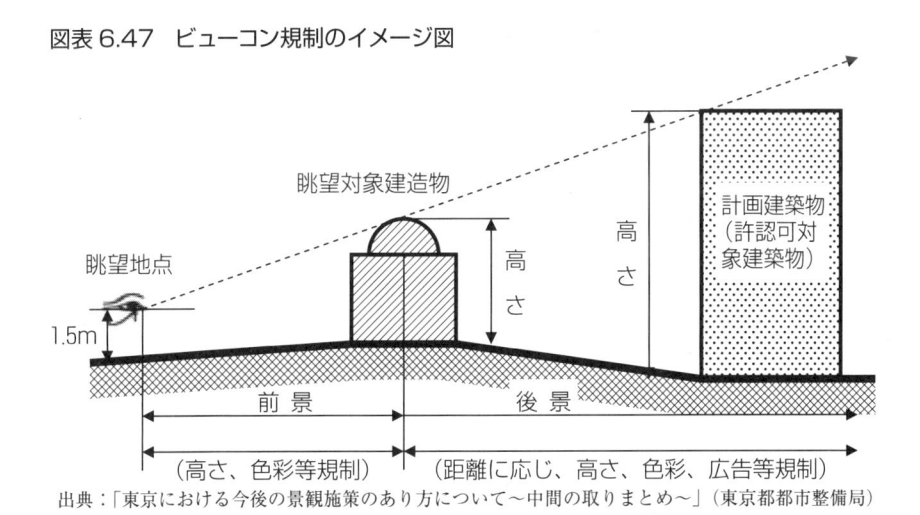

図表 6.47　ビューコン規制のイメージ図

出典：「東京における今後の景観施策のあり方について〜中間の取りまとめ〜」（東京都都市整備局）

図表 6.48　三菱一号館

で高度成長期の 1968（昭和 43）年に撤去された建築物の一つである。ところが 20 世紀から 21 世紀へと時代が移ると、社会の風向きも変わり、かつては 3 K（旧式で暗く汚ない）として嫌われた重厚な建造物が、社会が成熟期を迎え市民の多くに昔を懐かしむ時間的なゆとりができたこととあわせ、その希少性から社会ニーズが生まれ歴史の堆積、重み（まちづくりにおける重層性）として付加価値をもちはじめた。そうした社会の動きの変化を受け、行政も保存に向け制度的な支援を行うようになった。そうした時代状況の変化を受け、希少性の高い近代化遺産としての建造物は、今や厄介者ではなくビル開発において新しい付加価値を生む財として見直され、解体はおろか復元さえ模索される状況となっている。復元の例としては、工事中の三菱一号館も含め、新橋停車場、東京駅などがある。

> **事例** 明治生命館の保存

　それでは特定街区を活用した近代化遺産としての歴史的建造物保存の先駆けとなった、明治生命館の保存プロジェクトを紹介しよう。明治生命館は昭和9（1934）年に完成したネオ・ルネッサンス様式の建築で、コリント式の柱を周囲に配するとともに、壁面には彫刻をあしらった威風堂々とした建築物である。敗戦後は一時アメリカ極東空軍司令部に接収されていたが、その後は長いこと生命保険会社のオフィスとして使用されてきた。

　転機が訪れたのは1997年である。この年には文化財保護法が改正され、明治生命館は保存・活用が特に必要な重要文化財建造物として、原簿に登録されることになった。明治生命館はこれまでも皇居を取り囲む美観地区内にあって、日比谷通りに面し帝国劇場を挟んで第一生命館へと連なり、そのお堀端の統一されたスカイラインは欧風の都市美を創出していた。

　しかし、明治生命館は文化財として原簿に登録されたものの、具体的な保存の手立てがなく、いかに保存継承していくかが課題となっていた。そうした状況をふまえ保存に対する社会的関心の高まりとともに、1999年になり東京都は特定街区制度を改定し、保存対象の歴史的建造物の重要度に応じ、特別に容積インセンティブを付与することになった。すなわち、歴史的建造物一般の場合は一般型として用途地域に基づく基準容積率の1.3倍を限度に、また重要文化財に指定されたものは重要文化財特別型として基準容積率の1.5倍まで容積が割増可能とされた。この制度改定を受け、明治生命館は不動産事業として保存・開発の内容検討に入ることになった。こうして容積インセンティブ制度を活用した新しいビル開発にあわせ、歴史的建造物に係る部分の容積の移転・活用を図ることにより、歴史的文化財としての建

造物の保存が実現することになった。この制度の本質は容積を媒介として文化の保存と経済の開発とを融合させることにある。これによりビル開発事業の付加価値が増すとともに、まちづくりの面においても魅力の向上が図られることになった。

　明治生命館の保存事業は丸の内二丁目特定街区として平成12（2000）年に都市計画決定された。この街区の容積率は基準容積率1,000％に対し、制度の上限の1.5倍1,500％が指定された。こうした措置を受け新しく建築された明治安田生命ビルは2004年に竣工。この新しく開発された明治生命館ビルの1階アトリウム（今日 My Plaza として親しまれている）には明治生命館の外壁が取り込まれるとともに、新旧両ビルの間には相互の外壁を活用し、パサージュと呼ばれる通り抜け機能をもった小道が、公共通路として整備されている。この味わいのある路地空間は、大街区間を横断する近道として活用されている。

【建築計画】

位　　　置	東京都千代田区丸の内二丁目1-1
敷 地 面 積	11,346.78m²
延 べ 面 積	180,489.73m²
容 積 率	1,488.50％

○明治安田生命ビル

延 べ 面 積	148,727.73m²
階　　　数	地上30階地下4階
高　　　さ	146.8m
用　　　途	事務所、店舗、ホール

○明治生命館

延 べ 面 積	31,762m²
階　　　数	地上8階地下2階
高　　　さ	36m
用　　　途	事務所、店舗

図表6.49　明治生命館
（背後は明治安田生命ビル）

写真提供：「超高層ビルとパソコンの歴史」

> **事例** 京都市の新しい景観政策

　次に、歴史都市の景観政策の事例として、京都市の新しい景観政策を紹介しよう。

　京都市は、京都がいつまでも京都であるため、50年後も100年後も時を越えて光り輝くよう、京都の魅力を活かした景観づくりに取り組んでいる。京都ではこのため新景観政策として五つの柱を設定し、各種の規制と支援により景観づくりに取り組んでいる。

　五つの柱とは、まず第一に建築物の高さ規制である。高さは都市の景観や市街地の環境を形成する重要な要素であることから、市街地のほぼ全域で高度地区制度を活用し、10m、12m、15m、20m、25m、31mと6つのメニューを設け、地域ごとに規制することにより良好

図表6.50　京都市の眺望景観保全のためのゾーニング等

眺望景観の保全のための区域の指定と規制内容

3つの区域	規制内容
眺望空間保全区域（下図の赤い部分）	視点場から視対象への眺望を遮らないように建物等の最高部が超えてはならない標高を定める区域
近景デザイン保全区域（下図の緑の部分）	視点場から視認することができる建物等が、優れた眺望景観を阻害しないようデザインについて基準を定める区域
遠景デザイン保全区域（下図の緑の点線の内側）	視点場から視認することができる建物等が、優れた眺望景観を阻害しないよう壁、屋根等の色彩について基準を定める区域

眺望景観の規制概念図

38箇所の眺望景観保全地域

眺めの種類	眺望景観保全地域
境内の眺め	二条城などの世界遺産14箇所、京都御苑、桂離宮、修学院離宮
通りの眺め	御池通、四条通、五条通、産寧坂付近の通り
水辺の眺め	濠川・宇治川派流、疏水
庭園からの眺め	円通寺、渉成園
山並みへの眺め	賀茂川右岸から東山、賀茂川両岸から北山、桂川左岸から西山
「しるし」への眺め	賀茂川右岸から「大文字」、高野川左岸から「法」、北山通から「妙」、賀茂川左岸から「船形」、桂川左岸から「鳥居形」、西大路通から「左大文字」、船岡山公園から「大文字」「妙法」「船形」「左大文字」
見晴らしの眺め	鴨川に架かる橋から鴨川、渡月橋下流から嵐山一帯
見下ろしの眺め	大文字山から市街地

保全すべき良好な京都の眺めの市民提案

　今回選定された38箇所以外にも、京都には優れた眺望景観や借景が数多くあります。眺望景観創生条例では、新たに保全すべき京都の眺望景観や借景に関して、皆様から提案していただく制度を設けています。提案された内容が京都の優れた眺望景観の創生にふさわしいと認められた場合は、この条例によって、保全していくこととしています。

出典：「新景観政策」（京都市都市計画局）

な都市景観の保全と形成を図っている。高さ規制は市街地中心部から周辺の山すそに向けて、次第に制限が厳しくなるよう構成されている。なお、良好な市街地の環境や街並み景観の形成に寄与するもの、また都市機能の整備を図るものなどについては特例許可制度を設け対応している。

　第二に、建築物等のデザインの規制と誘導である。建築物等のデザイン（形態、材料、色彩など）は市街地景観の形成において重要な要素である。そこで市街地のほぼ全域を対象に、地域特性に応じ風致地区や景観地区また建造物修景地区等を指定するとともに、地域ごとにデザイン基準を定め、京都の優れた都市景観の保全と形成を図っている。具体的には、緑豊かな山々や山裾に広がる住宅地などを対象に風致地区を指定し、自然の風趣と調和した街並み景観等の保全・創出を

図表6.51　産寧坂界隈

写真提供：谷口松韻堂

図っている。また、景観地区は良好な景観が保全されている地区を対象に六つのタイプの美観地区を設け、歴史的景観や風情ある街並みなどの保全に向けデザイン基準を定めている。その他、旧市街地の周辺や郊外部の幹線道路沿いなどを対象に二つのタイプの美観地区を設け、歴史的景観や風情ある街並みなどの保全に向けデザイン基準を定めている。このほか風致地区、景観地区が指定された区域以外の市街地のほぼ全域について、四つのタイプの建造物修景地区を指定し、良好な市街地景観の創出に向けデザイン基準を定めている。

　第三に、眺望景観や借景といった優れた眺めの保全である。まず、三十八の眺望景観保全区域を定めるとともに、眺望の確保に向けそのタイプを三つに区分して対応している。一つ目は、眺望空間保全区域で視点場から視対象への眺望がさえぎられないよう、建築物等の高さを規制すべく標高を定めている区域、二つ目に、近景デザイン保全区

図表6.52　清水寺

域では前述の保全区域に隣接した視点場の近隣区域を対象に、眺望が阻害されないよう視点場から視認できる建築物等を対象にデザイン基準を定めている区域、三つ目に、遠景デザイン保全区域では前述の保全区域に隣接した視点場近隣区域から離れた区域を対象に、眺望が阻害されないよう建築物の壁や屋根等の色彩基準を定めている区域である。

　第四に、屋外広告物の規制である。市域全域を対象に建築物のデザイン等と一体となって都市景観を形成する屋外の広告物について、建築物の高さやデザインにあわせ基準を定め制限している。

　第五に、歴史的街並み等の保全と再生のための規制と支援である。まず町並みの保全・再生であるが、伝統的建造物群保存地区の指定や、条例に基づく歴史的景観保全修景地区、界隈景観整備地区、街並み環境整備事業地区の指定により行為規制を行うとともに、これに併せ伝統的建造物の外観の修理・修景を行うものに対し助成を行っている。また、伝統的な建造物の保全・再生については景観重要建造物の指定などにあわせ、外観の修理・修景を行うものに対し助成を行い街並みの再生・拡大を図っている。

第4節 地域特性に対応した地区まちづくり

政策誘導型の都市づくりへの転換

　日本の首都である東京においては、都市の拡大成長期が終わり都市空間の質的充実が求められる成熟期に入ったことを受け、これまでの都市の成長拡大にあわせた都市機能や都市施設整備中心の需要対応型の都市づくりから、地域の特性に対応し環境や街並み景観の形成などを重視した政策誘導型の都市づくりへと切り替えてきている。そのトップランナーが大手町・丸の内・有楽町地区の再生であり、六本木地区の再開発であり豊洲地区や東雲地区などの地区更新である。

　政策誘導型の都市づくりの一環として、地域のもつ強み（特性）を認識し、そのことに留意してまちの付加価値づくりを担う建築からのまちづくりの手法として、ここでは地区計画制度、都市開発諸制度、建築基準法におけるその他のまちづくり制度、市街地再開発事業制度、そして建築指導・助成にかかる制度を取り上げる。このうち地区計画制度は規制、誘導、指導の性格をもつ制度で、都市開発諸制度と建築基準法におけるその他のまちづくり制度は誘導の性格を、市街地再開発事業制度は誘導、助成また事業の性格を、そして建築指導・助成制度は名称が示すとおり指導・助成の性格を持つ制度である。

1 地区計画制度

　地区計画（都計法第12条の4）は、それぞれの地区の特性に応じたきめ細かなまちづくりを進めるための制度であり、都市全体的観点から適用される地域地区制度と、個々の建築物に対し制限を加える建築確認制度の、中間領域をカバーする地区レベルのまちづくりを担う制度として位置づけられている。地区計画制度は、その目的・性格また適用のタイプにより幾つかの種類に分けられるが、ここではその基本に位置する規制の強化を主目的とする「地区計画（基本型）」を取り上げる。

　地区計画は昭和55年の制度創設以来、その時々の需要に応じ、様々なタイプの地区計画が追加されてきた。そして今日では、その種類・型も多岐にわたり複雑化してきたため、先年、法改正がなされ再編整備が行われた。平成21年における地区計画制度の体系は、地区計画、防災街区整備地区計画、歴史的風致維持向上地区計画、沿道地区計画、集落地区計画の5種類で、これらを総称して「地区計画等」と称している。このうち基本となる地区計画についてみると、その目的・趣旨、規制誘導の内容によって、基本型のほか誘導容積型、容積適正配分型、高度利用型、用途別容積型、街並み誘導型のタイプの別がある。また、これらの地区計画には、容積適正配分型と高度利用型を除き、再開発等促進区（沿道地区計画においても同様に定めることができる）または開発整備促進区を定めることができることになっている（図表6.53）。

　また、防災街区整備地区計画には、基本型のほか誘導容積型、容積適正配分型、用途別容積型、街並み誘導型のタイプの別が、歴史的風致維持向上地区計画には、基本型と街並み誘導型のタイプの別が、沿道地区計画に

は、基本型のほか誘導容積型、容積適正配分型、高度利用型、用途別容積型、街並み誘導型のタイプの別が、それぞれある。集落地区計画は基本型のみである。なお、防災街区整備地区計画については、地区整備計画として特定建築物地区整備計画と防災街区整備地区整備計画の二種類がある。特定建築物地区整備計画とは、「特定地区防災施設」、特定防災機能を確保するために整備されるべき主要な道路、公園等の地区防災施設のうち建築物その他工作物と一体となって、特定防災機能（火事または地震が発生した場合において、延焼防止上及び避難上確保されるべき機能）を確保するために整備されるべきものの区域及び当該建築物等の整備に関する計画をいい、防災街区整備地区整備計画とは、地区防災施設以外の区域に定められるものをいう。

　さらに、地区計画等（集落地区計画を除く）においては、用途地域による用途制限の緩和を行うことができるようになった。具体的には、地区計画等の内容として用途制限を緩和する措置を定めるとともに、国土交通大臣の承認をとり市町村の条例でこのことを規定することになる。また、地区計画等（集落地区計画を除く）においては、地区施設等に位置付けられた人工地盤である通路等の公共空地について、特定行政庁が交通上、安全上、防火上、衛生上支障なしと認めるものについては、建築面積に算入しないことになった。つまり建ぺい率の緩和である。建ぺい率の緩和については、この他に隣地境界線から後退して壁面線の指定がある場合、または建築基準法第68条の2第1項の規定に基づく条例で定める、壁面の位置の制限（隣地境界線に面する建築物の壁またはこれに代わる柱の位置及び隣地境界線に面する高さ2mを超える門または塀の位置を制限するものに限る）がある場合、これらを守っているものは特定行政庁が安全上、防火上、衛生上支障なしと認めて許可した場合は、許可の範囲内でその限度を超えることができる。

　都市計画に定める内容は、それぞれのタイプにより多少の違いはあるが、

共通するのは対象とする区域のまちづくり方針と、それを実現するために必要となる公共施設（地区施設等）及び建築を中心とする土地利用上のルールを規定した地区整備計画により構成されていることである。この地区整備計画が定められると、開発行為や建築行為を行う場合、行政庁への計画の届け出が求められ、必要な場合には区市町村長が事業者に勧告を行うことができる仕組みとなっている。地区計画は都市計画を決定しただけでは、それ以上の強制力は生じないが、都市計画で定めた内容を建築基準法に基づく条例に規定した場合は、建築基準法に基づく建築基準となり強制力を有することになる。この地区計画制度は今日、身近なまちづくりを具体的に展開する手法として認知されるに従い、一般に活用されるようになってきている。

図表 6.53 地区計画制度の概要

	種類とタイプ	概　要	規定項目
規制強化型	地区計画（基本型）	地区施設や建築ルールを定め、地区特性に応じたきめ細かにまちづくりを進める（地区計画の原型）	用途、容積・建ぺい率、高さ、壁面位置、敷地・建築面積、色彩・意匠、緑化率等
	防災街区整備地区計画(基本型)	密集市街地において公共施設の整備と延焼の防止、避難のための特定防災機能を確保	地区計画に準じる防火上の構造制限含む
	歴史的風致維持向上地区計画	歴史的風致の維持・向上と土地利用の整合を図るためふさわしい用途等を規制誘導する	用途、容積率、建ぺい率、壁面線、敷地面積等
	沿道地区計画（基本型）	道路交通騒音の著しい幹線道路沿道おいて騒音障害の防止とふさわしい土地利用を促進	地区計画に準じる防遮音構造、間口率含む
	集落地区計画	集落地域において営農と調和した良好な居住環境の確保と適正な土地利用の実現	地区計画に準じる一部は適用なし

規制緩和型	誘導容積型	公共施設の不足している区域で容積率を活用し適切かつ合理的な土地利用を促進する	目標容積率、暫定容積率
	容積適正配分型	十分な公共施設を備えた区域で容積を適正配分し活用することで土地利用を促進する	容積率、壁面位置、敷地面積等
	高度利用型	十分な公共施設を備えた区域において高度利用と都市機能の更新とを図る	容積率、建ぺい率、壁面位置、建築面積等
	用途別容積型	容積活用において住居とそれ以外の用途とを配分することで土地利用を促進する	容積率、壁面位置、敷地面積等
	街並み誘導型	高さ、配列、形態を備えた建築物を整備することが区域にふさわしい土地利用を促進	容積率、壁面位置、高さ、敷地面積等
	再開発等促進区	公共施設が未整備な区域で土地利用転換にあわせ一体的総合的な再開発又開発整備を実施することでふさわしい土地利用を実現	高度利用に必要な公共施設、用途、容積・建ぺい率、壁面位置等
	開発整備促進区	第二種住居地域、準住居地域又は工業地域において大規模集客施設の整備を誘導する	大規模集客施設の用途と敷地の区域
	立体道路制度	都市計画道路の整備とあわせ道路の上空又は路面下において建築物等を一体的に整備	道路内の建築制限の緩和

1 地区計画（基本型）

「地区計画」は、地区レベルのきめ細かなまちづくりを進める都市計画であり、区市町村が決定する。都市計画に定める事項としては、「地区計画の目標」と「当該区域の整備、開発及び保全に関する方針」、そしてこれを実現するために必要となる道路、公園等の地区施設及び建築物等の整

備に関する事項により構成される「地区整備計画」がある。地区計画の目的は、地区レベルにおいて良好な市街地の形成を図るため、その地区特性に応じ、細街路、小公園などの地区施設と建築物の用途、形態、敷地などについて一体的、総合的な計画を定め、建築行為または開発行為を適切に規制、誘導するとともに、必要に応じ公共施設整備のための事業を行うことにある。

地区計画は、このように一定の限られた区域を対象に適用されるローカルルールであり、建築基準法に規定する一般規制に上乗せした、地域独自のルールであることから、その内容を定めるにあたっては対象区域内の住民等の十分な理解が必要となる。そこで地区計画の策定にあたっては、通常、都市計画案を縦覧する前の原案段階で、区域内の利害関係者に対し説明したり、その内容を公表するなどして、関係者の意見を求めなければならないことになっている（都計法第16条第2項）。

ア 地区計画による制限

地区計画が定められると、区市町村長は、建築行為等を行う者から建築計画の届け出を受け、これが地区計画に定めた内容と適合しているかどうか審査し、必要な場合には勧告を行うことができることになっている。勧告という強制力をもたない緩やかな対応にとどめた理由は、国民の権利を制限するには法律を根拠とすべきで、都市計画決定手続きのみによって制限を付加することは適切でないと考えられているからである。

しかし、いくら地区計画を定めても、ルールに従わない者に実質的なペナルティーが課せられないのであれば、その実効性があやぶまれ地区計画を策定したことの意味がなくなるおそれがある。そうした点をふまえ単に都市計画を決定しただけの場合は届出・勧告にとどまるが、都市計画に定めた内容のうち、建築物等に関するルールを当該区市町村議会の議決により条例規定化した場合には、建築基準法上の建築基準（強行規定）となり、

これに違反した場合は違反是正の対象となることにした。条例に基づく制限を行うかどうかは当該区市町村の判断によるが、多くの地区で条例制定により地区計画の内容の担保が図られている。

イ 地区計画の活用

地区計画は、用途地域による大枠での土地利用規制を補完するものとして、地域の状況に応じ積極的な活用が求められることから、用途地域が定められている土地の区域については、どこでも定められることになっている。

一方、用途地域が定められていない市街化調整区域や、非線引きの（市街化区域及び市街化調整区域に関する区域区分が行われていない）都市計画区域内で用途地域が定められていない土地の区域（いわゆる白地地域）については、次に掲げる要件に該当する場合に限って、地区計画を定めることができる。

① 住宅市街地の開発その他建築物もしくはその敷地の整備に関する事業が行われる、または行われた土地の区域
② 建築物の建築またはその敷地の造成が無秩序に行われ、または行われると見込まれる一定の土地の区域で、公共施設の整備の状況、土地利用の動向等からみて不良な街区の環境が形成されるおそれがある区域
③ 健全な住宅市街地における良好な居住環境その他優れた街区の環境が形成されている土地の区域

これまでの地区計画の使われ方をみると、土地区画整理事業が施行された区域や開発許可を受けた土地の区域において、基盤整備の効果を維持・増進し、地区特性に応じた適切な土地利用を誘導していくために活用される場合が多い。この場合、地区整備の方向が明らかになったことを受け、用途地域等の見直しが行われる場合が多々ある。地区計画の策定とあわせ

た用途地域の変更は、まちづくり推進に向け地権者の合意形成を促進するうえでインセンティブとなり効果的である。また、道路や公園など街の基盤施設が未整備な区域においては、当該地区にふさわしい土地利用を誘導していくため、地区基盤施設の整備とあわせ一体的に土地利用の目指す方向を示すこともある。この場合も、地区計画の策定に併せ用途地域等の見直し変更が行われることが多い。さらには、現に良好な環境を有している住宅地などにおいて、その地区環境を維持・継承する目的で策定されることもある（図6.54）。

2 高度利用型地区計画

「高度利用型地区計画（都計法第12条の8）」は、低層住居専用地域以外の用途地域において、土地の高度利用と都市機能の更新を目的として、適正な配置・規模の公共施設を備えた区域を対象に、地区計画または沿道地区計画の内容として、容積率の最高限度及び最低限度、建ぺい率の最高限度、建築面積の最低限度、壁面の位置の制限を定め、土地の高度利用をめざし容積率のさらなる活用を図ろうとするものである。

具体的には、先に述べた内容を定めた地区計画または沿道地区計画の区域内においては、その容積率の最高限度が建築基準法第52条第1項各号の数値とみなされるので、地区計画で定めた容積率をベースに総合設計制度の適用等が可能となり、一般的には公開空地等を整備することで、さらなる容積率の緩和が受けられる仕組みとなっている。

3 再開発等促進区を定める地区計画

「再開発等促進区（都計法第12条の5第3項）」を定める地区計画は、まとまった低・未利用地など相当規模の土地の区域において、地域整備の目標に対応し円滑な土地利用転換を促進するため、都市基盤施設の整備と優良な建築物等の建築を一体的な計画に基づき実施することで、土地の合理

的かつ健全な高度利用と都市機能の増進を図るとともに、一体的、総合的な市街地の再開発、開発整備を行うことを目的としている。

　都市計画には、土地利用に関する基本方針、公共施設の配置及び規模、建築物等の用途の制限、容積率の最高限度、建ぺい率の最高限度（定める

図表6.54　用途地域が定められていない場合でも地区計画が適用可能な区域

土地区画整理事業など開発が行われた区域
（開発整備型）

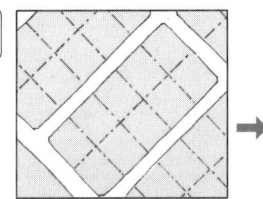

土地区画整理事業により基盤整備は行われましたが、建築物のコントロールはできません。

適切な密度を維持し、建築物の用途を純化し、さらに景観への配慮も行った良好な市街地が形成されます。

道路などの公共施設が未整備な区域
（修復型）

道路基盤などの整備がなされないまま住宅が散発的に建ち始めています。

既存の道路や緑地を生かしながら、適切な密度を持った秩序ある市街地が形成されます。

健全な住宅市街地などで優れた街区の環境が形成されている区域
（保全型）

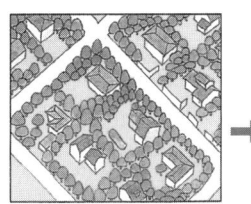

家並みがそろい、緑豊かな良好な環境の住宅地ですが、将来ともこの状態が保てるという保証はありません。

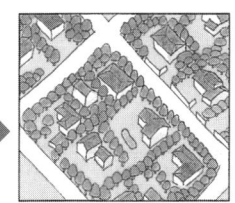

ある程度の敷地の分割があっても、一定の密度に保たれ、全体として良好な環境は保たれます。

地域特性に対応した地区まちづくり　319

場合は限定されている）等を定める。また、再開発等促進区を定める地区整備計画の区域内においては、土地利用転換を誘導し土地の有効利用を図るため、地区の再開発および開発整備の中で公共施設の整備を行うことになる。このとき開発後の地域の将来の姿を想定した場合の容積率（見直し相当容積率）と、提案された建築計画の内容の優良性を評価し、開発の効果あるいはその影響が、地区計画区域内及び周辺市街地環境の整備改善等に貢献する程度などに応じて設定される容積率（評価容積率）を含めて、その内容を定めることができる。

このようにして新しく指定された容積率は、建築基準法上の条例に規定されると、公共施設の整備状況や建築計画の内容をふまえ、特定行政庁が支障がないと認めた場合は、建築基準法上の建築基準として適用されることになる。このほか、道路斜線制限、隣地斜線制限及び用途制限については、特定行政庁の許可を受け緩和することができる。本制度は近年、適用対象区域が低容積率が指定されている住居系用途地域にも広げられたため、密集市街地の再整備などにも活用することが可能となった。

東京都の運用基準によると、再開発等促進区の指定対象となる区域面積は 1 ha 以上であるが、東京 23 区内（3 ha を超えるものは都決定）については、地域の実情に応じ柔軟な対応が図られており（区域面積 0.5 ha 以上でも対応可となっている。しかも、この基準は条例で 0.1 ha まで引き下げることが可能である）、積極的に民間活力を活用してまちづくりを進めることとしている。

> **事例**　豊洲二・三丁目のまちづくり

1　まちづくりの概要

(1)　まちづくりの手法

　豊洲二・三丁目のまちづくりにおいては、「土地利用転換の誘導と街並み景観づくり」がテーマとなっている。この地区は、従前の工業地域（容積率200％）を将来形としての商業、住居系の用途地域に用途変更するとともに、都市空間の質の向上を図る観点から、まちづくりデザインの手法を適用し、目標とする街並みの形成や生活者の立場からミクストユースとしての複合都市開発を展開している。IHIの造船所等跡地である豊洲二・三丁目地区の地区更新において活用した手法は、再開発等促進区を定める地区計画、土地区画整理事業、住宅市街地総合整備事業、街並みデザイナー制度である。

(2)　経緯

1988年	3月	都が臨海副都心開発基本計画、豊洲・晴海開発基本方針公表
1991年	10月	IHIが造船部門横浜への移転・集約公表
1993年	7月	都が臨海副都心整備に伴い晴海通りの延伸（架橋）を都市計画決定
2001年	10月	都が豊洲1～3丁目地区（60ha）まちづくり方針策定 ・居住人口22,000人、就業人口33,000人 ・景観形成等のガイドラインの策定、街並みデザインへの配慮
2002年	6月	豊洲二・三丁目地区再開発地区計画（現在の再開発等促進区を定める地区計画）が定められる
2002年	6月	地権者による「豊洲2・3丁目地区開発協議会」を発足
2002年	7月	都市再生緊急整備地域の指定

図表6.55　豊洲地区の位置図

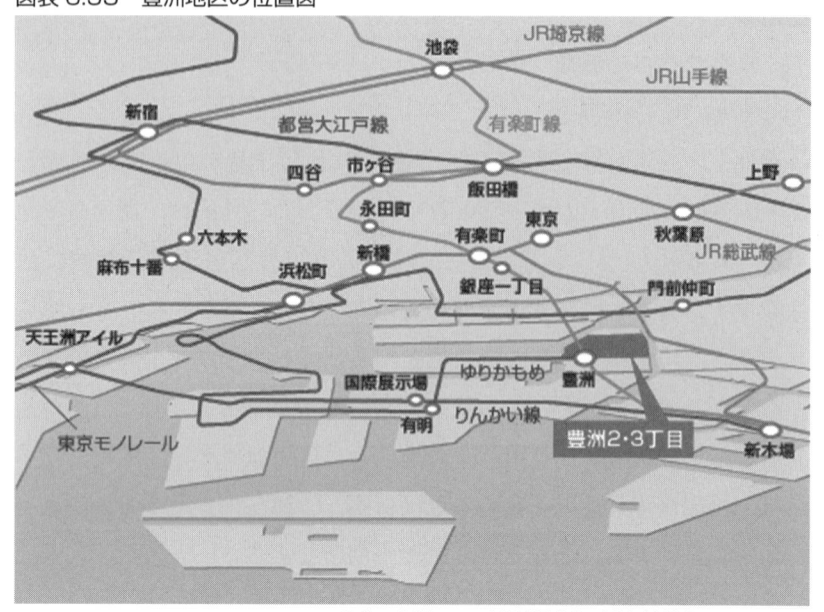

出典：豊洲2・3丁目地区まちづくり協議会ホームページ

2003年	11月	豊洲二丁目土地区画整理事業の認可
		豊洲地区住宅市街地総合整備事業の承認
2004年	3月	都がしゃれたまちづくり条例に基づき、街並み景観重点地区を指定
2005年	4月	芝浦工業大学開校
		豊洲2・3丁目地区開発協議会が「豊洲2・3丁目地区まちづくり協議会」に名称変更
2006年	1月	ＩＨＩ本社ビル竣工
2006年	10月	ららぽーと豊洲オープン

図表 6.56　ドック跡を活用した観光船乗り場

2 造船所跡地における地区更新の仕組み

(1) 公民協議による「まちづくり方針」の策定

　都市構造に少なからぬ影響を与える大規模跡地の開発にあたっては、いかなるまちづくりを展開していくのか、地域の開発整備に責任をもつ地元の都と区の行政、そして地権者と地域基盤整備の主体となる予定の事業者などの間で、十分な協議を行い基盤整備や建築物整備を含め将来の街のあり方を議論し、土地利用転換と再開発の方向また継続的なまちづくりのための指針を整理しておく必要があり、とりまとめられた。

(2) 開発提案(再開発に係る地区計画)と既定土地利用計画(用途地域)の見直し

[ア] 再開発地区計画(現在の再開発等促進区を定める地区計画)の策定

　再開発等促進区を定める地区計画を活用した地区更新にあたっての留意点として、地域開発の将来見通し（都市構造上の位置付け、都市施

設整備の状況など）と、建築計画の優良性（市街地環境の整備改善等への寄与度）を評価し、適切にふさわしい用途・容積を再設定することが課題となった。ただ、このプロジェクトにおいてはこのことに絡め行政指導により都市開発の質を確保するため、「個性を活かした魅力ある都市空間の形成を図るため、デザイン・ガイドライン等を作成し、街並みデザインを重視したまちづくりを行う」とされ、街並みデザインをコントロールする仕組みを導入することが地域更新の条件となった。

なお、この地区計画手法の技術的内容としては、①都市基盤の整備②用途地域の変更③特定街区の指定という機能をワンセットで行うところに意義がある。

[イ] 用途地域の見直し

用途地域の果たす役割・機能としては、地域の環境を悪化させないよう用途・容積等を適正に配分し、これにあわせ建築物の形態を規制・誘導することで都市環境を保持するとともに、都市施設整備との均衡を図りながら商業等の利便を増進するなど、都市機能を維持・増進していくことである。

- 用途地域は、自治体の建設に関する土地利用構想（20年先）や、基本計画（10年先）としての都市計画区域の整備・開発・保全の方針に基づき策定され、5年経ったら見直すことになっている。これが通常いわれるところの「用途地域の見直し」である。
- 用途地域は地域の都市構造上の位置付けとともに、既成市街地においては鉄道、道路等の都市施設（鉄道駅乗降人員、道路交通状況、下水処理能力等）の容量との整合や、用途混在（住宅と工場、商業施設）による災害や公害の発生の抑制、また郊外住宅地においては鉄道等の輸送力（容積率）や緑地の存量（建ぺい率）などにも留意して指定される。

- 指定作業は通常①現行の用途地域をベースに、②土地利用の現況や動向をふまえ、③東京都が策定した土地利用の方針とそれを受け作成される指定基準に基づいて、④区市町村が住民等の意見を聴きながら見直し案を作成、⑤これら区市町の案を都が全体調整して都市計画案とし決定手続き（利害関係者等の意見を聴き、学識経験者等が審議）へと進む。
- 用途地域は既成市街地を中心に大方は現況追認的に指定されているが、郊外部の新開発地など一部地域は質の低い開発を抑制し良好な開発を誘導するため、政策的に開発抑制型で指定されているものもある。

こうした用途地域指定の論理からいって、土地利用転換が大規模に行われるような場合、例えば①鉄道駅が設置されたり、都市計画道路が整備されるような場合、②大規模工場や鉄道貨物ヤード等が商業地や住宅地に変わるとか、港湾部の埋立地に住宅が建設されるなどの場合は、その都度、用途地域を見直し都市マスタープランや地域のまちづくり方針等をふまえ、都市基盤施設の整備内容を勘案し、用途地域の指定基準に沿って地域の土地利用計画を見直し再設定することが、都市の健全で秩序ある発展のためには必要なことである。

(3) 再開発等促進区を定める地区計画の内容（方針部分）

区域面積（50.5 ha）、2号施設（交通広場、公園）の移設・新設、また建築物等の整備目標・方針（工業系200%*⇒住居系300%・商業系500%）などが定められている。

＊従前は大部分が工業地域に指定されていた。

(4) まちづくりガイドラインの作成
① 目標
- 地区開発がめざす街の将来像、まちづくりの方向を示す
- 都市空間形成の基本目標を設定
- 環境デザイン項目に関する開発誘導の基本的考え方を示す

図表 6.57　豊洲二・三丁目の土地利用計画

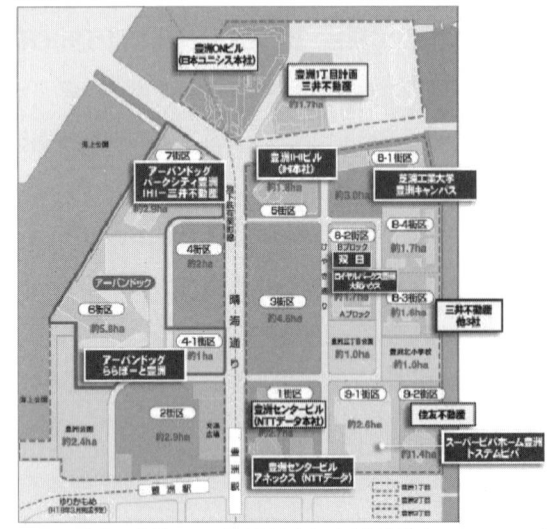

出典：豊洲2・3丁目地区まちづくり協議会ホームページ

② 内容
- まちづくりの基本方針
    →コンセプト、基本目標、空間形成の目標と整備方針、拠点・骨格空間の形成と整備方針
- 拠点部分と骨格となる空間部分の空間形成の方針
    →通りや沿道、公園、街区コーナー、駅前、ドック周辺、ウォーターフロントなどの空間形成の方針
- 公共施設の整備にかかる方針
    →道路、公園・広場、誘導・案内サインなどについて整備方針を示す
- 敷地利用の計画策定にあたっての指針
    →街区別、部位別（敷地、建物など）に示す

図表6.58　航空写真

写真提供：㈱IHI

③　仕組み

　地権者によって構成されるまちづくり協議会（必要に応じ専門家により構成される会議を活用）が個々の開発事業者と開発の各段階ごとに事前協議を行い、その合意を通じて具体的なまちづくりを展開していく。

④　対象行為
- 建築物等の新築、増改築及び外装等の改修
- 屋外空間の整備、改変（外構、駐車場整備など）

⑤　土地売買

　新たな地権者に対し土地売買契約書や宅地建物取引上の重要事項説明書に「地域ルール」が存することを記載

図表 6.59 拠点・骨格間の形成方針の内容（抜粋）

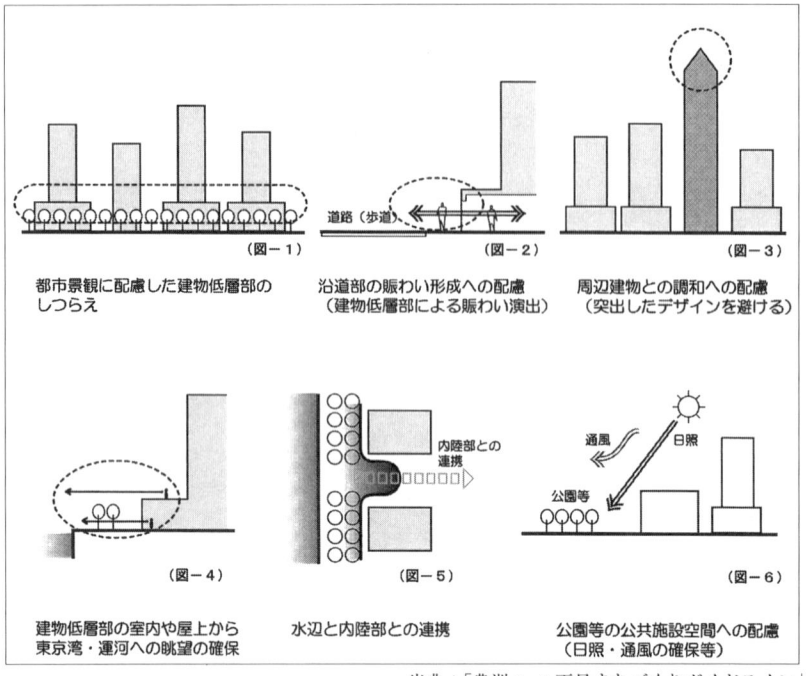

（図-1）都市景観に配慮した建物低層部のしつらえ

（図-2）沿道部の賑わい形成への配慮（建物低層部による賑わい演出）

（図-3）周辺建物との調和への配慮（突出したデザインを避ける）

（図-4）建物低層部の室内や屋上から東京湾・運河への眺望の確保

（図-5）水辺と内陸部との連携

（図-6）公園等の公共施設空間への配慮（日照・通風の確保等）

出典：「豊洲2・3丁目まちづくりガイドライン」
（豊洲2・3丁目地区まちづくり協議会）

⑥ 運用主体
- 計画・調整
    →まちづくり協議会（計画ルール部会、幹事会）
- まちづくりのサポート
    →専門家会議（街並みデザイナーなどにより構成）

⑦ 運用の流れ
- 事業者進出段階
    →ガイドラインを配布し説明、質問・回答

図表6.60　敷地際の計画指針の内容（抜粋）

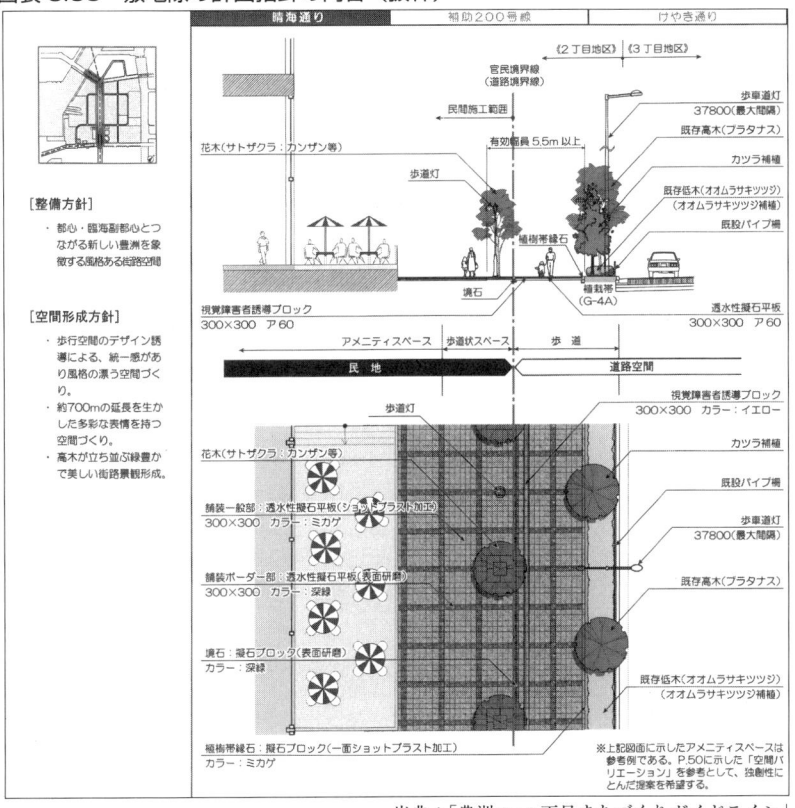

[整備方針]
・都心・臨海副都心とつながる新しい豊洲を象徴する風格のある街路空間

[空間形成方針]
・歩行空間のデザイン誘導による、統一感があり風格の漂う空間づくり。
・約700mの延長を生かした多彩な表情を持つ空間づくり。
・高木が立ち並ぶ緑豊かで美しい街路景観形成。

出典：「豊洲2・3丁目まちづくりガイドライン」
（豊洲2・3丁目地区まちづくり協議会）

- 基本構想・基本計画段階

    →説明・審査、意見・回答、協議・調整（開発の単位ごとに地区整備計画として具体の都市計画の内容を決定）

- 基本設計段階

    →説明・審査、意見・回答

- 実施設計段階

    →説明・審査、意見・回答

図表 6.61　ガイドラインの運用体制

出典：「豊洲2・3丁目まちづくりガイドライン」
（豊洲2・3丁目地区まちづくり協議会）

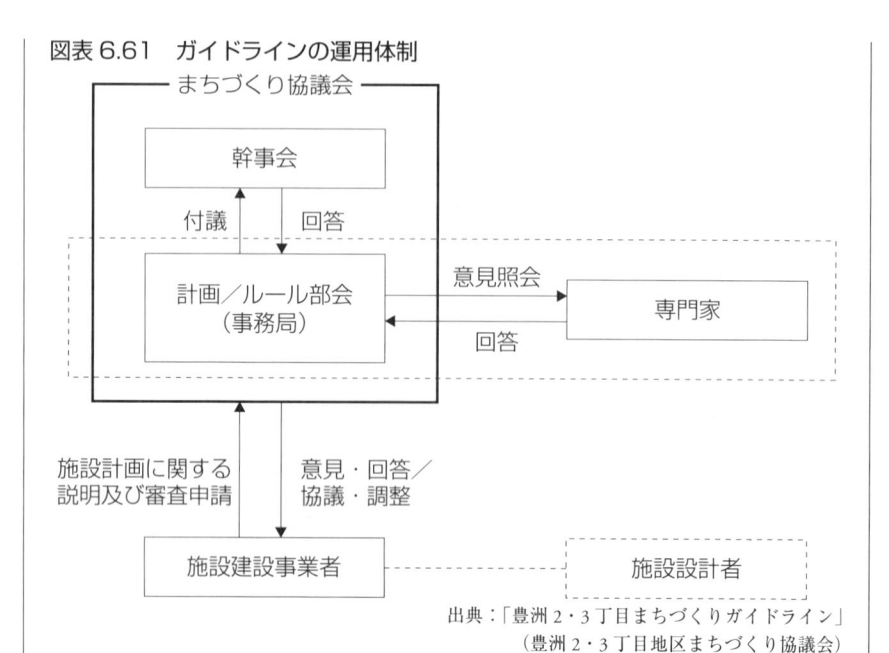

(4)　良質なまちにふさわしいタウン・マネージメントの展開

　　街並みデザイナー制度*を活用し、コンセプト管理の下に継続的なまちづくりを展開し、めざすべき街並み景観を形成するとともに、地域冷暖房システムを導入し省資源省エネルギー型の環境にやさしいまちづくりを実践する。

*　街並みデザイナー制度
　　東京都のしゃれたまちづくり条例に基づき、特定のプランナー、デザイナーがガイドラインの作成指導や開発提案に対する審査過程におけるコーディネーター役などとして、一定地域のまちづくりについてアドバイザーとして継続的に担うことで、コンセプトに基づく一貫性あるまちづくりを担保し魅力的な街の景観や環境を形成していく仕組み。

③　地区更新に向けた全体の流れ

　　豊洲地区の場合、都の長期計画や区の都市マスタープランをにらみ、当該地区にふさわしい良質な開発をめざし、都・区の行政と地権者に

都市基盤整備の事業者（都市再生機構）を加え、公民連携によって当該地区のまちづくり方針が話し合われた。この方針をふまえ地権者と都市基盤整備等の事業施行予定者とが協議し、まちづくりの都市計画提案（再開発等促進区を定める地区計画の企画書の提出）がなされた。これを受け地区計画の方針部分と地区整備計画のうち基幹的施設の整備に関する部分が都市計画決定された（この段階での想定容積率は基盤整備等に伴う用途地域の見直しに相当する分の容積率となる）。この地区整備の方針部分においては街並みデザインを行っていくことが明記されたため、地権者と先の事業予定者との間で協議し、まちづくりガイドライン（街並みデザイナーを活用した街並み形成のためのガイドプランとデザイン・コードの設定を含む）が作成されることになった。なお、開発区域のうち海寄りの部分は地権者が都市再生機構に業務委託し土地区画整理事業方式で基盤整備が進められることになった。また一方、陸側の残った部分は都市再生機構に土地譲渡され、住宅市街地総合整備事業制度を活用して基盤整備等が進められることになった。

　こうして道路や公園など開発に必要な基盤が整備され土地の区画が整理されると、今度は最終的な土地の開発者であるビルダーとしての建築事業者に土地が譲渡されることになる。この段階になると、街区単位に建築計画（基本計画相当）が描かれ地区整備計画にまとめられ、その内容に応じ容積率インセンティブ（空地整備等に伴う容積率「評価容積率」という）が付与されることになる。こうして建築が進んでいくと、今度はビルを所有する土地所有者等によるタウンマネジメントの段階を迎える。都市計画の方針としてデザイン・ガイドラインの作成が明記されたこと、また、しゃれたまちづくり条例に基づいて当地区に街並み景観重点地区（大規模プロジェクト地区など）が指定されたことにより、街並み景観づくりを担う地権者、建築事業者によって協議会が組織され、街並みデザイナーの支援を受けガイドラインの作成

作業が始まる。この協議会は都に登録され街並み形成のガイドプランの知事承認を得ることで、景観条例に規定された大規模建築物等の知事への届出義務・行政指導が適用除外となり、かわって自主的な街並み景観づくりがスタートする。

4 開発整備促進区を定める地区計画

　開発整備促進区（都計法第12条の5第4項）を定める地区計画は、一体的かつ総合的な市街地の開発整備を実施すべき地区として都市計画に位置づけられると、これまで用途制限を受けていた第二種住居地域、準住居地域、工業地域の区域内においても、特定行政庁の認定により店舗、劇場などの大規模集客施設（特定大規模建築物）が整備できるようになる。この開発整備促進区の指定要件は、①見込みを含み土地利用の変化が著しい区域、②特定大規模施設の整備による業務の利便の増進のため適正な配置・規模の公共施設を整備する必要がある区域、③このことが都市機能の増進に貢献する区域であること、で地区計画には土地利用に関する基本方針、道路・公園等の配置・規模、また特定大規模建築物の敷地として利用する土地の区域と誘導用途とし、周辺の住環境保護に支障のないよう計画することになっている。

2 都市開発諸制度

　容積率規制の特例措置であるが、土地の高度利用に耐えうる公共施設が既に整備されていたり、または当該プロジェクトと一体的に必要な公共施設が整備されるような場合で、市街地環境の整備改善に寄与する計画が提案されたときは、個々のプロジェクトごとにその計画内容を評価し、中小規模の敷地を前提として設定されている一般的な建築規制を適用除外したり、制限を緩和して誘導する仕組みが用意されている。

　代表的な制度としては、広い意味での再開発手法である特定街区、高度利用地区、都市再生特別地区、再開発等促進区を定める地区計画（第6章第4節1.3）、総合設計がある。

1 特定街区

　「特定街区」は、都市計画地域地区の一つで、良好な環境と健全な形態を備えた建築物の建築や、市街地環境の整備に寄与する公衆に開放された有効な空地の確保等により、都市機能に適応した適正な街区を形成し、市街地の整備改善を図ることを目的として定められる。その特性から、特定街区は有効空地等の整備状況に応じ容積率の割増を行う、インセンティブ・ゾーニングの手法としてとらえられている。

　特定街区の都市計画には、建築物の容積率と高さの最高限度、壁面の位置の制限が定められる。特定街区内の建築物は、都市計画に定められたこれらの規定に適合しなければならないが、建築基準法に規定されている容積率、建ぺい率、斜線制限等の一般的な密度・形態規制は適用除外となる。これは特定街区が街区単位の建築計画であり、街区内に細街路を入れ区画

割してできた小さな建築敷地をモデルに構成されているため、建築基準法の一般基準を適用することは不合理と考えられているからである。このように特定街区は一般基準とは異なる特別なルールの適用があるため、都市計画の決定には地権者等の同意が必要とされている。

特定街区は都市計画の最小単位である街区レベルの敷地を対象としていることから、有効空地の確保など大規模敷地にふさわしい建築計画の立案など、優良な都市開発プロジェクトを誘導すべく、行政庁においてはそれぞれのおかれた地域状況をふまえ、運用基準（都市計画決定権者ごとに作成）を策定している。

特定街区は、一般には街区単位の建築計画を対象に有効空地を創出するプロジェクトに対し指定されるが、特例的に、道路を挟み隣接する複数の街区間での容積移転や、歴史的建造物の保存にも活用することができる。

なお、特定街区は土地の高度利用を伴うことが通常なので、都市計画決定にあたっては周辺環境への影響を事前にチェックすることになっている。

有効空地とその算定

① 一般例

有効空地とは、広場、通路、緑地等の形態で、地上部や地下、建築物の屋上や屋内の部分に設置されるオープンスペース（図表6.60）で、公衆の利用に供し通常の都市活動時間帯に開放されている空地・空間をいう。これら空地・空間は、その開放度と地上からのアクセスのしやすさに応じ、係数によってその有効度が区別されている。

② 特例

・緑化の特例

有効空地のうち緑化された部分の有効度は、一般例に示すそれぞれの空地・空間の有効度に1.2を乗じて得た値としている。すなわち、空地として二割増の有効性があるとされている。

図表 6.62　有効空地の概念図

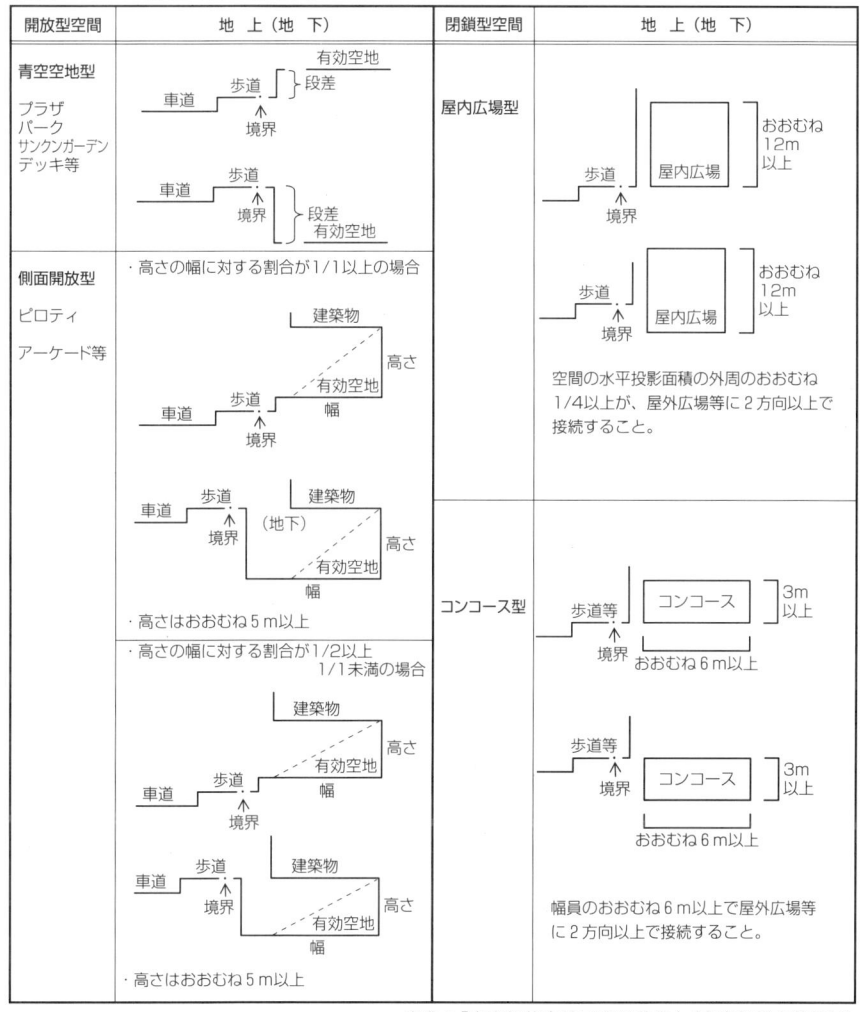

開放型空間	地上（地下）	閉鎖型空間	地上（地下）
青空空地型 プラザ パーク サンクンガーデン デッキ等	車道／歩道／有効空地／段差／境界 車道／歩道／境界／段差／有効空地	屋内広場型	歩道／境界／屋内広場／おおむね12m以上 歩道／境界／屋内広場／おおむね12m以上 空間の水平投影面積の外周のおおむね1/4以上が、屋外広場等に2方向以上で接続すること。
側面開放型 ピロティ アーケード等	・高さの幅に対する割合が1/1以上の場合 車道／歩道／境界／建築物／高さ／有効空地／幅 車道／歩道／境界／（地下）／建築物／高さ／有効空地／幅 ・高さはおおむね5m以上 ・高さの幅に対する割合が1/2以上1/1未満の場合 車道／歩道／境界／建築物／高さ／有効空地／幅 車道／歩道／境界／建築物／高さ／有効空地／幅 ・高さはおおむね5m以上	コンコース型	歩道等／境界／コンコース／3m以上／おおむね6m以上 歩道等／境界／コンコース／3m以上／おおむね6m以上 幅員のおおむね6m以上で屋外広場等に2方向以上で接続すること。

出典：「東京都特定街区運用基準」（東京都都市整備局）

• 歴史文化の特例

重要文化財の指定を受けた建造物や歴史的建造物等として保存・復元が必要なものは、当該建造物の土地に係る部分を有効空地と見なして算定している。

事例 日本橋三井タワー、三井本館

【計画概要】

　日本橋室町二丁目特定街区は、重要文化財指定建造物である「三井本館」の保存と日本橋地域の活性化に資することを目的に、土地の有効・高度利用にあわせ、まちの文化交流機能の確保と賑わいのある街並み景観の形成をめざしている。容積率の割増にあたっては国指定の重要文化財「三井本館」部分を有効空地としてカウントするとともに、道路に接する部分には有効空地を整備、また文化交流施設としての三井本館の保存とホテルの整備を図るとともに、中水道施設や雨水貯留施設など公益施設を整備し地域のまちづくりに貢献、さらに日本橋中央通りに面し店舗を配置、また建物ファサードを整備するなどして、賑わいある街並み景観の形成に寄与している。

［①基準容積率　718％］
［②割増容積率　500％］

```
        有効空地整備分      229％
        重要文化財保存分    225％
        公益施設整備分        2％
    ＋  街並み景観形成分     50％
    ─────────────────────────
     計                   506％
```

割増容積率の限度は500％ただし、基準容積率が500％以下の場合、基準容積率の範囲内。よってこの場合は500％となる。

［指定容積率：①＋②＝1,218％］

【建築計画】

建築名称	日本橋三井タワー、三井本館
所在地	東京都中央区日本橋室町2－1－1
敷地面積	約14,400m²
延床面積	約190,700m²
最高高さ	約186m
階数	地上41階、地下4階

図表6.63　外観パース

写真提供：三井不動産㈱

図表6.64　位置図

資料提供：三井不動産㈱

図表6.65　重要文化財建築物の概要

- 起工　　大正15年6月24日
- 竣工　　昭和4年3月23日
- 設計　　トローブリッジ・アンド・リヴィングストーン事務所
- 構造設計　ワイフコッフ・アンド・ピックワース
- 施行　　ジェームス・スチュワート社
- 建物長　東西　108.9m
- 　　　　南北　50.3m
- 建築面積　4559.6m²（告示面積）
- 延べ面積　約32,334m²
- 階数　　地上5階（現7階）地下2階建
- 　　　　屋上塔屋付

写真提供：Railstation.net

地域特性に対応した地区まちづくり | 337

2 高度利用地区

「高度利用地区」は、都市計画地域地区の一つであり、市街地における土地の合理的かつ健全な高度利用と都市機能の更新を図ることを目的として、建築物の容積率の最高限度及び最低限度、建ぺい率の最高限度、建築面積の最低限度、壁面の位置の制限を定める地区である。

高度利用地区は市街地再開発事業や住宅街区整備事業の施行区域要件になっているため、これらの事業と併用されることが多いが高度利用地区単独での適用も可能である。

また、平成9年に創設された「機能更新型高度利用地区」は、更新時期を迎えた老朽建築物の建替えを、まちづくりに沿う形で適正に誘導していくため、地域の求める誘導用途の占める割合に応じ容積率が緩和される方式を採用している。

高度利用地区の対象となる区域は、①現状においては、公共施設の整備不足等により土地が効率的に利用できない地区であるが、今後、都市施設の整備と土地の健全な高度利用を促進すべき区域、②敷地が細分化されているなど土地利用の状況が著しく不健全な地区であるが、都市環境の改善または災害の防止等の観点から土地の健全な高度利用を図るべき区域、その他、③土地の合理的かつ健全な高度利用と都市機能の更新を図るべき区域等において活用することができる。

事例 ギンザ・グラッセ

ギンザ・グラッセは、東京都心のJR有楽町駅と東京メトロ銀座駅に近い、西銀座通り（外堀通り）沿いの数寄屋橋交差点近くの中央区銀座三丁目に位置し、女性をターゲットにしたデパート「プランタン銀座」に隣接した商業施設である。このビルもプランタン同様に、お

洒落な大人の女性の感性を満たすべく、「キュート・アンド・ブリリアント」をコンセプトに、魅力的な施設づくりを目指している。銀座地域は地元の中央区がまちの活性化をめざし、地域のまちづくりの目標を受け老朽化した建築物の建替を適切に誘導するため、高度利用地区制度を活用し都市計画で誘導用途と壁面後退を定めるとともに、あわせて絶対高さ制限と壁面の位置の制限等を内容とする地区計画を定め、容積率の割増や斜線制限（高さ）の緩和により、まちづくりの目標に適合する建築計画を適切に誘導し、まちの機能更新を促していこうとしている。この事例の場合、全館に店舗を配置することにより基準容積率800％に対し、誘導用途対応で容積率が300％加算され、建築計画上の容積率は合計1,100％となっている。

【計画概要】

事業名	ギンザ・グラッセ（GINZA GLASSE）建設事業
施行者	三井不動産株式会社
所在地	東京都中央区銀座三丁目
都市計画	商業地域（容積率800％） 高度利用地区（誘導用途に対し、容積率＋300％）
建築計画	容積率1,100％

【建築計画】

敷地面積	約635m^2
用途	物販・飲食店舗、駐車場
延べ面積	約7,540m^2
店舗面積	約5,160m^2
階数	地上11階、地下2階
高さ	56m

図表6.66　ギンザ・グラッセ

3 都市再生特別地区

　都市の再生を図るため都市再生緊急整備地域が指定された区域の内で、特に高度利用を図る必要のある地区については、事業者よりプロジェクト提案として「都市再生特別地区」の指定の申し出をすることができ、提案を受けると行政庁は一定の期限内に必要な審査を行い、指定がふさわしいものについては都市計画が定められる。

　都市再生特別地区の場合は他の都市開発諸制度の場合と異なり、事前明示的な審査基準はなく、民間の自由な発想を尊重して提案が審査される。ただ都市再生特別地区は都市再生緊急整備地域の整備目標を実現するために指定されることになるので、緊急整備地域の整備目標への適合性が求められる。この整備目標には整備の目的のほか公共施設整備の基本的事項、誘導すべき都市機能に関する事項、市街地整備の推進に関し必要な事項が定められている。都市計画には誘導すべき建築物の用途、容積率の最高限度（400％以上）と最低限度、建ぺい率の最高限度、建築面積の最低限度、建築物の高さの最高限度及び壁面の位置の制限などが定められる。建築規制にあたっては、建築基準法上の集団規定のうち用途、密度、形態に関する規定などが適用除外となる。

事例　東京モード学園コクーンタワー

　西新宿一丁目7都市再生特別地区は、旧朝日生命ビルの跡地開発として「都市再生特別地区」の手法を活用し、学校法人モード学園が新宿駅近くの西新宿一丁目地内（区域面積約 0.9 ha）において、専修学校を主体にホール、店舗などの施設を建設する事業である。

　本プロジェクトにおいて提案された建築物は、繭のような曲線を用いた特異な形態を有しており、その建築プロポーションが世間の話題

を呼んでいる。これまで東京の都市開発において時代を先導してきた新宿副都心の超高層ビル街に、これでまた一つ近未来型のユニークな超高層建築物が加わることになる。高さは約205mで地上50階、地下4階建である。容積率は街区内の公開空地と緑地の整備、また駅前の歩行者ネットワークの形成（新宿駅からエルタワーへと伸びるデッキをさらに南と西に延長している。また4号街路の地下道と北側エルタワーの街区の地下通路とを結ぶ自由通路の整備も行う）やホール（600人、450人収容の二つの集会場）等の文化交流施設の整備が図られていることから、都市再生緊急整備地域の地域整備方針に適合し、かつ賑わいを呼び地域活性化に貢献すると評価され、基準容積率1,000％に対し370％が割増され指定容積率は約1,370％になっている。また、本開発計画に絡み隣接する北側の街区と東側の敷地を含む約2.6haの区域に、あわせて地区計画が策定されており、これによりユニークな超高層建築物の建設にあわせ駅周辺の回遊性が増し、魅力的な複合市街地の形成が図られることになった。

　ファッション、コンピュータ、福祉、医療など時代のニーズに対応した教育を手掛けるモード学園は、この都市計画提案において感性高いクリエイティブな若者を包み込み相互の交流を触発することにより、沈滞傾向にある新宿のまちの活性化に寄与しようと、話題性のある斬新な建築デザインをもった学校施設を提案してきた。

　この学校アイデンティティと地域の活性化をテーマとした斬新なデザインを内容とする都市再生プロジェクトは2006年に都市計画提案されたが、この建築デザインをめぐっては事前協議の段階で賛否両論があった。これを審議した新宿区の景観審議会においても学識者や区民、景観アドバイザー等々を巻き込み活発な議論があった。また、提案を受けた東京都も行政内部では賛否が分かれた。そこで決着までのプロセスを紹介し今後の参考とする。

事業者サイドから持ち込まれた提案は斬新なものであった。区の担当者は一目見て従来のものとは異質、しかし感覚的には魅力的なデザインとしてとらえた。ただ関係者をまとめるまでには相当のエネルギーが必要になるとも感じた。なぜなら多くの人々は保守的であり変わったもの（今回のものは従来のものに比しあまりに異なっている）は忌避する。行政内部で関係者調整に入ると、異論が出てきた。箱型の建築物で構成された新宿の副都心の超高層ビル群のデザインとマッチしない、というのが代表的な意見である。

　確かにその通りで、曲線的な繭のような形をしたデザインのものはない。ただ、箱型のビルでないといけないのかというとそういうことでもない。しかも、よくみると現に存する超高層のビル一つ一つのデザインも結構異なっている。カーテンウォールにコンクリートのプレキャストパネル、メタルのもの、また、ノッポなもの、ずんぐりとしたもの等々、多種多様である。今回の提案が形状や意匠デザインにおいて、従来のものに比し異質であることは確かである。その一方で斬新なデザインが世間の話題を呼び、沈滞気味な新宿の街にいいという意見も多かった。

　意見を行政レベルについて整理してみると、新宿区は賛成一部躊躇、都は躊躇一部反対、ということで、両者で話し合った結果、地元の意見をふまえて対応することになり、新宿区にて意見をオーソライズすることになった。区では景観まちづくり審議会を開催し、意見集約を図った。審議会においても学識経験者委員は賛否二つに割れたが、地元の区民委員は賛成ということで、結果、審議会としては提案を了承することになった。

【都市計画】

所在地	東京都新宿区西新宿一丁目地内
区域面積	約0.9ha
容積率 最高限度	1,370%
最低限度	400%
建ぺい率の最高限度	80%
建築面積の最低限度	3,000m²
最高高さ 高層部	210m
低層部	35m

【建築計画】

敷地面積	約5,172m²
延床面積	約81,000m²
容積率	約1,370%
建ぺい率	約65%
建築面積	約3,400m²
最高高さ	約205m
階　数	地上50階、地下4階
主要用途	専修学校、集会場、店舗

図表6.67　東京モード学園コクーンタワー

4　総合設計

　総合設計制度（建基法第59条の2）は街区に準じる一定規模以上の敷地面積、一定割合以上の空地を有する建築計画を対象に、容積率や高さ制限の緩和に対し統一的な基準を設け誘導することにより、市街地環境の整備改善を図ろうとするものである。

　総合設計は特定街区の簡易版としての性格をもっており、特定街区のように都市計画決定という手続きを経ることなく、建築基準法上の許可手続

図表6.68　総合設計のタイプ（東京都の例）

①	一般型総合設計	公開空地の創出と引き換えに容積率と高さ制限の緩和を行う総合設計
②	共同住宅建替誘導型総合設計	老朽マンションの建替えの促進（30年を経過した共同住宅の建替えのための総合設計）
③	市街地住宅総合設計	市街地住宅の供給促進（割増容積率以上を住宅床とする総合設計）
④	市街地複合住宅総合設計	公的賃貸住宅や都市型住宅の供給促進（割増容積率の2分の1以上を公的賃貸住宅等の床とする総合設計）
⑤	都心居住型総合設計	都心居住の促進（延べ面積の4分の3以上を住宅床及びその関連施設床とする総合設計）
⑥	業務商業育成型総合設計	育成用途の整備 「都市再開発方針などに適合する建築計画等」 「敷地規模に応じた容積率の緩和制度」 （割増容積率のうち一般型総合設計による割増し容積率以上を育成用途床とする総合設計）

きを活用し迅速に対処することが可能である。このため活用実績は多い。

事例　恵比寿ガーデンプレイス

　総合設計（市街地住宅総合設計）制度により、ビール製造工場跡地を活用した東京を代表する複合機能開発（ミクストユース・ディベロップメント）の事例である。当該地はJR東日本山手線恵比寿駅よりスカイウォーク（上空に設置された動く歩道など歩行者専用路）により結ばれており、事務所や店舗・ホテルや共同住宅だけでなく、百貨店やシネマコンプレックス、美術館、博物館など、多種多様な用途・形態の施設が約8.3haの広大な敷地に配されている。街のリニューアルに向けては近代化（機能分化、用途純化など）の行き過ぎを反省し、商業娯楽、文化交流機能の導入を図るとともに、都市デザイン手法を駆使して環境・景観の形成に重点をおいて取り組んでおり、国土交通省

の都市景観100選にも選ばれるなど、昼も夜も人がいる多くの人々で賑わう魅力的なまちとなっており、日本を代表する都市再開発のモデルの一つとされている。

【計画概要】

所 在 地	東京都渋谷区恵比寿4-20、目黒区三田1-4，13
敷地面積	約83,000m^2
延べ面積	約477,000m^2
容 積 率	478%
建築面積	約32,000m^2
高　　さ	167m、
階　　数	40階
主要用途	事務所、百貨店、ホテル、共同住宅、店舗、映画館、美術館

図表6.69　恵比寿ガーデンプレイス　　図表6.70　航空写真

写真提供：大成建設㈱

3 その他の建築基準法上のまちづくり制度

1 一団地の総合的設計

　「総合的設計」とは、一団の土地の区域内に2以上の構えをなす建築物を総合的設計によって建築する場合、建築基準法第86条の規定に基づき、特定行政庁が各建築物の位置及び構造が安全上、防火上及び衛生上支障がないと認めるものについて、本来は敷地単位に適用される接道規定や容積率、建ぺい率、道路・隣地斜線制限、第一種低層住居専用地域内等での外壁の後退距離・高さなどの建築基準を、複数の建築物が建つ一団の土地全体を一つの敷地とみなして適用することにより、建築基準適用の合理化(実質的に規制を緩和)を図る制度である。したがって、一団の土地として認定されると、建築物一つひとつの敷地は道路に面していなくともよく、また隣地斜線制限にも拘束されない。日影規制は一団地の外には及ぶが内側の一つひとつの敷地単位には適用されない。

> **事例** 御殿山ガーデン
>
> 　屋敷跡地を中核とした複合開発として、1990年誕生。区域面積は約3.3 ha、住居地域の基準容積率は200%だが、特定街区制度により指定容積率は300%。特定街区・一団地認定の手法を活用している。
>
> 【施設概要】
> 　事務所、ホテル、共同住宅等。また、1 haの庭園(内、日本庭園6,800 m^2)を有する。

【建築計画】

位　　置	東京都品川区北品川4－7－35
敷地面積	31,061.24m²
延べ面積	118,425.22m²
容　積　率	300%、有効空地率63%
階数・高さ	事務所地上21階地下3階（限度が106m）
	ホテル地上25階地下3階
	共同住宅（約200戸）地上25階地下3階

図表6.71　配置図

資料提供：森トラスト㈱

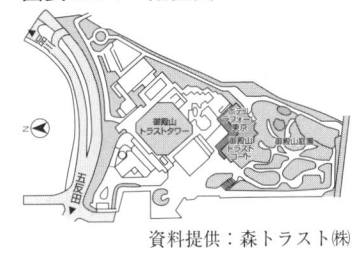

図表6.72　外観写真

写真提供：森トラスト㈱

2　連担建築物設計制度

「連担建築物設計制度（建基法第86条第2項）」は、平成10年の建築基準法の改正により、従来の一団地の総合的設計制度に加えて新たに創設された制度で、複数の敷地により構成された一団の土地の区域において、協調的な建築計画が策定された場合、既存建築物を含む複数の建築物を同一の敷地内にあるものとみなし、建築基準を適用する制度である。特定行政庁がその位置及び構造が安全上、防火上及び衛生上支障がないと認める区域内の各建築物については、接道義務、容積率制限、建ぺい率制限、日影規制などが、同一敷地内にあるとみなして適用される。

この制度により、複数の敷地相互の間で容積の再配分が可能となり、奥まった敷地や既存の建築物が存する敷地における未利用容積の活用が可能となり、土地の有効利用の促進と市街地環境の整備改善が図られることになる。

　この制度は裏敷地、いわゆる街区内のアンコの部分の未利用容積の有効活用を企図して制度化されたいきさつがある。しかし、実際の利用は都心部における容積移転型での再開発的利用の事例だけでなく、密集市街地において無接道敷地の規制を緩和する形で建替え誘導を図る修復型の事例など、いろいろな目的で活用されている。

　なお、連担建築物設計制度のイメージを**図表6.10**に掲げている。

事例　丸の内オアゾ

　ここでは都心部の再開発的利用の事例を取り上げ紹介する。再開発的な利用には2パターンあって、隣地斜線制限の緩和を主目的とする場合と、容積の移転を主目的とする場合である。

　隣地斜線緩和型の事例としては、旧国鉄本社ビル跡地を中心に、これと隣接する既存建築物を含む一団の土地開発として、東京都千代田区丸の内一丁目1街区の開発（一団地面積約 23,800m^2、愛称は OAZO）があげられる。この街区には5棟の建物が隣地斜線制限を解除され、そのかわりとして落下物曲線を守って建てられている。結果、所狭しと建っている感がないでもないが、このことが賑わいを醸し出すことには成功している。

　なお、このプロジェクトにおいては既存の建築物から若干の容積移転が行われているが、隣地斜線制限の緩和が主であり建築物の設計自由度を増すことで、市場のニーズに適合した空間をもつ建物が建設可能となった。また、敷地形状に伴う法規の制約から解放されることで、

整形な建物の建築が可能となり、建設コストの削減が図られたことも大きい。この隣地斜線制限緩和型の事例としては、他に品川グランドコモンズ、飯田町南街区などがある。

　一方、容積移転型の事例としては虎の門五丁目プロジェクト（一団地面積約22,300m^2）がある。これは東京都水道局の芝給水所敷地の未利用容積を、隣接する森ビルの敷地に移転してビルを建設する開発である。容積移転の内容としては認定基準の上限である基準容積率の50％に相当する床面積を、東京都の敷地から森ビルの敷地へと移している。この事例では新築建築物の敷地が細長いこともあり、あわせて隣地斜線制限の緩和を受けることで容積の活用が可能となっている。この容積移転型の事例としては、他に恵比寿一丁目プロジェクト、芝公園ファーストビルなどがある。

図表6.73　位置図

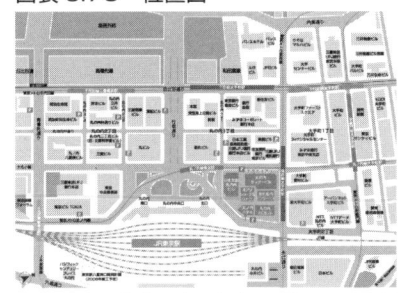

出典：丸の内オアゾホームページ

図表6.74　丸の内オアゾ

写真提供：大手町・丸の内・有楽町地区再開発
　　　　　計画推進協議会

事例　丸の内の再構築に向けた大丸有のまちづくり

　ここではまちづくり上の各種手法を活用して、地区再構築に取り組む東京都心大手町・丸の内・有楽町地区の事例を紹介する。

1 全体まちづくりの概要

(1) 公民連携協働のまちづくり

　東京駅前の丸の内はわが国を代表するオフィス街である。しかし、今日のように建替えが進展しなかった時代、この街は日本を代表するかのように、リノベーションの進まない古臭い街という評価を受けていた。日本経済新聞社が「丸の内の黄昏」という記事を出したのもその頃である。しかし、今は変わった。新しくなった丸ビルをはじめ、明治生命館の保存と新ビルの建設、日本工業倶楽部の保存的復元と三菱信託銀行ビルの建設とつづき、丸の内オアゾ、新東京ビルヂング、ペニンシュラ・ホテルの建設そして新丸ビルの建替えを経て、現在はかっての一丁ロンドンを彷彿させる三菱一号館の復元を含む三菱商事ビル等の建替えまで進んできている。これら新しいビルの足元部分には、賑わい施設としてレストランやカフェなどの飲食店のほか、高級ブティックなどの店舗が並び、昼も夜も週日も週末も活況を呈しており、かつての黄昏が嘘のようである。

　今日、丸の内に代表される都心業務地は大手町、有楽町地区にも広がっており、これらの地区全体が一体となって連携して「大丸有のまちづくり」を進めている。この拡大丸の内ともいえる区域の面積は約 111 ha、事業所数は約 4,000、就業人口は約 214,000 人である。業種構成をみると、金融・保険だけでなく、サービス、建設・製造、運輸・通信にまで広がっており、多種多様な業種の業務中枢機能が集積しているところに、この地区の特徴がある。しかも、ほとんどすべてのビルは法人所有となっており、居住機能はなくビジネスセンターに特化した世界でも稀有なエリアとなっている。

　それでは現在成功しつつある、丸の内の再構築に向けたまちづくりの取り組みをみてみよう。この地区のまちづくりにおいて避けて通れないのは、民間の法人地権者たちが大同団結し行政も巻き込んで、地

域連携、公民協働でまちづくりを進めていることである。このまちづくりの手順としては、まず1988年に地区再開発計画推進協議会が設立され、1994年に国際業務センターとしての機能の高度化を図るとともに、景観・環境面からも魅力ある都心空間の創造に向け、公民協調の一体的なまちづくりを進めていくことを基本協定として締結したことである。これを受け1996年には公民連携のための地区まちづくり懇談会が設立され、これに地元行政として東京都と千代田区、それにJR東日本も参画しPPP（public private partnership）を構築、2000年には地区まちづくりガイドラインの骨子をまとめた。これを受け2002年には、そのエッセンスを地区計画として都市計画決定した。今日ではこの地区計画やガイドラインに沿ってビルの建替えが進んでいる。また、この間の2002年には今後のまちづくりにおいて街の管理運営が重要であると認識され、地権者だけでなくテナント企業や就業者また学識者によって構成される、NPO組織「大丸有エリアマネジメント協会」を設立、街の緑化や巡回バスの運行、またイベントの実施など、都市観光の視点を入れ地域経営に乗り出している。

(2) 街ブランド化

さらに、丸の内のまちづくりで特筆すべきことは、ここの大地主・大家的存在である三菱地所が社内に「街ブランド室」を設け、街ブランド化に取り組み出したことである。街ブランド化とは街全体を対象に一貫性あるビジョン、独自のイメージを打ち出し、顧客が街に望むものをソフト面も含め一体的に提供することで、街のユーザーや来街者に対し、街への帰属感、愛着心を醸成していくことを狙っている。街ブランド化はある意味で街の差別化であり、その街の持つ強みを認識し、それを外に向かって訴求していくことである。丸の内ではアクセスの良さと、異業種の多大な集積を活かし、これからの社会に必要

図表6.75　東京駅周辺地区の航空写真

写真提供：大手町・丸の内・有楽町地区再開発計画推進協議会

とされる新しい創造の芽を伸ばしていこうと、この街での交流に重点をおいて取り組んでいる。

② ガイドラインとアーバン・デザインによる「美しい街並みの継承と発展」

　大丸有（大手町・丸の内・有楽町）のまちづくり、とりわけ丸の内の大地主で大家の三菱地所が音頭をとって進める、新時代に適合した風格ある賑わいの都心のビジネス街づくりが進んでいる。丸の内という地域イメージや東京駅前という立地の優位性を背景に、最先端のまちづくり技術を駆使して丸の内等の街は大変身を遂げつつある。

(1) まちづくりガイドラインの構成（2000.3）

［ア］　将来像：目標、特色、機能、デザイン、環境
［イ］　まちづくりのルール：街並み形成型、公開空地ネットワーク型のまちづくり
［ウ］　手法：都市開発諸制度の活用
［エ］　推進方策：公民の協力・協調

(2) アーバン・デザインの内容

考え方

　ゾーンとエリアなどに区分し、都心にふさわしい風格ある新しい都市景観の形成

［ア］　街並み形成型ゾーン（丸の内、有楽町西側）

　→低層部と高層部とに区分、低層部は31mで通りに沿って整然と街並みを形成

① 街並みの特徴の継承
② 街並みの調和（壁面の連続性）
③ 賑わいの形成（機能の連続性）

［イ］　公開空地ネットワーク型ゾーン（大手町、八重洲、有楽町東側）

　→空地の連続と集約

［ウ］　中間領域

　→道路と道路際の公開空地等、歩行者活動領域における公的空間と私的空間の連携化

［エ］　骨格エリア

　→首都の顔、都市の門（ゲート性）、パノラマ景観の創出

［オ］　スカイライン

　→おおむね100mとし、一般的には150mを限度、拠点は200m程度まで

⇒以上の規定内容のうち、基本的部分・骨子部分は「地区計画」化。残りの部分は「デザイン・マニュアル」策定へ

3　まちのシンボル「JR東京駅」の復元

　東京駅丸の内駅舎の復元は、戦災により焼失した3階部分の復興と球状ドーム屋根の再生を図るプロジェクトで、2012年に完成する予

定である。JR東日本は、この事業に要する費用を確保するため、東京駅の未利用容積を周辺の新東京ビルヂングや新丸の内ビルディングなどに移転、その対価として事業資金を獲得しようとしている。

　この復元事業は資金調達という面からとらえると、東京駅周辺地区における他の地権者との共同事業としてとらえられる。すなわち、東京駅敷地の未利用容積を、一体的なまちづくりとして地区計画が指定されている東京駅周辺地区において、プロジェクト連携（リンケージ）して未利用容積を協調的に活用することで、この復元事業を実現しようとしている。

　具体的には、まちとしての一体性を有する大丸有のまちづくり区域を対象に、ここに特例容積率適用地区（ほぼ地区計画区域と重なる）を指定し、必要に応じ建築容積の移し替えを行い、そうして得た資金で復元のための事業費用を調達する方式をとっている。容積の送り手

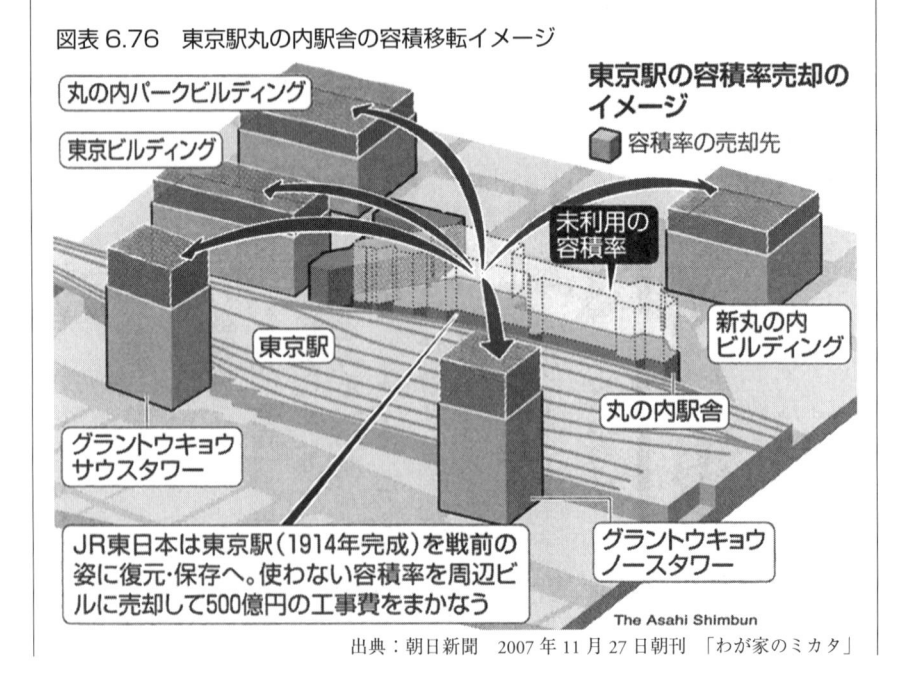

図表 6.76　東京駅丸の内駅舎の容積移転イメージ

出典：朝日新聞　2007 年 11 月 27 日朝刊　「わが家のミカタ」

は東京駅で、受け手は新東京ビルヂングや新丸の内ビルディングなどである。

　特例容積率適用地区（図表6.12）とは、一定の広がりを有する地区内で容積の移転を時間的・空間的・機会的な制約から解放し、自由度高く行う制度である。これまでの容積移転は一団の土地の区域内か隣接する敷地間、また地区計画で街区単位に再配分された場合にのみ認められてきたが、今回の容積移転はこの制約を解除し、当該敷地から離れて飛び地であっても同一地区内なら何回でも自由に行えることになった。結果、いつでも（移転したいと思う時に任意に）どこへでも（法適用地区内ではあれば容積移転先の敷地は隣接していなくともよい）何度でも（一回きりではない）容積移転が可能となった。

図表6.77　東京駅丸の内駅舎の夜景（背後はグラントウキョウ）

写真提供：三井不動産㈱

図表6.78　旧東京中央ステーション

写真提供：赤レンガの東京駅を愛する市民の会

地域特性に対応した地区まちづくり　**355**

④ まちづくり手法を複合的に活用した開発「新東京ビルヂングの建替」

それでは日本で初めて特例容積率適用の第一号となった、新東京ビルヂングの開発についてみてみよう。このビル開発事業は特例容積率適用地区のほかに地区計画、一団地の総合的設計、総合設計などのまちづくり手法を活用し容積の移転と割増、そして利用の合理化を図った容積フル活用型のプロジェクトとして特筆される。

本プロジェクトは土地の有効・高度利用とビル経営効率の増進、まちの賑わいの確保と歴史的建造物復元への寄与を目的に、各種制度を活用し用途・容積の移転・再構成を図るとともに、東京駅と有楽町駅を結ぶ歩行者ネットワークの拠点の一つとして、街活性化のための貫通通路や歩行者の利便性向上のためのJR京葉線コンコース等を整備し、街の回遊性を増進している。

また、本施設の整備にあたっては、整備課題（①東京駅復元への寄与、②地域のまちづくりへの貢献（地域育成用途（交流、文化、活性化施設）の実現、街並み景観の形成）、③街区としての土地の有効高度利用（未利用容積の活用））に対応し、各種のまちづくり手法が複合的に活用されているのが特徴である。具体的には、わが国において初めて適用された特例容積率適用地区制度、そして一団地の総合的設計制度と総合設計制度、また都市開発諸制度の容積割増において条件付けられた育成用途に係る用途の入替特例の適用などがそれである。

それでは本プロジェクトにおける、各種制度の複合的利用の仕組みを、順を追ってみてみよう。

① 特例容積率適用地区制度を活用し、JR東京駅の丸の内駅舎の敷地に係る未利用容積の一部（新東京ビルヂングの敷地にすると266%分）を新東京ビルヂングの敷地に移転する。

② 一団地の総合的設計制度を活用し、同じ街区内に隣接して建つ三菱東京UFJ銀行ビルの敷地との一体化計画を図り、三菱東京

図表 6.79　東京都の育成用途を促進すべき地区と都市開発諸制度の運用イメージ

□ ＝ 用途地域による建築物の用途制限

	センター・コア・エリア内								センター・コア・エリア外		
	都心部		副都心		新拠点						
	都心（更新都心・再編都心）	都心周辺部（複合市街地ゾーン）	副都心（業務商業市街地ゾーン）	副都心（複合市街地ゾーン）	新拠点（業務商業市街地ゾーン）	新拠点（品川）（複合市街地ゾーン）	一般拠点地区	職住近接ゾーン	核都市（業務・商業市街地地区）	一般拠点地区【業務施設集積地区含む】	左記以外（核都市複合市街地地区及び位置付けのある地区）

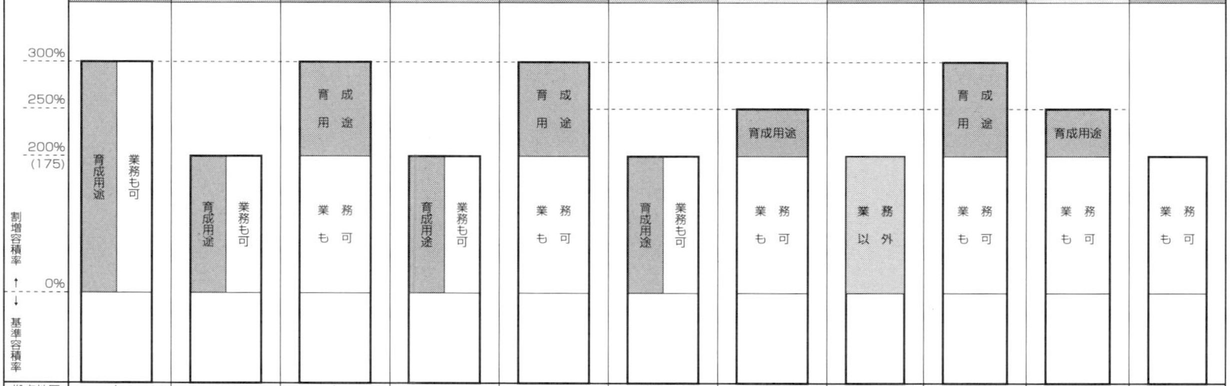

	都心	都心周辺部	副都心（業務商業）	副都心（複合）	新拠点（業務商業）	新拠点（品川）	一般拠点地区	職住近接ゾーン	核都市	一般拠点地区	左記以外
拠点地区設定	有（都心等）	無	有（都心等）	無	有（都心等）	無	有（一般）	－	有（都心等）	有（一般）	無
割増容積率限度	300%	200%（175%）	300%	200%（175%）	300%	200%（175%）	250%	200%（175%）	300%	250%	200%（175%）
育成用途割合	割増容積率の２分の１以上は育成用途とする。（以下「Aタイプ」という）		Aタイプ以外（以下「Bタイプ」という）	Aタイプ	Bタイプ	Aタイプ	Bタイプ	－	Bタイプ	Bタイプ	－
育成用途	□文化・交流施設 □商業施設 □生活支援施設 □産業支援施設 1）※	□文化・交流施設 □商業施設 □生活支援施設 □産業支援施設 □住宅施設	□ 副都心ごとに定める用途 1）※	□ 副都心ごとに定める用途 □ 住宅施設	□文化・交流施設 □商業施設 □生活支援施設 □業務施設（「品川」のみ） □産業支援施設	□文化・交流施設 □商業施設 □生活支援施設 □業務施設 □産業支援施設 □住宅施設	□地元区が定める用途	－	□文化・交流施設 □商業施設 □生活支援施設 □業務施設 □産業支援施設	【業務施設集積地区】 □文化・交流施設 □商業施設 □生活支援施設 □業務施設 □産業支援施設 【一般拠点地区】 □区市指定の用途	※住居系用途地域内においては、第一種中高層住居専用地域に建築することができる建築物の用途に限り容積率の緩和を行うものとする。

備考
1）　※区の都市計画マスタープランや地区計画等に位置付けがある場合は、住宅も可能とする。
2）　Bタイプについては、割増容積率が200%（175%）を超えた部分をすべて育成用途とする。
3）　本方針は、都市再生特別措置法に基づく都市再生緊急整備地域内で都市再生特別地区に指定された区域及び東京のしゃれた街並みづくり推進条例に基づく街区再編まちづくり制度によって地区整備計画が定められた区域については適用しない。
4）　原則として、指定容積率が1000%を超える区域については、諸制度における容積率の緩和は適用しない。
5）　区域外において公共施設を特許事業により整備する場合の特例を適用する場合は、200%を上限として、上表に割増容積率を加えることができるものとし、当該特例に係る割増容積率の部分に限り、育成用途の規定を適用しない。

出典：「新しい都市づくりのための都市開発諸制度活用方針」（東京都都市整備局）

UFJ銀行ビル敷地に係る容積の余剰分（新東京ビルヂングの敷地にすると5%）を新東京ビルヂングの敷地へと移転する。

③　この時、同時に一団地を対象に総合設計制度を適用すると、一団地としての割増容積は、公開空地分が137%、敷地規模分が26%、公益施設分が8%、景観形成分が21%となり合計で192%（容積割増分は全て新東京ビルヂングの敷地へと集約するので、新東京ビルヂング敷地に対する割増分としてみると450%）となる。許可容積率は一団地でみると、1,306%。これを東京ビルヂング敷地に置き換えると、1,716%となる。

④　さらに、割増された容積には利用用途の条件がついているので、これを合理化するためボーナス容積の対象となった育成用途（店舗、ホテル等）の集約化を可能とする特例制度を活用し、同じ地区計画区域内で同一時期に建て替えを行う、旧日比谷パークビルの建て替えであるザ・ペニンシュラ東京ビルとの間で、相互に事務所用途と文化・交流・活性化施設に係る用途の入替えを行った。

【建築概要】

所在地	東京都千代田区丸の内二丁目7番3号
建築主	三菱地所(株)、東日本旅客鉄道(株)、(株)東京三菱銀行
主要用途	事務所、店舗、駐車場、地域冷暖房施設
構造	地上鉄骨造、地下鉄骨鉄筋コンクリート造
階数	地上33階、地下4階
最高高さ	164m
敷地面積	8,090m^2
延べ面積	149,340m^2

図表 6.80　位置図　　　　　　　図表 6.81　容積移転等のイメージ

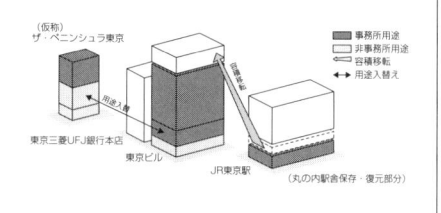

出典:『ビル経営管理講座テキスト①「企画・立案」〈上巻〉』
　　　((財) 日本ビルヂング経営センター)

　それではここで地区計画制度、都市開発諸制度等と、建築基準法の密度・形態制限にかかる一般基準との関係を整理しておこう。

図表 6.82　形態規制緩和手法の比較

形態制限緩和手法	容積率	道路斜線	隣地斜線	北側斜線	低層住居専用地域の絶対高さ	日影規制	外壁の後退距離	建ぺい率
高層住居誘導地区	住宅割合に応じて容積率の限度を定める 住宅割合2/3以上の建築物は一定の緩和がある		緩和不可	緩和不可	緩和不可	適用除外(建基法第56条の2第4項は適用)	緩和不可	制限が強化される場合がある
高度利用地区	建ぺい率の逓減、壁面後退指定等により割増容積率を定める	都市計画指定とともに、敷地内に道路に接した公開空地を確保することにより緩和	緩和不可	緩和不可	緩和不可	緩和不可	緩和不可	緩和不可
特定街区	公開空地の割合等に応じて割増容積率を定める	建築物の各部分の高さを敷地境界線および道路中心線から水平距離に応じて一定の割合で定めることにより緩和				別途、壁面の位置の制限を定めることで緩和	別途、有効空地率で制御

地域特性に対応した地区まちづくり　**359**

都市再生特別地区	都市再生に対する貢献度に応じ容積率を定める	緩和	緩和	緩和	緩和不可	規制の対象区域外にある建築物とみなし適用	緩和不可	緩和不可
総合設計	公開空地の割合等に応じて割増容積率を定める	各辺ごとに、一定規制上の建築物と計画建築物の立体投影面積の比較により緩和 なお、北側斜線については隣地の日照への配慮が必要				緩和不可	緩和不可	緩和不可
一団地認定	個々の敷地単位ではなく、一団地内の全体敷地で計画が可能	2以上の前面道路の緩和規定が働き、斜線制限が緩和	一団地内の各敷地相互間の斜線が緩和		緩和不可	一団地内の各敷地相互間の日影規制が緩和	個々の敷地単位ではなく、一団地内の全体敷地で計画が可能	低層住居専用地域内でかつ一団地の住宅施設の区域内で緩和
用途別容積型地区計画	住宅用途について、住宅以外の用途と区分して、割増容積率を定める	緩和不可	緩和不可	緩和不可	緩和不可	緩和不可	緩和不可	緩和不可
容積適正配分型地区計画	適正に公共施設が整備された区域内において、容積率を再配分し定める	緩和不可	緩和不可	緩和不可	緩和不可	緩和不可	緩和不可	緩和不可
再開発等促進区型地区計画	公共施設の整備を条件に容積率を引き上げる	敷地内に有効な空地が確保されていること等により緩和			敷地面積300m²以上である場合、20mを限度に高さ制限を緩和	当該区域は通常、日影規制の対象から外される	緩和不可	60%を限度に、適切な規模の空地の確保等により緩和
街並み誘導型地区計画	当該地区計画の内容に適合することなどにより、前面道路幅員による容積率制限は適用除外される	当該地区計画の内容に適合し、かつ、敷地内に有効な空地が確保されていること等により緩和			緩和不可	当該区域は、通常、日影規制の対象から外される	緩和不可	緩和不可

| 高度利用型地区計画 | 高度利用地区に準じた内容を定め条例で担保することにより緩和 | 敷地内に道路に接し有効な空地を確保することなどにより緩和 | 緩和不可 | 緩和不可 | 緩和不可 | 緩和不可 | 緩和不可 | 緩和不可 |

出典:『都市・建築・不動産企画開発マニュアル』(エクスナレッジ)

3　建築協定

　建築協定は、住宅地としての環境や商店街としての利便を高度に維持増進することを目的とした、建築基準法に根拠を置く準立法的な制度である。全国一律に定められる建築基準法に規定された最低基準としての建築基準だけでは地域のまちづくり目標を達成することができない地域において、その個別的要求に対応するため、建築に関する制限を一定区域の近隣住民相互の合意により、建築基準法に定める最低基準に付加し、協定基準として自ら遵守していこうとするものである。

　この建築協定は民法上の協定(契約)とされるが、民民による任意の契約とは異なり行政庁の認可、公告、縦覧という法的手続きを経ることにより、協定締結後は協定締結者だけでなく、その後の土地の権利者にも効力が及ぶこととなる。ただし、私法上の契約であるため、協定基準は建築確認の対象とはならないし、協定違反に対しても行政庁が是正命令を出したり代執行することもできない。このような協定としては、この他に都市緑地法に基づく緑化協定がある。

　また、建築協定の特則として一人協定制度がある。これはデベロッパーの開発する大規模住宅地開発などを対象に、開発整備された良好な環境を今後とも維持していくため、あらかじめ事業者が協定を定めておいて、その後の宅地分譲により新たに二以上の土地所有者等が存在することになったときから、その効力を発生させようとするものである。

建築協定を結ぶには、市町村にそうしたことができる旨の条例が定められていなければならない。協定には対象区域、協定の有効期間、違反措置、を定める。協定基準として定めることができる事項は、建築物の敷地、位置、構造、用途、形態、意匠または建築設備に関する基準である。協定の認可には土地の所有者等（建物の所有を目的とする地上権、賃借権者も含む）の全員の合意が必要である。

　建築協定の運営は通常は協定者の互選により委員を選出し委員会により運営していく。協定違反者に対しては委員会の決定に基づき、行為の停止の請求や是正のための措置をとることを要求することができる。これに従わない場合は、裁判所に請求することになる。

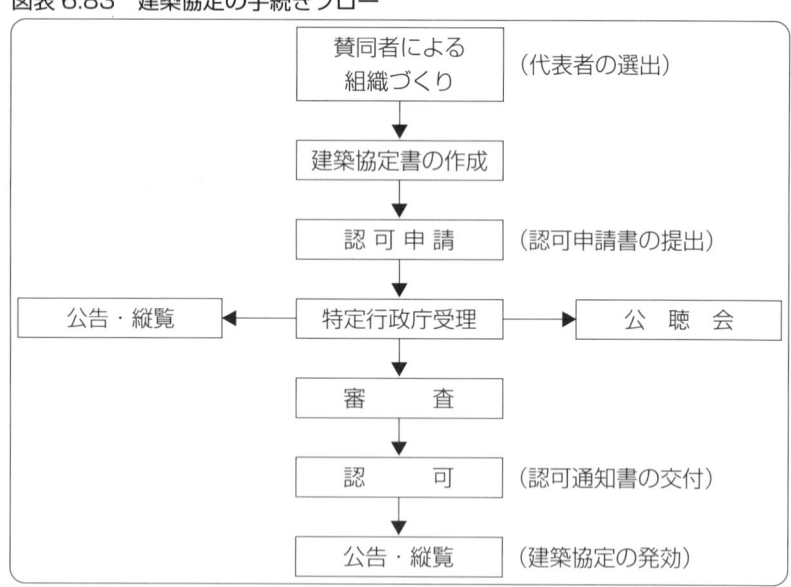

図表6.83　建築協定の手続きフロー

賛同者による組織づくり　（代表者の選出）
↓
建築協定書の作成
↓
認可申請　（認可申請書の提出）
↓
公告・縦覧 ← 特定行政庁受理 → 公聴会
↓
審査
↓
認可　（認可通知書の交付）
↓
公告・縦覧　（建築協定の発効）

4 市街地再開発事業制度

　ここでは市街地の再開発を促進するための制度として、誘導的措置である促進区域制度と、事業的措置である市街地再開発事業制度を取り上げ、その概要をみることにする。

1 促進区域

　地域地区がその目的に応じ建築物の建築等を規制することで、良好な土地利用を実現するものであるのに対し、「促進区域（都計法第10条の2）」は区域内の土地所有者等に対し、一定期間内に再開発や区画整理などの事業の実施を義務づけ、一定の土地利用を実現すべく市街地の計画的な整備、開発を促進するものである。

　促進区域は、土地所有者等が個人や組合といった形で事業施行者になることができる、市街地再開発事業、土地区画整理事業、住宅街区整備事業等の促進を目的として指定される。促進区域の種別としては、都市再開発法第7条第1項に基づく「市街地再開発促進区域」、大都市地域における住宅及び住宅地の供給の促進に関する特別措置法第5条第1項に基づく「土地区画整理促進区域」、同法第24条第1項に基づく「住宅街区整備促進区域」、地方拠点都市地域の整備及び産業業務施設の再配置の促進に関する法律第19条第1項に基づく「拠点業務市街地整備土地区画整理促進区域」の4種類がある。

　促進区域が指定されると、土地所有者等はできるだけ速やかに、事業を実施する等して一定の土地利用を実現するよう努めなければならないものとされており、指定から一定の期間が経過した後（市街地再開発促進区域

は5年、土地区画整理促進区域及び住宅街区整備促進区域は2年、拠点業務市街地整備土地区画整理促進区域は3年）は、区市町村等の公的機関が引き取り当該事業を実施する仕組みとなっている。

　このように事業の速やかな実施を促進する制度であるため、促進区域内においては一定の建築行為等が制限される。具体的には、市街地再開発促進区域の場合は、区域の指定要件として既に高度利用地区が指定されているので、容積率の最高及び最低限度、建ぺい率の最高限度、建築面積の最低限度、壁面の位置などについて建築制限が課せられる。また、これら高度利用地区の建築制限が適用除外される、「主要構造部が木造、鉄骨造、コンクリートブロック造その他これらに類する構造の建築物であって、階数が2以下で、かつ、地階を有しない建築物で、容易に移転し、または除却することができるもの」を建築する場合であっても、都道府県知事の許可を受けなければならないことになっている。また、開発行為についても同様に、一般の場合、開発許可が不要な規模であっても、原則として開発の許可を受けなければならない。

事例　新宿三丁目イーストビル

【整備概要】

　新宿三丁目東地区は市街地再開発促進区域内において、個人施行の第一種市街地再開発事業として実施されたビル建設事業である。位置は東京都新宿区新宿三丁目地内で、新宿駅南口からも望める甲州街道と新宿通りに囲まれた区域にあり、地下鉄東京メトロと都営新宿線の新宿三丁目駅にも近接している。

　この地区は都市再生緊急整備地域内に位置しており、区域面積は約0.6 haである。この区域内には従前、映画館1棟、店舗4棟が存し商業的土地利用がなされていたが、建築物は築30年以上を経過し老朽

化が進んで防災上も問題となっており、土地利用の面からみても周辺に比し高度利用が不十分な状況にあった。

そこで本事業においては促進区域制度と市街地再開発事業制度を活用し、これら5棟の建築物を更新、従後に共同化し大型商業施設とシネマ・コンプレックスからなる複合商業施設を建設することにより、新宿駅東口周辺地区の商業・文化の活性化に寄与することが図られた。なお、建設された建築物の地下には東京電力の地域変電所が組み込まれており、周辺地域の電力の安定供給に貢献している。

図表6.83　外観写真

この事業に関係する権利者の数は6名で、組合を結成するまでには至らなかったので、1991年に促進区域の都市計画決定を受け、個人施行の第一種市街地再開発事業として実施されている。施行認可と権利変換計画の認可は2004年で、3か年の工事期間を経て2007年に事業完了した。

【都市計画】

事業名	新宿三丁目東地区第一種市街地再開発事業
施行者	新宿三丁目東地区市街地再開発個人施行者
所在地	東京都新宿区新宿三丁目
事業費	約71億円

【建築計画】

敷地面積	2,578m²
用　　途	物販・飲食店舗、映画館（9シアター）、駐車場、地域変電所
延べ面積	26,400m²
階　　数	地上14階、地下3階
高　　さ	78m

2　市街地再開発事業

「市街地再開発事業」は、都市再開発法に基づき市街地の土地の合理的かつ健全な高度利用と都市機能の更新とを図るために、公共施設の整備、建築物及び建築敷地の整備などを一体的に行う事業である。

すなわち、低層の木造建築物などが密集し土地の利用状況が不健全で、災害発生の危険性等のある地区について、地区内の建築物を除却し、新たに土地を高度利用した形の建築物を建築し、あわせて公共施設の整備を行うものである。

事業地区内の権利者の権利の処分方法の違いによって「第一種市街地再開発事業（権利変換方式）」と「第二種市街地再開発事業（管理処分方式）」とに区分される。

市街地再開発事業に係る優遇措置としては、一つに補助制度があるが、これは個人施行また組合施行のものを対象に、調査や事業計画・権利変換計画策定等の調査設計費、公開空地整備など土地整備費、廊下・階段等の共同施設整備費などを補助メニューにしており、対象事業費のうち一定割合が補助対象となる。運用面をみるとプロジェクトが住宅プロジェクトか、それ以外のプロジェクトかによって補助の割合は異なり、前者に対しては比較的補助が厚くなっている。また、融資制度も用意されており、住宅金融支援機構や日本政策投資銀行から低利の資金融資を受けることができる。

ア 第一種市街地再開発事業

「第一種市街地再開発事業」は、市街地再開発事業のうち権利変換手法をとるもので、施行地区内の土地及び建物に関する権利を買収や収用によらず、新しくできる施設建築物とその敷地に権利を移し替えるものである。

第一種市街地再開発事業の施行者は、個人、市街地再開発組合、地方公共団体、都市再生機構、地方住宅供給公社の他、法に規定する株式会社である（都市再開発法第2条の2）。

第一種市街地再開発事業の施行区域の条件は、市街地再開発促進区域内にあること、高度利用地区内、または高度利用地区に係る都市計画において定めるべきとされた事項をその内容として定めた地区計画（高度利用地区型地区計画）もしくは再開発等促進区を定める地区計画の区域内にあること、区域内の耐火建築物の建築面積の合計が区域内のすべての建築面積の合計のおおむね3分の1以下であることなどである。

事業における手続きの流れを順を追って示すと、①都市計画決定（都計法第12条）、②事業の認可（都市再開発法第7条の9、第11条、第51条、第58条）、権利変換計画の決定（同法第72条）、③既存建築物の除却、施設建築物の新築、公共施設の整備、④事業の完了公告(同法第100条)となる。

> **事 例**　六本木ヒルズ
>
> ### 1　まちづくりの概要
>
> (1) 六本木の街の成り立ちと再開発機運の醸成
>
> 　六本木の地は、武蔵野台地がひだ状に入り組んでおり、多数の尾根や谷地をもつ起伏ある地形を有した土地である。営団地下鉄日比谷線と都営地下鉄大江戸線が交差しており、ロケーションとしては、永田町・霞ヶ関の国会・官庁街、虎ノ門・赤坂の業務・商業街、青山・麻布の住宅街に隣接し、生活利便性も高く、これらの街をつなぐ結節点

として、娯楽機能やSOHO型のソフトビジネスのオフィスも集積、近くに大使館が多く立地するなどの特性をふまえ、街は国際色豊かな独特の雰囲気を醸し出している。

　再開発が行われた六丁目地区約11 haは17 mの地盤高低差を有し、従前は、幹線道路の沿道部には商業・業務施設、地区中央部にはテレビ局、その他は狭隘な道路が入り組みアパート、マンション等が密集する、都市基盤が未整備で住環境上も防災上も問題を抱える地区であった。そこで港区に軸足を置くデベロッパーの森ビルは、ヒルズシリーズとしてアークヒルズを進化させた形での大規模複合都市開発を目論み、必要な土地については任意に土地買収を進めていた。また、アークヒルズ開発で関係したテレビ朝日との縁もあり、新しいまちづくりに向けて地域の人々との話し合いを着々と進めていった。

　その後の展開は以下のとおりである。すなわち、「始動期」においてはまちづくり推進の機構として懇談会方式で再開発機運を醸成するとともに、「推進期」には協議会を立ち上げまちづくりの課題や将来像を共有するようにし、関係者の理解と協力が得られたところで再開発準備組合へと移行し計画づくりに入った。「事業実施段階」に入ると、事業計画を作成し事業主体としての再開発組合を立ち上げ権利変換計画を策定するとともに工事に着手した。建物等が完成すると今度は街の「運営管理段階」に入るので、それぞれのビルごとの管理組合を束ね一体の街としてタウン・マネージメントに取り組むことになる。

(1) 経緯

1986年	都が都市再開発法に基づき再開発誘導地区に指定
1987年	区が再開発のための基本計画を策定
1988年	町会単位にまちづくりの将来を考える懇談会を設置
1990年	懇談会は協議会へと移行

1991 年	権利者間で再開発準備組合を設立
1995 年	市街地再開発事業の都市計画の決定
1998 年	市街地再開発組合を設立、権利変換計画の認可
2003 年	事業完成し、まちがオープン（居住人口約 2,000 人、就業人口約 20,000 人、来街人口約 10 万人）

2 事業の目的と実現に向けた戦略戦術

(1) 目的

　各種の都市機能が高度に複合した安全で快適なまちづくり、公共公益施設を整備するとともに広域交通の拠点、地域の防災拠点として周辺地域に貢献するまちづくりを行うことを目的とする。

　再開発機運の醸成のためには、魅力あるまちづくりのテーマの設定が重要で、関係者との継続的な取組み協働のためには、しっかりとしたまちづくり推進の仕組みの構築、また事業成立に向けては開発フレームの拡大と事業資金の確保が課題となった。

(2) 事業コンセプト（「文化都心」の創造）

　土地の立地特性を活かすとともに、社会ニーズに対応し時代を先導すべく、「文化都心」をコンセプトに知的刺激に満ちた環境の中で心ときめく発見があったり、オープンマインドな街の雰囲気の中から各施設を利用する人々相互の交流により、時代を先導するアイディアが生まれる街として、ステイ、ワーク、スタディ、ファッション、カルチャー、エンターテインメント等々、多様な機能がミックスされた、新しいライフスタイルが創造発信される街として、多機能融合型の新しい都市拠点となる街をプロデュースする。

(3) 戦略・戦術

［ア］戦略

　良質なテナントの誘致とともに、マンションを円滑に分譲、来街者のリピーターを広く集めるなどして集客力を高め、これを維持していくため、他地区と明確に差別化される近未来のまちづくりを先導するオンリーワン的要素をもったテーマの設定と、それを具体化する魅力ある都市景観や街並みデザインを施すとともに、体系だった継続的な情報発信により地区の観光名所化を図る。

① 観光名所化

　建物のランドマーク化と、その上部に展望台と美術館を配置しシャワー効果を仕組むとともに、足元周りには著名デザイナーを起用し商業娯楽施設と庭園等を巧みに配置構成することで、人々が楽しめ時間消費できる魅力的な空間に仕立て上げ提供する。

　イメージを具体化するため世界のトップ・デザイナーを起用し、観光名所ともなる時代を先導するオンリーワンのまちづくりを展開することで、街のイメージ・アップを図り多くの人々を集客することで、不動産としての付加価値も高めていく。

② 情報発信

　権利者の一人であるテレビ朝日と連携、また各種メディアを通じ全国に六本木のまちづくり情報を発信する。

［イ］戦術

① 市街地再開発事業

　地権者が多く多様な考え方の人々が共存していることから、任意買収方式での事業化は困難なので権利変換方式を活用し強制力をもたせ、従前の権利を従後の床等に置き換える。このときあわせて補助金等の導入を図る。

② 再開発等促進区を定める地区計画

　大規模な土地利用転換ということで再開発型の地区計画制度を活用し、スポット的に用途地域を見直しまちの将来像にふさわしい、基盤の整備と質の高い建築計画を提案、これによる容積率のアップにより開発のフレームを拡大する。具体的には、住居系から商業系への用途地域の変更、また建築計画の内容に応じた評価容積も加え、容積率は327％から719％へとアップ、このようにして開発フレームを拡大するとともに、得られた容積を街区間で適正配分することにより、オフィスタワーについては基準階事務室面積を大きくとり、使いやすいワンフロアー型とすることで、テナントにとって魅力ある使いやすい施設とした。

③ 税財政金融上の優遇措置の活用とプロジェクト・ファイナンスの採用

　市街地再開発事業制度を活用し、補助金を獲得するとともに、政府機関より長期低利融資を受け事業性の改善と資金調達を容易にする。また、権利者対策として再開発にかかる税の優遇措置を活用する。さらに、参加組合員としてのデベロッパーが直接担う部分、すなわち、負担金については事業規模の大型化、事業の長期化をふまえ、日本政策投資銀行と連携しプロジェクト・ファイナンスの導入を図り、資金調達を容易にした。

3 プロジェクトの概要

【都市計画】

事業名	六本木地区第一種市街地再開発事業
施行者	六本木六丁目地区市街地再開発組合
所在地	東京都港区六本木六丁目地内
施行区域面積	約11ha
建築敷地面積	約84,800m²

延 べ 面 積	約728,300m²
事 業 期 間	1986〜2003年の17年間
事 業 費	約2,864億円

【施設計画】

　高さ238m、54階建のランドマークとしてオフィス「森タワー」は、基準階の事務室床面積が国内最大の4,500m²。また、ビルの最上層には森アーツセンター（美術館、展望台、メンバーズクラブ、アカデミー施設、などの複合文化施設）が入り、文化都心のシンボルを成している。このタワーの周りにはホテル「グランドハイアット東京」、シネマコンプレックス、放送センター「テレビ朝日」、超高層ツインタワーマンションを含む住宅を4本（約800戸）と、旧毛利庭園を配すとともに、足元周りには200を超えるレストラン、ショップを適宜配置するなどして、メリハリある空間構成を行っている。また、このまちの空間の質を高めるため、建築デザインも世界トップクラスのアーキテクトに依頼している。

【主要な公共施設の整備】

　環状3号線と放射22号線を接続する連絡側道、10号と環状3号線を東西に結ぶ地区幹線道路（ケヤキ通り）幅員16m・延長約390m、公園1,500m²、地下鉄コンコースに接続する駅プラザ2,100m²、立体広場としての歩行者デッキ3,200m²、緑地4,300m²

4　どんな街になったか

　従前の権利者数は約500、このうち8割の約400が事業に参加した。権利者数の多さから、権利調整の困難さと事業期間の長期化が危惧された。しかし、アークヒルズの2倍、恵比寿ガーデンプレイスの1.5倍の規模を有する国内最大規模の市街地再開発事業として、17年間

かかったが先に記述した戦略・戦術が奏功し、今や一日10万人の来街者を数える観光名所となった。

再開発区域内の土地利用についてみると、従前は公共用地14%、宅地86%であったが、従後は公共用地23%宅地77%に、また指定容積率は従前の327%から従後は719%へと引き上げられた。この容積は九つの街区に対し、施設の用途や交通の処理また街区の配置と規模さらに全体の空間構成にも留意し、840%から50%まで適正配分されている。そのほか公共公益施設として地域冷暖房施設、中水道施設、雨水貯留施設、ゴミ・リサイクルセンターそして備蓄倉庫などが、ファッション・ストリートとして400m続く潤いと賑わいのケヤキ並木通りや旧毛利邸跡の池や緑地の保存的継承ともども整備された。

【建築計画】

A街区 (6,600m^2)	複合棟（事務所、学校、店舗）、延べ面積24,800m^2、階数／地上12階、地下3階
B街区 (57,200m^2)	事務所棟、延べ面積380,100m^2、階数／地上54階、地下6階
	ホテル棟、延べ面積69,000m^2、階数／地上21階、地下2階
	劇場棟、延べ面積23,700m^2、階数／地上7階、地下3階
	放送センター、延べ面積73,700m^2、階数／地上8階、地下3階
C街区 (21,000m^2)	住宅棟4棟、延べ面積24,800m^2、階数／地上12階、地下3階
	事務所棟、延べ面積149,800m^2、階数／地上6階、地下1階
	寺院棟、延べ面積500m^2、階数／地上2階、地下1階
	その他、延べ面積400m^2、階数／地上2階、地下1階

図表 6.85 六本木ヒルズ

提供：森ビル

図表 6.86 配置図

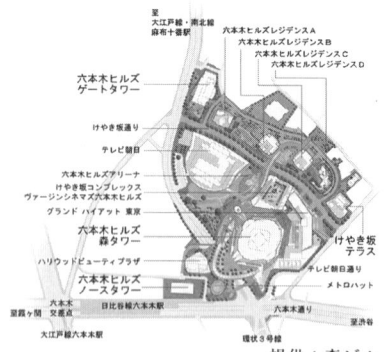

提供：森ビル

イ 第二種市街地再開発事業

「第二種市街地再開発事業」は、市街地再開発事業のうち管理処分手法をとるものをいう。管理処分とは、施行地区内の土地及び建築物に関する権利を、一旦、施行者が買収または収用したのち、従前の権利者の希望に応じ新しくできる施設建築物及びその敷地に関する権利を与える手法である。この手法が適用になるのは、都市防災上の理由等から再開発の緊急性の高い地域に限られている。また施行者に収用権が賦与されることなどから、本事業の施行者は、地方公共団体等の公的機関に限られている。

施行区域の要件は、第一種市街地再開発事業の要件（市街地再開発促進区域要件を除く）に加えて、区域面積 0.5 ha 以上であり、災害の発生のおそれが著しく、環境が不良であること、避難広場などの公共施設を早急に整備する必要があること、などとされている（都市再開発法第 3 条の 2）。

事業における手続きの流れを順を追って示すと、①都市計画決定（都計法第 12 条）、②事業の認可（都市再開発法第 51 条、第 58 条）、③管理処分計画の決定（同法第 118 条の 6）、④既存建物の除却・施設建築物の新築・公共施設の整備、⑤完了公告（同法第 118 条の 17）、となっている。

事例　北新宿再開発

　幹線道路の整備にあわせ周辺の老朽化した低層木造の密集住宅地を再開発し、一体的に整備することにより新宿副都心地域にふさわしい土地の高度利用と都市機能の更新を図り、都市施設の整備と生活環境の改善、そして防災性の向上を図ろうとするプロジェクトである。

　区域面積は約4.7 haで、従前の権利者は事業計画決定時に394人（土地所有者130人、借地権者43人、借家人221人）存在しており、この再開発事業の施行により従後の人口は約1,200人と計画されている。この市街地再開発事業の区域内には、都市の基盤をなす放射24号線（幅員32 m、延長約25 m）いわゆる青梅街道の拡幅整備と放射6号線（幅員30〜32 m、延長約350 m）の新設という公共施設の整備が含まれており、この道路整備にあわせ沿道地区の更新を進め、容積率480％をめざし土地利用の増進を図る事業である。

　事業の施行者は東京都で総事業費は約1,300億円である。公共施設整備の内容としては、幹線道路のほかに区画街路（幅員6〜8 mで延長約745 m）、街区公園（約500 m^2）が整備されることになっている。また、施設建築物として建物が7棟計画されており、主要な用途は住宅、事務所、店舗、駐車場である。さらに、住宅建設の目標として、約634戸の住宅整備を予定している。

【都市計画】

事業名	北新宿地区第二種市街地再開発事業
施行者	東京都
所在地	東京都新宿区北新宿一丁目及び二丁目並びに西新宿八丁目地内
事業費	約1,300億円

【建築計画】

敷地面積	約27,900m^2
延べ面積	約163,000m^2

【主要な棟別の用途、階数、最高高さ】

業務・商業棟	地上39階、地下2階、約180m
住　宅　棟	地上20階、地下2階、約85m

図表6.87　北新宿地区開発イメージ

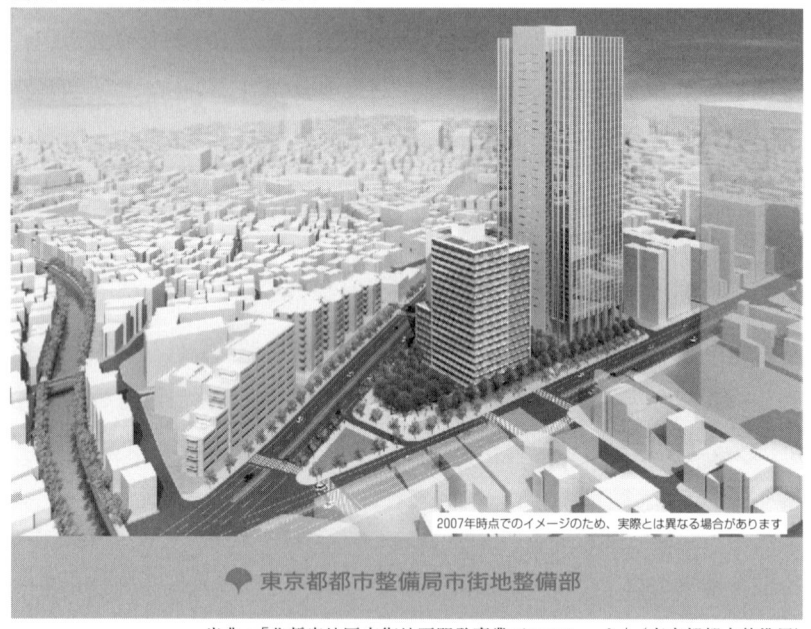

出典：「北新宿地区市街地再開発事業パンフレット」（東京都都市整備局）

5 建築指導・助成制度

1 建築指導

ア 建築指導とは

　建築指導とは建築にかかる行政指導のことである。行政指導は地域の経営や都市づくりに対し責務を負う行政が、行政目的を達成するために法律に規定された内容を補足したり、その細部を追加するなどして、指導・助言という非権力的な手段で事業者等に働きかけ、その協力を求め行政のめざす方向に行為をなさせようとする作用をいう。

　行政指導には、あらかじめその内容を条例等に定め事前に公表して対応していくものと、事案ごとに生じる特殊な問題に対応し個別的に行っていくものとがある。ここでは条例等を定めて行う建築指導を取り上げる。

　建築に関する行政指導のための条例等は、建築行為等が自治体の定める都市整備の基本計画やまちづくりの方針に反して行われたり、またそれらの計画・方針には適合しているが行政の定める整備プログラムとかけ離れていて、あまりに急激かつ大規模に行われたりすると、目標とする都市づくりが実現不可能となったり、またそこまでいかなくとも非効率で歪んだ都市づくりを強いられたりする、そうした状況を回避するためなどに設けられる。

　すなわち、当該地域の経営に責任をもつ自治体の都市整備の基本計画やまちづくりの方針を受け、全国一律に定められている法律や制度の不備や限界を補う形で、地域固有の課題から生じる問題、緊急に処理を必要とする問題、さらには法律で規定するにはあまりに細かすぎる運用上の問題等

に関し、独自に指導基準を設け事業者を指導するとともに、事業者の理解と協力を得て秩序ある都市づくりを進めていこうとするものである。

　建築指導は法的には直ちに遵守義務が生じるものではなく、一種のお願い、行政庁からの協力要請というべきもので、条例等に示す指導基準は当該都市におけるまちづくり上のガイドラインとしての性格をもっている。

イ 条例等の種類と内容

　建築指導のための条例等は地域の行政課題に応じ多種多様なものが用意されており、同一名称の条例等でも内容が著しく異なるものもある。ここでは東京などの大都市圏の自治体を中心に、比較的普及している、(1)中高層建築物の建築、(2)狭隘道路の拡幅整備に関する条例等を取り上げ、その概要をみてみる。

(1)　中高層建築物の紛争の予防と調整に関する条例等

　1970年前後に都市計画法と建築基準法が大幅に改正された。これに伴い建築物の絶対高さ制限は廃止され、容積率規制へと移行した。その結果、オフィスの中高層化と住宅のマンション化が進み、都市においては土地の高度利用が進展、住民の権利意識の高まりに伴い、日照紛争をはじめとする都市環境問題が各地に発生、社会問題化していった。

　これらの問題は、基本的には私法上の相隣関係の問題で、民民で解決すべきものであるが、あまりに数が多いため地方公共団体もこれを看過することができず、国に対し公的規制を求める一方、自らも条例や指導要綱を設け、これらの事態に対応することになった。

　そうこうしているうちに、東京都に対し「日あたり条例」の制定を求める住民の直接請求が出された。このような状況をふまえ国においても、住宅地における中高層の建築物による日照阻害は、その影響範囲が大きく地域の居住環境形成上問題との認識に至り、公法上も基準を設け規制するこ

とになった。

　しかし、建築基準法に基づく日影条例が施行された後も日照紛争は後を絶たず、紛争調整の仕組みはその後も役割を終えず機能することになった。昨今も天空率方式の導入など道路斜線の緩和措置がとられると、建築物の高層化が一段と進み、一時安定化の気配をみせていた日照阻害や圧迫感等に起因する建築紛争が再び息をふき返している。

　このほかの建築をめぐる紛争としてはワンルームマンションの建設をめぐり、生活騒音や道路への違法駐車、またごみ処理等をめぐる紛争も多い。

指導の内容

　中高層建築物の建築に関する条例等に定められている内容は、大きく次の二つである。一つは、紛争の未然防止の仕組みとして建設予定地への「建築計画のお知らせ」標識の設置、そして近隣関係住民に対し建築計画の内容を説明する「建築計画の事前公開」である。また、もう一つは、建築主と近隣関係住民との間に建築紛争が発生した場合の「紛争調整」である。

(2)　狭隘道路拡幅整備条例等

　狭隘道路とは、原則として幅員4m未満の道路で、建築基準法第42条第2項の規定に基づく道路（以下、2項道路という）のことである。狭隘道路の拡幅整備とは、従来、建築確認・検査時に道路内への建築制限は行うが建築が終わると、門・塀等が道路内に出っ張ってきて、いつまでたっても4mの道路が実現できなかった状況の改善をめざし、近年、防災まちづくり（消防自動車の侵入を容易にする、災害時の円滑な避難を確保するなど）や車社会・高齢化社会への対応（車利用によるドア・ツー・ドアの生活利便性の向上と高齢者の社会参加の促進など）、などの観点から、建築行為時をとらえて強力な行政指導をかけ、場合によっては助成措置等を用意するなどして、目に見える形で道路を拡幅していき（縁石、側溝の設置と道路面の舗装等）、やがては一本の4m道路を整備してしまおうとする事業であ

る。

狭隘道路の拡幅整備条例等の内容

①対象となる道路

　原則的には、2項道路であるが、行政庁によっては、建築基準法第42条第1項第5号に規定する道路や境界が確定している公道、また、道路が交差する隅切り部分や市（区）長が特に必要と認めた道路等を、その対象に組み入れている場合がある。

②整備内容

　狭隘道路拡幅整備の内容を、順を追って説明しよう。

　まず、法律事項としての道路内への建築制限である。道路中心線からそれぞれ2ｍずつ後退した線を道路境界線とし、既存のものを含め建築物や擁壁をこの線より後退させる（建築終了後に拡幅整備した部分に後退表示板等を設置し、監視機能を高め道路内への建築行為を厳に規制する）。

　次に、行政指導としての道路整備に関する事前協議である。道路区域内について道路を築造し整備すること（建築主等による門・塀等の除去・整地行為を含む）を、土地所有者など関係権利者の同意を求め建築主と協議を行う。また、道路整備を誰が（行政庁または建築主）担うのか施行主体についても協議する。さらに、協議が整ったならば、必要に応じ関係住民の協力を得て道路中心を確定し、そこに中心鋲または後退杭を設置する。

　最後に、行政庁等による工事の施工である。協議結果に基づき、建築主があらかじめ整地し終わった段階で道路工事を開始、縁石や側溝の設置及び舗装の実施など道路の築造工事を行う。

　なお、行政庁によっては行政指導等に関連して、予算措置を講じ助成制度を設けているところがある。助成の内容は道路の築造工事にあたり障害となる物件の移転・除却と、当該部分の整地にかかる費用の一部に対し補助金を交付しようとするものである。また、道路部分の土地にか

かる税の減免や、そのための手続きの代行を行っている行政庁もある。

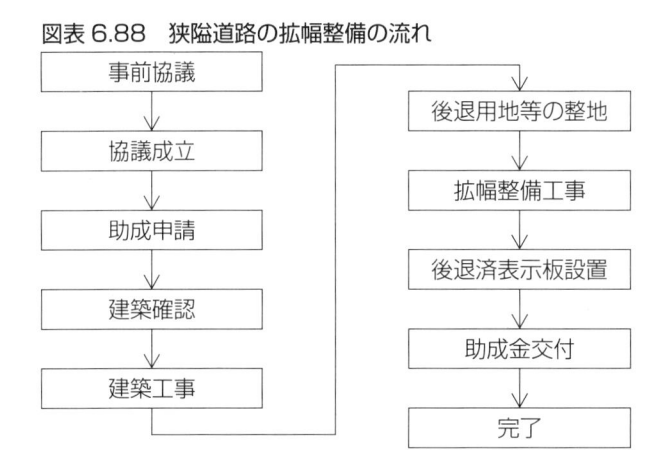

図表6.88　狭隘道路の拡幅整備の流れ

```
事前協議 ──────┐
   ↓          │
協議成立       │
   ↓          ↓
助成申請    後退用地等の整地
   ↓          ↓
建築確認    拡幅整備工事
   ↓          ↓
建築工事    後退済表示板設置
              ↓
           助成金交付
              ↓
             完了
```

ウ　行政指導の実効性と有効性

　建築主は、行政指導の内容や指導方法等に著しい行き過ぎがない場合、行政の指導に従うのが通常である。それは、①建築主が、建築確認等の法定手続きに行政指導がかかわることによって、事業スケジュールが狂ってしまうことを危惧すること、②大規模な建設事業は条例等の所管部門に限らず行政の各部門ともかかわりをもつため、事業を円滑に遂行するためには建築主は行政全体にいい印象を与え良好な関係を保っておく必要があること、③建築主においても企業としての社会的責任というものがあるし、担当者においても個人的にはやりがい（多くの人に認められるいい仕事をしたい）を求めており、行政の指導内容が社会通念を逸脱していない限りにおいて、地域の要望に前向きに応えていこうという姿勢をもっていること、といった理由による。

　国においても一部の自治体にみられる指導の行き過ぎに対しては是正を指導しているが、良好な都市環境の形成に向け行政指導が果たしてきた役割を認め、行きすぎの是正はするが、「社会通念上許容される範囲での

行政指導は許される」とのスタンスをとっている。

2 建築助成

ア 建築助成とは

　助成とは、予算措置を講じることにより、国民に直接または間接に経済的支援を施し国民を誘導して行政の望む行為（国民の福祉の増進につながる特定の行政目的の達成）を行わせしめようとする作用をいう。

　建築助成は、望ましい建築物の建築を実現するための手段という観点からみると、いわば「アメ」の分野に属し建築行為を法律で規制したりまた条例等で指導したりするなどして、国民に対し強制的・説得的に行政の望む行為を行わせようとする「ムチ」の分野とは対極に位置する。

イ 助成の目的

　助成の目的としては、①良質な住宅の建設供給と住環境の整備、②土地の合理的かつ健全な高度利用と都市機能の更新など都市再開発の促進、③建築物の不燃化など都市防災の向上、④公共公益施設の整備など都市基盤の整備、⑤良好な都市環境・都市景観の整備等々が、あげられる。

ウ 助成の種類

　助成の種類としては、補助、融資等の種別がある。助成種別の選択にあたっては、事業の性格、総量、個別事業費の多寡、効果、事業運営効率、公平公正性などを総合的に勘案する必要がある。

　補助は、建築資金の一部を補助金（奨励金、助成金などと称する場合もある）として交付する方法であり、特定の事業を支援するために公益上必要があると認める場合、対価なくして支出するものであり、宗教法人に対するもの以外は別段の定めはないが、公共の福祉の増進に役立つものでなければならない。

補助金の交付方法としては、金融機関に対する融資斡旋に付随し、利子補給する方法と、直接補助する方法とがある。

　また融資は、建築資金の全部または一部を貸付金として貸し出す方法であり、国民の福祉の増進につながる行政上の目的を実現するためのものである。これは補助金とは異なり私法上の消費貸借の契約に基づくものであるから、一定の条件により一定の期限に当然にその返還が予定されるものである。

　貸付金の貸し出し方法としては、金融機関に預託する方法と、基金を活用して直貸する方法とがある。

エ 助成の対象

　従来、建築助成は、住宅建設に対する長期低利融資とか、建築物不燃化に対する補助など、住宅供給、都市防災の観点から、主として国の施策として展開されてきた。しかし、昨今は、まちづくり方針や条例また要綱に基づく行政指導と連動して、体系だったまちづくり施策の一環として、助成措置を用意する地方公共団体も増えてきており、行政指導を担保する受皿の一つとしての、性格が強まってきている。その関係で助成対象も多様化してきており、次に掲げるように住宅建設や建築物の不燃化にとどまらず、建築物の共同化、空地整備、緑化、公共公益施設の整備、また、狭隘道路の拡幅整備や福祉のまちづくりなどにまで広がってきている。

　また、一部の市町村（特別区を含む）では、大規模な建築物の建築主より寄付金の納付を受けるとともに、これを基金に積み立て、その運用益等を用いて助成事業を展開する方式を導入するなどの例も見受けられ、その仕組みは複雑になってきている。

(1) 住宅建設

　従来より政府系金融機関が行なっている長期低利融資は実績を重ねてお

り、景気対策の重要な手段の一つともみなされている。

地方公共団体においても、独自に長期低利融資や融資斡旋利子補給、また、補助金の交付事業を実施しているものもある。

(2) 再開発（共同化・不燃化・公開空地整備等）

従来より政府系金融機関が行なっている長期低利融資や補助金の交付事業は有名であり、相当数の実績を残している。

地方公共団体においても、独自に補助金の交付事業を実施しているものもある。

(3) その他

防災改修、狭隘道路拡幅整備事業、建築緑化、また、福祉のまちづくりなどについても、大都市の一部において、融資斡旋利子補給や補助金の交付事業を展開する地方公共団体もある。

オ 助成制度

(1) 補助制度

国が制度要綱を定め実施している、都市づくりがらみの一般的な補助制度のうち、一般的で普遍性が高く実績や件数も申し分ないものとして、「市街地再開発事業」、「住宅市街地総合整備事業」「優良建築物等整備事業」があげられる。

(2) 融資制度

政府系金融機関によって実施されている制度融資のうち、普遍性が高く実績や件数も申し分ない、都市づくりがらみの一般的な融資制度としては、住宅金融支援機構と日本政策投資銀行のものがあげられる。

(3) その他

都市の再開発の促進にかかる事業については、税制上の優遇措置として、所得税等の軽減や課税の繰延べといった、税制上の優遇措置が設けられている場合がある。代表的な例としては、「市街地再開発事業にかかる税制」、優良建築物等整備事業を意識した税制上の事業手法である「特定民間再開発事業」、そして「等価交換事業（立体買換え特例制度）」があげられる。

カ 国の主な助成事業

(1) 住宅市街地総合整備事業

「住宅市街地総合整備事業」は、地方公共団体が策定した整備計画に基づき、地方公共団体、都市再生機構、地方住宅供給公社及び民間事業者が施行者となり、住宅の建設及び公共施設の整備等を総合的に行う事業である。

良質な住宅供給とあわせ美しい市街地景観の形成や生活関連施設、地区施設の整備など豊かな居住環境の形成に向け、地方公共団体の自発的なまちづくりを総合的に支援するため、国土交通省の制度要綱に基づく事業手法として定められている。整備のタイプとして、拠点開発型、沿道整備型、密集住宅地整備型、耐震改修促進型があり、それぞれに要件が設定されている。

特徴として、①他の補助事業や誘導制度と組み合わせて活用することができる、②整備目標が幅広であるため地区の実態に即して柔軟にまちづくりを展開することができる、③地方公共団体と民間事業者等が共同で整備を行うことができる、などがあげられる。

本事業による住宅などの建設、都市公園、下水道及び河川等の公共施設の整備については、通常の事業に対する補助とは別枠の国庫補助が設けられている。

東京都内では、芝浦・港南地区（港区）、東雲地区（江東区）、豊洲地区（江東区）などで事業が行われている。

事例　東雲キャナルコート

　工場・倉庫の跡地約 16.4 ha を対象とした、公民連携協働による大規模な住宅地開発事業（総計画戸数約 6,000 戸、計画人口 15,000 人）である。このプロジェクトは住宅の大量供給という課題に対し、社会が成熟期に入ったことを意識し、需要創出型での対応が図られているところに特徴がある。すなわち、多様化・高度化する社会ニーズをふまえ、まず工業地という地区イメージを良好な住宅地イメージに更新すべく、他とは異なる付加価値をもった住宅地として開発するため、プロデューサー・チームとデザイナー・チームからなるクリエイティブ・スタッフを編成、都心隣接の臨海部という地域特性を活かし、質の高い住生活の提供を目標にコンセプトを掲げ、生活イメージを明確にして新しい生活スタイルを提案する形で取り組まれている。

　ここで描かれた生活イメージは広告代理店を活用し、広告情報戦略として顧客に訴求させるとともに、住戸の設計にあたってはインターネットを介して、事業者とユーザー両者の間で双方向でコミュニケートすることで、意識ギャップを埋め設計へのフィードバックが図られている。

　また、多様化するニーズに対応していくためには、公的機関や大企業が標準的な住宅モデルを開発し、画一的にユーザーに建設・供給するという方式はなじまないことから、都市再生機構は民間賃貸住宅供給支援事業を立ち上げ、住宅供給ビジネスの場を民間に開放するとともに、自ら直接供給する部分についても多くの建築家を起用し、質の高い建築デザインをもった多彩な住宅の供給を図ることとした。

　東雲キャナルコートは全体が三つの区画により構成されており、中央を縦断する「S字アヴェニュー」を中心にクリニックや育児施設、多彩なショップなど生活支援施設が建ち並ぶ『中央ゾーン』のほか、

24時間営業のスーパー・ジャスコ東雲店や多数のテナントが入居した「イオン東雲ショッピングセンター」のある『晴海通りゾーン』と、大手デベロッパーの開発する超高層住宅が建ち並ぶ『運河ゾーン』がある。この運河沿いには、水辺との連続性を意識し東雲水辺公園が配置されている。

【計画概要】

① 中央ゾーン

世帯数…約2,000戸（賃貸住宅、家賃月額11万円〜30万円程度）
- 東雲キャナルコートCODAN　（都市再生機構の賃貸住宅）
- 民間賃貸住宅
- テナント数は約35店舗（医療関連9店、教育関連11店、他はショップなど）

② 晴海通りゾーン

世帯数…約1,500戸
- イオン東雲ショッピングセンター（24時間営業、医療機関や飲食店を中心にテナント多数）
- 分譲賃貸住宅、業務及び商業施設等

③ 運河ゾーン

世帯数…約2,500戸（分譲住宅）
- Wコンフォートタワーズ
- アップルタワー
- キャナルファーストタワー
- ビーコンタワーレジデンス
- 東雲水辺公園

このうち「中央ゾーン」は建設戸数約2,000戸の大規模開発プロジェクトで、まちづくりにあたっては各界のオピニオンリーダー（作曲家の三枝成彰氏、プロデューサーの残間里江子さん、作詞家秋元康氏、東京大学教授の坂村健氏、マーケッターの西川りゅうじん氏ら）で構成された「街並み街区企画会議」が、新しい都心居住の実現に向けた企画・コンセプトの提案を行い、建築家チーム（伊東豊雄氏、山本理顕氏、元倉眞琴氏・山本圭介氏、隈研吾氏など）やランドスケープ・照明・サインのデザイナー及び都市再生機構により構成される「東雲デザイン会議」が、そのコンセプト提案をふまえ、まちづくりの概念を示す誘導型の「デザイン・ガイドライン」を作成し、まち全体のデザインをコントロールする形で取り組まれた。これにより従来の団地イメージを刷新する、質の高い多様性に富んだデザイナーズ集合住宅（賃貸）となった。このプロジェクトは企画や計画の各段階において、事業者と建築・デザイン関係者との間に実効性ある会議が組まれた、というプロセス・マネージメントについて高く評価される。

　都市ならではの刺激や興奮、利便性の中で、楽しみながら趣味や仕事にアクティブに打ち込む。東雲キャナルコートがめざすのは、そんな人々が生活する場としてのまちづくりである。画一的な間取りや、横並びの単調な外観の集合住宅とは異なり、自由で斬新な発想の空間設計が、住む人の創造性を気持ちよく刺激し、思い思いのアイディアで自分らしく「住むことをデザインする」ことができるまちを提案している。そんな関係者の長年にわたる努力が実を結び、「中央ゾーン」は2005年度にグッドデザイン金賞を受賞した。

　また、このプロジェクトは開発が長期にわたることから、三段階に分けて取り組まれている。すなわち、準備段階及び「街の形成期」は、土地所有者である都市再生機構と三菱グループが、役割分担し連携してまちづくりを展開した。具体的には、環境アセスメントと都市計画

の決定、地区基盤の整備、先導的プロジェクトの実施（都市再生機構による道路・公園などの基盤整備と賃貸住宅、商業・生活支援施設の整備、三菱グループによる超高層分譲住宅の整備）、そして地区PRなどがそれである。第二段階の「街の成長期」を迎えると、都市再生機構が定期借地権方式で民間賃貸住宅の供給を、また土地分譲方式で民間分譲住宅の供給を行った。そして現在、「街の成熟期」に入っている。なお、地区全体が高層住居誘導地区に指定されており、容積率は最大600％となっている。また中央ゾーンには街並み誘導型の地区計画が

図表6.89　位置図

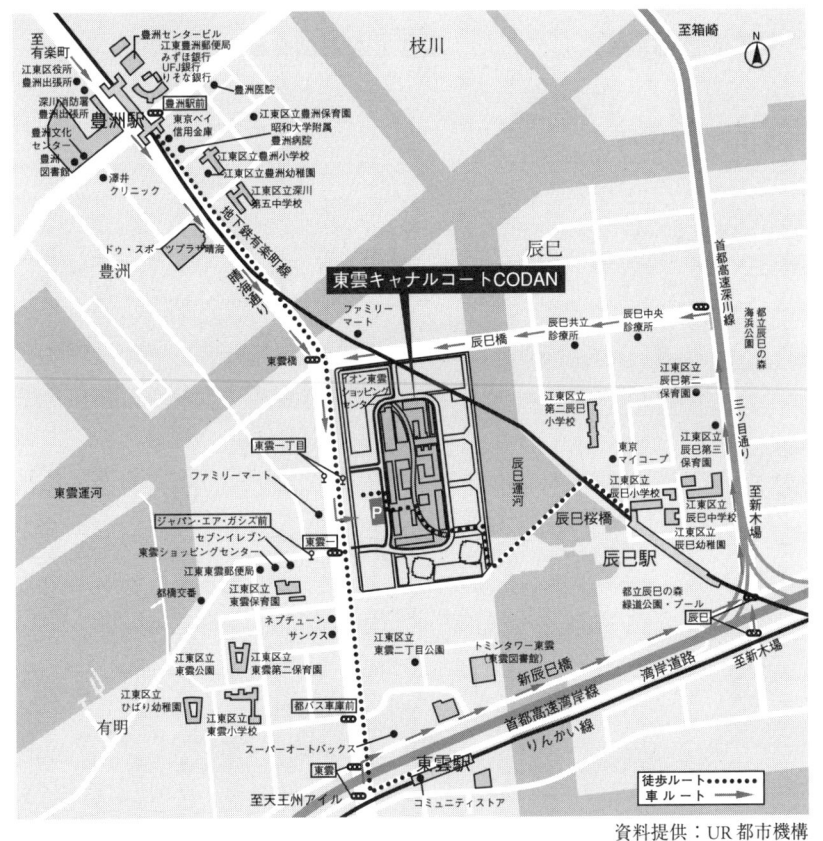

資料提供：UR都市機構

策定されており、建築基準法に規定する一般建築基準とは異なり、かなり高密度ではあるが過密感を感じさせない都会的な空間構成をもった住宅地として構成されている。商業施設としてはイオンのショッピングセンターを核にもってきて、生活支援施設としてはこのほかに医療（診療所）・保育（保育所、学童クラブ）・高齢者福祉施設（デイケアセンター）などが入居している。

　このプロジェクトは都市再生機構と民間大手デベロッパーによる協働事業として開発がスタートしており、大川端リバーシティ21（約4,000戸）や芝浦アイランド（約2,800戸）といった、都心有数の大規模住宅再開発を超えるメガプロジェクトとして、臨海部の住宅地開発の先導的役割を果たしており、現在もなお開発が続いている。

図表6.90　航空写真

写真提供：UR都市機構

(2) 優良建築物等整備事業

「優良建築物等整備事業」は、地方公共団体等が策定した整備計画に基づき、地方公共団体、都市再生機構、地方住宅供給公社及び民間事業者等が施行者となり、三大都市圏の既成市街地など中心市街地において土地の合理的な利用を誘導しつつ、優良な建築物等の整備の促進を図ることにより、市街地環境の整備、市街地住宅の供給等を促進する事業である。

開発・供給の型として優良再開発型と市街地住宅供給型とに分かれるが、前者はさらに共同化タイプ、市街地環境形成タイプ、マンション建替えタイプに、また後者は住宅複合タイプ、優良住宅整備タイプに分かれ、それぞれに個別の目標・要件を備えている。ただ共通の要件として、施行区域面積が原則としておおむね1,000 m^2 以上、敷地内に一定規模以上の空地を確保すること、幅員6m以上の道路に4m以上接道すること、地上3階以上の耐火または準耐火建築物であること、が求められている。この事業は制度要綱に基づいて行われる事業で、事業者に対し調査設計計画策定費、土地整備費、共同施設整備費及び耐震整備費について、地方公共団体とともに国が事業費の一部を補助する仕組みとなっている。

特徴として、①多くの実績があること、②容積率の割増など誘導制度と組み合わせて実施することができること、③法定事業に比べ手続きが簡易なので行政手続き上の負担が少ないこと、などがあげられる。

図表6.91　手続き等の流れ

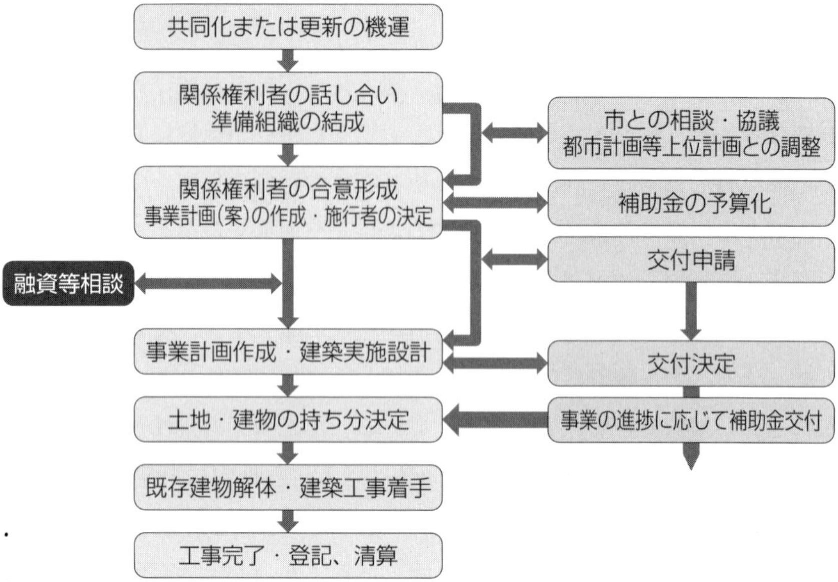

```
┌─────────────────────┐
│ 共同化または更新の機運 │
└──────────┬──────────┘
           ↓
┌─────────────────────┐      ┌─────────────────────┐
│ 関係権利者の話し合い   │ ←→ │ 市との相談・協議      │
│ 準備組織の結成         │      │ 都市計画等上位計画との調整 │
└──────────┬──────────┘      └─────────────────────┘
           ↓
┌─────────────────────┐      ┌─────────────────────┐
│ 関係権利者の合意形成   │ ←→ │ 補助金の予算化        │
│ 事業計画(案)の作成・施行者の決定 │ └─────────────────────┘
└──────────┬──────────┘
           │                 ┌─────────────────────┐
           │            ←→ │ 交付申請              │
┌──────────┐ │              └──────────┬──────────┘
│ 融資等相談 │←┤                         ↓
└──────────┘ │              ┌─────────────────────┐
           ↓            ←→ │ 交付決定              │
┌─────────────────────┐      └──────────┬──────────┘
│ 事業計画作成・建築実施設計 │                │
└──────────┬──────────┘                │
           ↓                            ↓
┌─────────────────────┐      ┌─────────────────────┐
│ 土地・建物の持ち分決定 │ ←─ │ 事業の進捗に応じて補助金交付 │
└──────────┬──────────┘      └─────────────────────┘
           ↓
┌─────────────────────┐
│ 既存建物解体・建築工事着手 │
└──────────┬──────────┘
           ↓
┌─────────────────────┐
│ 工事完了・登記、清算   │
└─────────────────────┘
```

〈著者紹介〉

河村　茂（かわむら　しげる）
東京都都市整備局市街地建築部長
東京藝術大学美術学部建築科非常勤講師
日本建築行政会議（JCBA）会長
またこれまで、東京都都市整備局多摩建築指導事務所所長、新宿区都市計画部長、都市基盤整備公団土地有効利用事業本部部長、東京都都市計画局地域計画部土地利用計画課長、東京都総合計画部開発企画担当課長などを経る。

〔講義・研修〕
『建築社会制度』（東京藝術大学）、『ビル建設と規制』（日本ビルヂング経営センター経営管理講座）、『都市開発とファイナンス』（東京都職員研修所）、『都市計画や土地利用、まちづくりに関する各種制度』（特別区職員研修所建築行政研修）、『行政の描くこれからの都市像、歴史的視点も加え』（都市基盤整備公団都市再生総合研修）など。

〔著書〕
『新宿まちづくり物語』（鹿島出版会）
『日本の首都　江戸・東京都市づくり物語』（都政新報社）
『都市・建築・不動産企画開発マニュアル』（共著／エクスナレッジ）
『都市再生と新たな街づくり事業手法マニュアル』（共著／エクスナレッジ）
など。

建築からのまちづくり

2009年6月15日　発行

著　者	河村　茂 ⓒ
発行者	小泉　定裕

発行所　株式会社　清文社

東京都千代田区神田司町2-8-4（吹田屋ビル）
〒101-0048　電話03(5289)9931　FAX03(5289)9917
大阪市北区天神橋2丁目北2-6（大和南森町ビル）
〒530-0041　電話06(6135)4050　FAX06(6135)4059
URL http://www.skattsei.co.jp/

■本書の内容に関する御質問はファクシミリ（03-5289-9887）でお願いします。
■著作権法により無断複写複製は禁止されています。落丁本・乱丁本はお取替えいたします。

亜細亜印刷株式会社

ISBN 978-4-433-36699-5